电力安全作业全媒体培训教材

U0658011

《国家电网公司电力安全工作规程 线路部分》释义

国网安徽省电力有限公司　编著

中国电力出版社
CHINA ELECTRIC POWER PRESS

内 容 提 要

本书在《国家电网公司电力安全工作规程 线路部分》(简称《线路安规》)原文的基础上,对各条款进行了相应的文字阐释、图片示意以及案例分析,其中部分案例分析配有视频动画辅助学习。

本书正文共 16 章,与《线路安规》结构一致,附录 A ~附录 R 沿用《线路安规》附录,并新增案例库。

本书适用于从事电力相关工作的各级安全生产人员,旨在帮助其正确理解和执行《线路安规》,以利于强化此规程对作业现场的实际指导作用。

图书在版编目(CIP)数据

《国家电网公司电力安全工作规程 线路部分》释义 / 国网安徽省电力有限公司编著. —北京:中国电力出版社,2020.4(2025.10重印)

电力安全作业全媒体培训教材

ISBN 978-7-5198-3210-0

Ⅰ.①国… Ⅱ.①国… Ⅲ.①输配电线路－安全规程－中国－安全培训－教材 Ⅳ.① TM726-65

中国版本图书馆 CIP 数据核字(2019)第 270740 号

出版发行:中国电力出版社
地　　址:北京市东城区北京站西街 19 号 (邮政编码 100005)
网　　址:http://www.cepp.sgcc.com.cn
责任编辑:唐　玲　李文娟　孟花林
责任校对:黄　蓓　郝军燕
装帧设计:北京宝蕾元科技发展有限责任公司
责任印制:钱兴根

印　　刷:北京九天鸿程印刷有限责任公司
版　　次:2020 年 4 月第一版
印　　次:2025 年 10 月北京第五次印刷
开　　本:710 毫米 ×1000 毫米　16 开本
印　　张:28.25
字　　数:418 千字
定　　价:108.00 元

编著委员会

组　　　长　房贻广

主要编著者　房贻广　潘　静　江和顺　高方景　刘　军

王新建　郭成英　沈哲夫　刘志存　甘正功

张　超　韩晓鹏　刘　武　操南圣　张辰皓

编写说明

  《国家电网公司电力安全工作规程　线路部分》（Q/GDW 1799.2—2013，简称《线路安规》）和《国家电网公司电力安全工作规程（配电部分）（试行）》（国家电网安质〔2014〕265 号，简称《配电安规》）经过实践，执行情况良好。随着电网生产技术快速发展，电网生产业务进一步拓展，涉及各级管理及作业人员范围不断扩大，对各类生产作业现场的安全管理要求不断提高。对此，国网安徽省电力有限公司以《线路安规》和《配电安规》为基础，编写了配套释义教材，并对照重要条款制作了安全事故案例动漫片，形成了集文字阐释、图片示意及事故案例视频学习等形式于一体的全媒体培训教材，以帮助各级安全生产人员正确理解和执行规程，强化电力安全工作规程对作业现场的实际指导作用。

  该套教材包括《〈国家电网公司电力安全工作规程　线路部分〉释义》《〈国家电网公司电力安全工作规程（配电部分）（试行）〉释义》《电力安全事故案例动漫集　线路部分》《电力安全事故案例动漫集　配电部分》。

  《〈国家电网公司电力安全工作规程　线路部分〉释义》（简称《〈线路安规〉释义》）编写工作以《线路安规》为基础，遵循电力行业规范和国家电网有限公司、国网安徽省电力有限公司有关安全工作要求，本着专业、严谨的态度，以结合现场实际、文字阐释通俗易懂、图文并茂、重要条款配有事故案例为原则，对规程条款进行深度解析。

《〈线路安规〉释义》与《线路安规》逐条对应，附录部分总体沿用《线路安规》附录内容，新增案例库，并对规范性附录进行释义。

本教材中涉及的规程条款直接引用，逐条释义，部分条款配图说明；同时，将部分条款案例汇总成案例库一并列出，其中部分案例可通过扫描二维码观看动漫视频。

本教材由国网安徽省电力有限公司安全监察部（保卫部）提出并解释，主要编写单位为国网安徽省电力有限公司、国网安庆供电公司、国网蚌埠供电公司、国网叶集供电公司、南瑞集团有限公司信息通信技术分公司，其中国网安徽省电力有限公司参与全部章节编写及统稿，国网蚌埠供电公司承担奇数章节编写，国网安庆供电公司承担偶数章节编写，南瑞集团有限公司信息通信技术分公司从编写技术方面提供支持。在编写过程中，也得到了国网安徽省电力有限公司所辖其他地市公司级单位的大力支持与帮助，在此表示衷心感谢。

目 录
CONTENTS

1　范围

本规程规定了工作人员在作业现场应遵守的安全要求。

本规程适用于在运用中的发电、输电、变电（包括特高压、高压直流）、配电和用户电气设备上及相关场所工作的所有人员，其他单位和相关人员参照执行。

开闭所、高压配电站（所）内工作参照 Q/GDW 1799.1—2013《国家电网公司电力安全工作规程　变电部分》的有关规定执行。

释义　1. 本条明确在公司系统内所有电气设备上及在电气设备相关的工作场所上工作的所有工作人员，也包括在与电网直接连接的用户电气设备上工作的所有公司系统工作人员（含聘用人员）。除此以外，其他单位和相关人员参照《线路安规》有关条款执行，但应制定具体的管理制度。

"相关场所"通常是指电气设备所在场所和与其邻近的场所，如厂房（站）内、电力线路走廊下或配电设备的附近。

"其他单位"是指调试试验单位、设计单位、电力建设单位、电力设备制造单位以及公司系统外来单位等。

2. 开闭所、高压配电站（所）内工作，在国家电网有限公司（简称国家电网公司）系统工作分类中属于电力线路部分，但其工作性质大部分是变电站的电气工作。因此，规定相关工作的安全要求应参照《国家电网公司电力安全工作规程　变电部分》（国家电网企管〔2013〕1650号）或按照《国家电网公司电力安全工作规程　配电部分（试行）》（国家电网安质〔2014〕265号）执行。

开闭所：配电系统中由母线和开关组成，将高压电力向周围用电单元分配的电力设施，其特征为进线侧和出线侧的电压相同。

配电站（所）：将高压电力送到用电设备或用户的电网末端变电站。

2　规范性引用文件

下列文件对于本文件的应用是必不可少的。凡是注日期的引用文件，仅注日期的版本适用于本文件。凡是不注日期的引用文件，其最新版本（包括所有的修改单）适用于本文件。

GB 5905 起重机试验、规范和程序

GB 6067 起重机械安全规程

GB/T 9465 高空作业车

GB/T 18857 — 2008 配电线路带电作业技术导则

GB 26859 — 2011 电力安全工作规程（电力线路部分）

GB 26860 — 2011 电力安全工作规程（发电厂和变电站电气部分）

DL/T 392 — 2010 1000kV 交流输电线路带电作业技术导则

DL 408 — 1991 电业安全工作规程（发电厂和变电所电气部分）

DL 409 — 1991 电业安全工作规程（电力线路部分）

DL/T 599 — 2005 城市中低压配电网改造技术导则

DL/T 875 — 2004 输电线路施工机具设计、试验基本要求

DL/T 881 — 2004 ±500kV 直流输电线路带电作业技术导则

DL/T 966 — 2005 送电线路带电作业技术导则

DL/T 976 — 2005 带电作业工具、装置和设备预防性试验规程

DL/T 1060 — 2007 750kV 交流输电线路带电作业技术导则

DL 5027 电力设备典型消防规程

ZB J 80001 汽车起重机和轮胎起重机维护与保养

Q/GDW 302 — 2009 ±800kV 直流输电线路带电作业技术导则

中华人民共和国国务院令　第 466 号　民用爆炸物品安全管理条例

3 术语和定义

下列术语和定义适用于本规程。

3.1

低［电］压 low voltage，LV

用于配电的交流系统中 1000V 及以下的电压等级。

［GB/T 2900.50—2008，定义 2.1 中的 601-01-26］

3.2

高［电］压 high voltage，HV

a）通常指超过低压的电压等级。

b）特定情况下，指电力系统中输电的电压等级。

［GB/T 2900.50—2008，定义 2.1 中的 601-01-27］

3.3

运用中的电气设备 operating electrical equipment

指全部带有电压、一部分带有电压或一经操作即带有电压的电气设备。

3.4

事故紧急抢修工作 emergency repair work

指电气设备发生故障被迫紧急停止运行，需短时间内恢复的抢修和排除故障的工作。

3.5

设备双重名称 dual tags of equipment

即设备名称和编号。

3.6

双重称号 dual title

即线路名称和位置称号，位置称号指上线、中线或下线和面向线路杆塔号增加方向的左线或右线。

3.7

电力线路 electric line

在系统两点间用于输配电的导线、绝缘材料和附件组成的设施。

4 总则

4.1 为加强电力生产现场管理，规范各类工作人员的行为，保证人身、电网和设备安全，依据国家有关法律、法规，结合电力生产的实际，制定本规程。

🔍 释义 1.《线路安规》是为贯彻《中华人民共和国安全生产法》《中华人民共和国劳动法》等国家有关法律、法规，结合电力生产的实际而制定。

2. 编制《线路安规》的思路是坚持"安全第一、预防为主、综合治理"的安全生产基本方针，规范生产现场各类工作人员的行为和保证人身、电网和设备安全，重点是保证人身安全。因此，在输电线路基建、检修、运维现场的各类工作人员都应严格遵守。

4.2 作业现场的基本条件。

🔍 释义 本规定所述作业现场是指输电设备检修、改造现场以及运行操作现场。

4.2.1 作业现场的生产条件和安全设施等应符合有关标准、规范的要求，工作人员的劳动防护用品应合格、齐备。

🔍 释义 1. 安全生产条件是指生产经营单位在安全生产中的设施、设备、场所、环境等硬件方面的条件，这些条件是与安全生产责任制度相配套的。完善的安全生产条件是指工作场所、生产设备、特殊的作业场所等符合安全生产要求。

2. 安全设施是指生产经营活动中将危险因素、有害因素控制在安全范围内以及预防、减少、消除危害所设置的安全标志、设备标识、安全警示线和安全防护设施等的统称。

3. 我国安全生产的国家标准或者行业标准主要包括安全生产管理方面的标准，生产设备、工具的安全标准，生产工艺的安全标准，安全防护用品标准等。

4. 劳动防护用品是指由生产经营单位为从业人员配备的，使其在劳动过程中免遭或者减轻事故伤害及职业危害的个人防护装备。如安全帽、安全带、护目镜、静电防护服、绝缘手套、工作服、工作鞋等。

4.2.2 经常有人工作的场所及施工车辆上宜配备急救箱，存放急救用品，并应指定专人经常检查、补充或更换。

🔍 **释义** 1.电力生产工作场所存在各类危险因素，会发生人员伤害的突发情况，需对受伤人员进行紧急救护，因此要在经常作业的场所配备急救箱、存放急救用品。

2.施工作业现场、施工车辆等作业人员集中区域或地点宜配备急救箱。

3.急救用品一般包括止血、骨折、外伤、烧伤、冻伤、动物咬伤、中暑、气体中毒等情况的救护用品。

4.2.3 现场使用的安全工器具应合格并符合有关要求。

释义 合格的安全工器具是由国家相关资质认证厂家生产、经行业检测试验合格、外观及功能检查符合标准、保管领用符合规定的安全工器具。有关要求包括《国家电网公司电力安全工器具管理规定》(国家电网企管〔2014〕748 号),《电力安全工器具预防性试验规程(试行)》(国电发〔2002〕777 号),《线路安规》的附录 L、M 等规定。

4.2.4 各类作业人员应被告知其作业现场和工作岗位存在的危险因素、防范措施及事故紧急处理措施。

释义 1.依据《中华人民共和国安全生产法》第五十条规定,作业人员应享有被告知作业现场和工作岗位中存在的危险因素、防范措施以及事故紧急处理措施的权利。

2.危险因素是指对人造成伤亡,对物造成突发性损坏或影响人的身体健康导致疾病，对物造成慢性损坏的因素。事故紧急处理措施是指事故发生时，作业人员能迅速有效的采取控制事故状态、减少人员伤亡、降低财产损失、防止事故扩大的处置措施。

4.3 作业人员的基本条件。

4.3.1 经医师鉴定，无妨碍工作的病症（体格检查每两年至少一次）。

🔍 **释义** 1. 妨碍工作的病症一般包括精神病、癫痫、高血压、心脏病、美尼尔氏综合征、眩晕症、抑郁症、视听障碍及其他疾病和生理缺陷。

2. 体格检查应由符合国家卫生部门规定资质的医疗机构的执业医师进行鉴定。

4.3.2 具备必要的电气知识和业务技能，且按工作性质，熟悉本规程的相关部分，并经考试合格。

🔍 **释义** 1. 电气工作具有较强的专业性，从事电气作业的人员应掌握本专业的基本电气知识，具备岗位工作所需的业务技能才能正确地进行工作。

2. 熟悉《线路安规》是电气作业人员进行安全作业的必备条件，因为《线路安规》是规范作业行为和保证人身、电网和设备安全的基本制度。因此，凡从事电气作业的所有人员均应结合自身专业要求，熟悉《线路安规》的相关内容，并经单位组织专项考试合格。

实际技能培训

电工基础知识培训考试

4.3.3 具备必要的安全生产知识，学会紧急救护法，特别要学会触电急救。

🔍 **释义**　1. 安全生产知识是保证生产过程中的安全性所必备的基础知识。

2.《线路安规》要求电气作业人员应当学会与专业有关的紧急救护法，便于现场紧急施救或自救。同时，特别强调要学会触电急救，是因为在电气作业过程中，发生触电伤害后其致残程度或死亡与否，往往取决于现场紧急施救或自救的效果。

安全距离示意图

绝缘操作杆由操作手柄、绝缘部分、工作部分组成。110kV操作杆绝缘部分长度必须大于1.5m

4.3.4 进入作业现场应正确佩戴安全帽，现场作业人员应穿全棉长袖工作服、绝缘鞋。

释义 安全帽可防范头部物体打击、撞击；全棉长袖工作服有一定的阻燃和绝缘作用，并可防止电弧灼伤，隔离电热蒸汽；绝缘鞋可保持对地绝缘。

案例 见案例库之案例 BB-3-012。

案例 BB-3-012 可扫描以下二维码观看。

带电伐木导致电弧灼伤事故案例

BB-3-012

4.4 教育和培训。

4.4.1 各类作业人员应接受相应的安全生产教育和岗位技能培训，经考试合格上岗。

释义 各类作业人员应通过安全思想教育、安全知识教育、安全技术教育和岗位技能培训，考试成绩合格后才能从事相应岗位的工作。各单位应自行制定相应管理制度。

4.4.2 作业人员对本规程应每年考试一次。因故间断电气工作连续三个月以上者，应重新学习本规程，并经考试合格后，方能恢复工作。

释义 各类作业人员应每年参加《线路安规》考试一次，不断巩固电力安全知识。如果长期间断工作，未经重新学习，直接参与工作，很有可能发生伤害事件。因此，《线路安规》要求不论何种原因，连续间断电气工作三个月以上者，应当重新学习《线路安规》，并经考试合格后，方能恢复工作。

4.4.3 新参加电气工作的人员、实习人员和临时参加劳动的人员（管理人员、非全日制用工等），应经过安全知识教育后，方可到现场参加指定的工作，并且不准单独工作。

释义 新参加电气工作的人员、实习人员和临时参加劳动的人员（管理人员、非全日制用工等），通常还不具备必要的岗位技能和专业安全知识。因此进入工作现场前，应事先经过基本安全知识教育，在有经验的电气作业人员全程监护下，参加指定（技术简单、危险性小）的工作。

案例 见案例库之案例 AQ-3-018。

4.4.4 参与公司系统所承担电气工作的外单位或外来工作人员应熟悉本规程，经考试合格，并经设备运维管理单位认可，方可参加工作。工作前，设备运维管理单位应告知现场电气设备接线情况、危险点和安全注意事项。

释义 1. 针对参与公司系统所承担电气工作的外单位或外来工作人员，应具备相应电气工作资质、熟悉安全生产工作规程，设备运维管理单位可采取安全教育培训、安全规程考试、资质审查等方式进行确认，并符合《国家电网公司供电企业业务外包管理办法》（国家电网企管〔2015〕626号）和《国家电网公司业务外包安全监督管理办法》（国家电网企管〔2017〕311号）的规定。

2. 外单位或外来工作人员通常不熟悉所工作的环境和设备情况，因此设备运行管理单位应对其进行告知，告知内容包括现场电气设备接线情况、危险点和安全注意事项等。

4.5 任何人发现有违反本规程的情况，应立即制止，经纠正后才能恢复作业。各类作业人员有权拒绝违章指挥和强令冒险作业；在发现直接危及人身、电网和设备安全的紧急情况时，有权停止作业或者在采取可能的紧急措施后撤离作业场所，并立即报告。

释义 根据《中华人民共和国安全生产法》第五十一条规定，国家法律赋予各类作业人员在生产过程中保障生产安全的基本权利。

案例 见案例库之案例 AQ-3-008、BB-3-013、BB-3-016、AQ-3-020。

4.6 在试验和推广新技术、新工艺、新设备、新材料的同时，应制定相应的安全措施，经本单位批准后执行。

释义 在电力生产过程中，实施的新技术、新工艺、新设备、新材料，其可靠性、安全性存在不同程度的未知因素，可能会发生意外事故。因此，在实施过程中，必须制定相应的方案和措施，确保不发生人身、电网、设备事故和风险。

5 保证安全的组织措施

5.1 在电力线路上工作，保证安全的组织措施。

a）现场勘察制度。

b）工作票制度。

c）工作许可制度。

d）工作监护制度。

e）工作间断制度。

f）工作终结和恢复送电制度。

释义 1.在电力线路上工作，保证安全的组织措施一般包括现场勘察、工作票、工作许可、工作监护、工作间断、工作终结以及恢复送电制度。

2.电力线路有关施工、检修作业项目，在进行作业全过程中应严格执行以上制度并认真做好记录。

5.2 现场勘察制度。

释义 1.现场勘察是指在线路施工、检修作业开始前，对施工、检修作业现场环境、停电范围、保留带电部位等进行勘察。充分了解作业现场的环境和可能存在的危险点，明确是否具备作业条件，并根据现场实际情况，针对性地制定组织措施、技术措施、安全措施和施工方案。

2.现场勘察作为电力线路施工、检修作业的第一步，是后续工作安全开展的基础。

5.2.1　进行电力线路施工作业、工作票签发人或工作负责人认为有必要现场勘察的检修作业，施工、检修单位均应根据工作任务组织现场勘察，并填写现场勘察记录（见附录A）。现场勘察由工作票签发人或工作负责人组织。

释义　1. 电力线路作业需要进行现场勘察的作业项目包括：输电线路（电缆）停电检修、改造、拆旧作业；带电作业；涉及多专业、多单位、多班组的大型复杂作业和非本班组管辖范围内设备检修（施工）的作业；使用吊车、挖掘机等大型机械的作业；跨越铁路、高速公路、通航河流等施工作业；试验和推广新技术、新工艺、新设备、新材料的作业；工作票签发人或工作负责人认为有必要现场勘察的其他作业。

2. 电力线路作业现场勘察工作应在编制组织措施、技术措施、安全措施及填写工作票前完成（一般应提前两周进行），由工作票签发人或工作负责人组织，工作负责人、设备运维管理单位和作业单位相关人员参加；对涉及多专业、多单位的大型复杂作业，应由项目主管部门（单位）组织相关人员共同参与；承发包工程作业应由项目主管部门（单位）组织，设备运维管理单位、监理单位和作业单位共同参与。勘察工作结束后，应按规定填写现场勘察记录（见附录A）。

3. 开工前，工作负责人或工作票签发人应重新核对现场勘察情况，发现与原勘察情况有变化时，应及时修正、完善相应的安全措施。

5.2.2　现场勘察应查看现场施工（检修）作业需要停电的范围、保留的带电部位和作业现场的条件、环境及其他危险点等。

根据现场勘察结果，对危险性、复杂性和困难程度较大的作业项目，应编制组织措施、技术措施、安全措施，经本单位批准后执行。

🔍 **释　义**　现场勘察主要内容包括现场施工（检修）作业需要停电的范围、保留的带电部位和作业现场的条件、环境及其他危险点等。

1.需要停电的范围：作业中直接触及的电气设备，作业中机具、人员及材料可能触及或接近导致安全距离不能满足《线路安规》规定距离的电气设备。

2.保留的带电部位：邻近、交叉、跨越不需停电的线路及设备，双电源、自备电源、分布式电源等可能反送电的设备。

3.作业现场的条件：装设接地线的位置，人员进出通道、设备、机械搬运通道及摆放地点，地下管沟、隧道、工井等有限空间，地下管线设施走向等。

4.作业现场的环境：施工线路跨越铁路、电力线路、公路、河流等环境，作业对周边构筑物、易燃易爆设施、通信设施、交通设施产生影响的环境，作业可能对城区、人口密集区、交通道口、通行道路上人员产生人身伤害风险的环境等。

5.其他危险点：设备遗留缺陷可能造成的危险点等。

🔍 **案　例**　见案例库之案例 AQ-3-006、BB-3-001、AQ-3-011。

5.3 工作票制度。

🔍 **释　义**　1.工作票是准许在电气设备及电力线路上工作的书面命令。

2.在电力线路上工作，工作票制度是准许在输电线路（含线路通信设备）上和相关生产区域内进行工作的书面命令，向工作班组人员进行安全交底，履行工作许可、监护、间断、转移和终结手续及实施保证安全技术措施的书面依据和记录载体。其主要目的是明确工作任务、告知人员作业中可能存在的危险点、保证安全的技术措施及明确工作中的安全责任。

5.3.1　在电力线路上工作，应按下列方式进行：

a）填用电力线路第一种工作票（见附录 B）。

b）填用电力电缆第一种工作票（见附录 C）。

c）填用电力线路第二种工作票（见附录 D）。

d）填用电力电缆第二种工作票（见附录 E）。

e）填用电力线路带电作业工作票（见附录 F）。

f）填用电力线路事故紧急抢修单（见附录 G）。

g）口头或电话命令。

🔍 **释 义**　1. 在电力线路上工作，常见的工作票制度有电力线路第一种工作票、电力电缆第一种工作票、电力线路第二种工作票、电力电缆第二种工作票、电力线路带电作业工作票、电力线路事故紧急抢修单、口头或电话命令形式等。

2. 考虑现场工作的需要，在以上工作票的基础上增加了施工作业安全措施票，主要应用于运行状态非电气设备的基建施工且不需运行设备双停电的工作，其签发可由工程项目具备签发资质的人员签发，并经工程项目经理或项目经理部技术负责人审核。签发人、审核人均应同工作票签发人同样管理。

5.3.2　填用第一种工作票的工作为：

a）在停电的线路或同杆（塔）架设多回线路中的部分停电线路上的工作。

b）在停电的配电设备上的工作。

c）高压电力电缆需要停电的工作。

d）在直流线路停电时的工作。

e）在直流接地极线路或接地极上的工作。

🔍 **释 义**　1. 线路停电填用第一种工作票的工作，其特点是应履行停电许可和终结手续，需执行停电、验电、装设接地线等措施后方可进行作业。主要是因为作业人员、设备、工器具、材料等与带电的线路之间安全距离不能满足安全要求，工作量较大而带电作业一时无法完成，所以必须停电做安全措施。在待用间隔线路上工作时，应填用第一种工作票。

2.持线路第一种工作票进入变电站和发电厂进行工作时，变电站和发电厂的许可人在现场需要布置的安全措施（标示牌和安全围栏）布置完成后，应在工作票的备注栏标明现场所布置的安全措施，并在第一种工作票的第7项许可工作表格中，填写许可方式"当面许可"，经工作负责人确认现场布置的安全措施后，双方签名。

3.持线路或电缆工作票进入有人值班变电站或发电厂内进行电缆或架空线路工作应增填工作票份数，其中一份交变电站或发电厂工作许可人留存。变电站或发电厂将批准可担任工作票签发人和工作负责人的名单送交有关运行单位。

5.3.3 填用第二种工作票的工作为：

a）带电线路杆塔上且与带电导线最小安全距离不小于表3规定的工作。

b）在运行中的配电设备上的工作。

c）电力电缆不需要停电的工作。

d）直流线路上不需要停电的工作。

e）直流接地极线路上不需要停电的工作。

释义 1.使用第二种工作票的工作是指人体、工器具、材料等不触及带电线路或带电部分，且与高压带电线路和设备带电部分的安全距离满足《线路安规》表3要求，不需停电的工作。

2.除本条款提出了五类工作外，在运行设备区（运行电缆通道附近）从事电力电缆工作，不需要停电的（含新建工程施工），应使用第二种工作票。

5.3.4 填用带电作业工作票的工作为：
带电作业或与邻近带电设备距离小于表3、大于表5规定的工作。

🔍 释义　　1.填用带电作业工作票的工作根据人体与带电体之间的关系可分为三类：等电位作业、地电位作业和中间电位作业。

2.与邻近带电设备距离小于《线路安规》表3规定且大于《线路安规》表5规定（包括人体、工器具、材料及塔上异物等）的工作，应填用带电作业工作票，但不属于带电作业范畴。

5.3.5 填用事故紧急抢修单的工作为：
事故紧急抢修应填用工作票或事故紧急抢修单。
非连续进行的事故修复工作，应使用工作票。

🔍 释义　　1.事故紧急抢修工作是指电气设备发生故障被迫紧急停止运行，为了防止事故扩大或尽快恢复供电，需短时间内开展的抢修和排除故障的工作。事故紧急抢修工作应使用工作票或事故紧急抢修单。

2.无须进行大量的工作准备，自接到命令至出发在1个小时以内的抢修，且当天的抢修工作、中间无明显的工作间断的情况，可填用（使用）事故紧急抢修单。用户的低压报修工作也可按事故紧急抢修进行。

3.填用（使用）事故紧急抢修单时，工作负责人应根据抢修任务布置人的要求及掌握到的现场情况填写安全措施，到抢修现场后再勘察，补充完善安全措施。

工作开始前应得到工作许可人的许可。抢修布置人应当由熟悉事故现场情况，具备事故紧急抢修指挥能力的单位（部门）负责人或单位批准的工作票签发人担任。

4. 未造成电气设备被迫停运的缺陷处理工作不得使用事故紧急抢修单，而应使用工作票。事故抢修后的恢复工作应使用工作票。

5.3.6 按口头或电话命令执行的工作为：

a）测量接地电阻。

b）修剪树枝。

c）杆塔底部和基础等地面检查、消缺工作。

d）涂写杆塔号、安装标志牌等，工作地点在杆塔最下层导线以下，并能够保持表4安全距离的工作。

🔍 **释　义**　　1. 电力线路上的工作包含在非运行设备区域的新建工程施工（不含交叉跨越运行线路），工作内容较为单一，在作业过程中人员不涉及带电部位。为了简化书面作业流程，提高工作效率，规定可以采取预先发布口头或电话命令方式或作业前经临时请示批准方式开展作业，但应根据工作性质采取相应安全措施。上述工作可不使用工作票，但应使用安全措施卡。非零星杆塔上作业应使用工作票，高处作业宜有人监护。

2. 修剪高出或接近导线的树枝时，如不能保持《线路安规》表3要求的距离时，应按照带电工作或停电进行，并使用带电作业工作票或第一种工作票。

接口头或电话命令执行的工作　测量接地电阻　修剪树枝　涂写杆塔号、安装标志牌

5.3.7 工作票的填写与签发。

5.3.7.1 工作票应用黑色或蓝色的钢（水）笔或圆珠笔填写与签发，一式两份，内容应正确，填写应清楚，不得任意涂改。如有个别错、漏字需要修改时，应使用规范的符号，字迹应清楚。

🔍 **释 义**

1. 电力线路工作票，一般情况下需使用黑色或蓝色钢（水）笔或圆珠笔填写与签发，因其具备安全性好（颜色醒目、不易被其他颜色覆盖修改）和可长时间保存备查（不易被氧化、遇水不易褪色）的特点。

2. 电力线路工作票填写与签发应一式两份，内容填写应清楚、准确，不得随意涂改。如有个别错、漏字需要修改时，应使用规范的符号，修改后的字迹应清楚。

3. 工作票上的错误必须由工作票签发人改正；改错方式应采用校对方式，如"内容式正确"，即当工作票上有错误时应将错字圈掉，用引线在空白处改写正确字符，应可看出改前字样，不允许使用改正液等方式涂改；一份工作票上改错最多不可超过 3 处；关键动词如"拉、合、拆、挂"等不可改动；设备编号不准改动。

5.3.7.2 用计算机生成或打印的工作票应使用统一的票面格式。由工作票签发人审核无误，手工或电子签名后方可执行。

工作票一份交工作负责人，一份留存工作票签发人或工作许可人处。工作票应提前交给工作负责人。

释义　1. 用计算机生成或打印的工作票应使用统一的票面格式，且已办理许可手续的工作票不可改动，并经工作票签发人审核、签名后方可执行。

2. 工作票应在工作前一日交给工作负责人。由外包单位施工的，应在工作前一日交现场许可人、工作负责人各一份。工作负责人在接受工作票时，应对工作票所列内容了解清楚、确证无误后再签字接收。如发现疑问，应立即向工作票签发人提出，必要时要求补充或重新签发。

3. 第一种工作票应至少在工作前一日送达（包括信息系统送达）工作许可人。经批准的临时工作或事故抢修转正常检修填用第一种工作票时，可在工作前预先交给工作许可人，但相关原因应在工作票"备注"栏内予以说明；第二种工作票和带电作业工作票可在进行工作的当天预先交给工作许可人；故障紧急抢修单可在抢修工作开始前直接交给工作许可人。

4. 工作许可人收到工作票后，应认真进行审核，如工作票不正确，应立即退回并告知工作负责人。

5.3.7.3　一张工作票中，工作票签发人和工作许可人不得兼任工作负责人。

释义　1. 工作票签发人的作用是负责对工作票所填写的安全措施的正确性进行审查；工作许可人的作用是对由其许可的工作票所列的安全措施正确性进行审查，以及对现场安全措施的设置正确性负责；工作负责人的作用是组织、指挥工作班人员完成本项工作任务，且应始终在工作现场，及时纠正不安全的行为。

2. 一张工作票中分别设工作票签发人、工作许可人和工作负责人，是为了对工作票中所填的各项内容进行审核，相互把关，确保其准确性。故工作票签发人和工作许可人不得兼任工作负责人。

3. 在一张工作票中，工作票签发人对工作票的工作任务、停电方式、安全措施及安全规程等方面情况相对熟悉、掌握，具备兼任工作许可人条件，经相关的专业项目培训合格，单位批准、公布后方可兼任。工作票签发人兼任工作许可人时，应同时履行签发人和许可人的安全责任。

5.3.7.4 工作票由工作负责人填写，也可由工作票签发人填写。

🔍 **释义**　1. 工作负责人是现场工作的主要组织者和实施者，对安全措施的现场实施负重要安全责任。填写工作票的过程，也是熟悉作业流程、安全措施的过程。因此，电力线路工作票一般由工作负责人填写。

2. 工作负责人填写工作票后，工作票签发人需进行认真审核、签发。工作票签发人对工作票所列安全措施的正确性、完整性负全面责任，所以工作票也可以直接由工作票签发人填写。

5.3.7.5 工作票由设备运维管理单位签发，也可由经设备运维管理单位审核合格且经批准的检修及基建单位签发。检修及基建单位的工作票签发人、工作负责人名单应事先送有关设备运维管理单位、调度控制中心备案。

🔍 **释义**　1. 检修及基建单位签发工作票，其企业资质证书、安全生产许可证、人员资格及施工人员年度安全规程考试成绩等须事先经设备运维管理单位审核合格，并经批准后方能签发。检修及基建单位的工作票签发人须熟悉和掌握设备电气接线和现场布置情况等。

2. 检修及基建单位应将批准可担任工作票签发人和工作负责人的名单送交有关设备运维单位、调控中心备案。

3. 持线路和电缆工作票进入变电站或发电厂内进行电缆或架空线路工作应增填相应的工作票份数，其中一份交变电站或发电厂工作许可人留存。

5.3.7.6 承发包工程中，工作票可实行"双签发"形式。签发工作票时，双方工作票签发人在工作票上分别签名，各自承担本规程工作票签发人相应的安全责任。

释义 1. 外包工程宜由承包单位担任工作负责人，按照规定严格执行工作票制度。工作票实行发包单位和承包单位"双签发"，即外包工作中承包单位和发包单位进行共同签发。承包方签发：承包单位结合现场勘察情况由经过认可具备签发资格的人员进行承包签发，并填写工作票中的现场工作人员及工作（施工）负责人、工作任务及相关的安全措施。发包方（设备运维管理单位）签发：设备运维管理单位对承包单位签发的工作票，结合现场情况审查，根据现场安全工作要求修改、补充承包单位填写的现场安全措施，并签发工作票。发包方签发为确认签发，未经发包方签发的工作票现场不能许可。

2. 工作票实行"双签发"时，施工和基建单位工作票签发人承担"工作的必要性和安全性、所派的工作负责人和工作人员是否适当和充足"的责任，设备运维管理单位签发人承担"工作票上所填写的安全措施（主要是电气）是否正确完备及工作安全性审查"的责任。

3. 承包单位担任工作负责人时，业主项目部应指派专人担任工地监督人，进行现场安全监督。对于近电施工、高塔组立、跨越（穿越）施工、撤立杆塔、放紧线、大型机械施工、起重吊装等高风险作业，工地监督人应进行旁站监督，严控安全风险。运行的变（配）电站内施工，工地监督人必须全过程进行现场监督。工作许可人、监理人员可担任工地监督人。

4. 工作票的签发可根据本单位设备管理机制，制定外来单位、本单位工作以及总、分工作票的管理办法。

5.3.8　工作票的使用

5.3.8.1　第一种工作票，每张只能用于一条线路或同一个电气连接部位的几条供电线路或同（联）杆塔架设且同时停送电的几条线路。第二种工作票，对同一电压等级、同类型工作，可在数条线路上共用一张工作票。带电作业工作票，对同一电压等级、同类型、相同安全措施且依次进行的带电作业，可在数条线路上共用一张工作票。

在工作期间，工作票应始终保留在工作负责人手中。

🔍 **释义**　1. 电力线路上工作，可使用一张电力线路第一种工作票的情况一般包括一条线路（含 T 接线路）停电检修工作；同杆架设多回路且同时停送电的工作，或邻近几条线路需同时停送电且为同一目的进行的工作；工作前一次完成所有安全措施的设备停电检修工作。

2. 对同一电压等级、同类型、相同安全措施、依次开展的不停电工作，可在数条线路或数台设备上共用一张电力线路第二种工作票。

3. 对同一电压等级、同类型、相同安全措施且依次进行的带电作业，不需要停用重合闸的工作，可在数条线路上共用一张工作票；需要停用重合闸的工作只能一条线路使用一张工作票。

4. 为了便于掌控进度，检查、监督安全措施的落实，在工作期间，工作票应始终保留在工作负责人手中。

5.3.8.2　一个工作负责人不能同时执行多张工作票。若一张工作票下设多个小组工作，每个小组应指定小组负责人（监护人），并使用工作任务单（见附录 H）。

工作任务单一式两份，由工作票签发人或工作负责人签发，一份工作负责人留存，一份交小组负责人执行。工作任务单由工作负责人许可。工作结束后，由小组负责人交回工作任务单，向工作负责人办理工作结束手续。

🔍 释 义　　1. 为了确保工作负责人精力集中、监护到位，避免工作负责人将几张工作票的工作任务、时间、地点、安全措施等混淆，工作负责人在同一时间内只能执行一张工作票。

2. 多小组工作形式，适用于一条线路或同一个电气连接部位上多个小组的共同作业，且工作票所列安全措施一次完成的工作。采用这种方式时，应使用工作任务单并设小组负责人。

3. 工作票上所列安全措施应包括所有工作任务单上所列的安全措施。几个小组同时工作，使用工作任务单时，工作票的工作班成员栏目内可以只填写各工作任务单的小组负责人姓名，但工作任务单的工作班成员栏目内应填写本工作小组所有工作人员姓名。工作任务单由工作票签发人签发，也可由工作负责人签发。一份由工作负责人留存，便于对各小组进行监督及全面掌握工作情况；

一份交小组负责人执行，用于明确小组的任务和安全措施要求。工作任务单上应写明工作任务、停电范围、工作地点的起止杆号及安全措施（注意事项）等。

4.因工作负责人掌握整个线路的停送电的情况、接地线等安全措施布置的完成情况，故工作负责人应担任工作任务单的许可人。工作任务单的许可和终结由小组负责人与工作负责人办理。工作票许可后，再由工作负责人许可工作任务单；所有工作任务单结束汇报后，工作票方可终结。

🔍 **案例**　见案例库之案例 BB-3-002、BB-2-002。

5.3.8.3　一回线路检修（施工），其邻近或交叉的其他电力线路需进行配合停电和接地时，应在工作票中列入相应的安全措施。若配合停电线路属于其他单位，应由检修（施工）单位事先书面申请，经配合线路的设备运维管理单位同意并实施停电、接地。

🔍 **释义**　1.配合停电线路是指与停电检修（施工）或新建线路邻近或交叉需配合停电、接地的其他所有线路。邻近或交叉的其他电力线路需配合停电和接地时，为确保有效控制现场的危险点，应在检修（施工）线路的工作票中列入相应的安全措施。

2.若配合停电线路属于检修（施工）单位负责管理，且配合停电线路的安全措施由检修（施工）线路的工作班实施，则只需填用一张工作票即可。

3.若配合停电线路属于其他单位，则检修（施工）单位应事先向配合停电线路的设备运维管理单位提出书面申请，经同意并由该设备运维管理单位实施停电、接地。

4. 书面申请和许可的内容应包括：配合停电设备双重名称（若用户设备上未标注双重名称，建议使用供电侧开关编号和用户名称作为设备临时双重编号），与检修线路××位置交叉、邻近、同杆架设地段，需要停电操作的设备、安全措施项目，所挂接地线的位置及操作人，许可人、申请人申请和许可签名及申请和许可时间。

5.3.8.4　一条线路分区段工作，若填用一张工作票，经工作票签发人同意，在线路检修状态下，由工作班自行装设的接地线等安全措施可分段执行。工作票中应填写清楚使用的接地线编号、装拆时间、位置等随工作区段转移情况。

🔍 **释　义**　1. 使用同一张工作票依次在不同工作地点转移工作或一条输电线路检修状态下分区段工作时，工作票所列的接地线应在开工前一次性安装完成，其他安全措施（装设警示牌、安装围栏等）经工作票签发人同意，可分段执行。

2. 转移工作地点重新开工前，工作负责人应再次向工作班成员进行现场交底，交代工作内容、人员分工、带电部位、现场安全措施，告知危险点和注意事项。

5.3.8.5　持线路或电缆工作票进入变电站或发电厂升压站进行架空线路、电缆等工作，应增填工作票份数，由变电站或发电厂工作许可人许可，并留存。

上述单位的工作票签发人和工作负责人名单应事先送有关运维管理单位备案。

🔍 **释　义**　线路进变电站工作的工作票使用要求：

1. 持线路工作票进站工作，需增填工作票份数，由变电许可人每人持有一份，开工前需办理变电工作许可手续，实行"双许可"，其工作票签发人和工作负责人名单应事先送运维管理单位备案。

2. 架空线路进站以出线门型架第一串绝缘子或穿墙套管为设备分界点。出线门型架或穿墙套管外侧的线路工作，应使用线路工作票；出线门型架或穿墙套管内侧的变电站工作，应使用变电工作票。

3. 工作人员在变电站内的电缆线路上工作，以电缆接线桩头为设备分界点。电缆接线桩头外侧的工作（包括压接电缆头），应使用电力电缆工作票；接线桩头内侧的工作，应使用变电工作票。

5.3.9 工作票的有效期与延期。

5.3.9.1 第一、二种工作票和带电作业工作票的有效时间，以批准的检修期为限。

🔍 **释义**　1. 工作票的有效时间以正式批准的检修时间为限。批准的检修时间为调度批准的开工至完工的时间。

2. 第一种工作票计划工作期限不宜超过 14 天，第二种工作票计划工作期限不宜超过 30 天。

5.3.9.2 第一种工作票需办理延期手续，应在有效时间尚未结束以前由工作负责人向工作许可人提出申请，经同意后给予办理。

第二种工作票需办理延期手续，应在有效时间尚未结束以前由工作负责人向工作票签发人提出申请，经同意后给予办理。第一、二种工作票的延期只能办理一次。带电作业工作票不准延期。

🔍 **释义**　1. 第一种工作票，提前申请办理延期手续，是为了给调控中心或运维部门调整运行方式以及变更、办理送电的时间，并提前将延迟送电情况通知用户。第二种工作票，提前申请办理延期手续，是为便于工作票签发人及时掌握现场情况，调整变更工作计划和人员安排。第一种工作票涉及线路的停送电时间和变电站的操作，应向工作许可人提出申请；第二种工作票因不需要履行工作许可手续，应向工作票签发人提出申请，不需履行许可手续的线路第二种工作票的延期需经由签发人办理延期手续。

2. 第一、第二种工作票延期手续只能办理一次，工作票延期手续应填写在备注栏。如果延期太多，不利于现场作业安全。第一、第二种工作票延期后在有效时间内不能完成工作，则应先将该工作票办理终结手续，再重新填用新的工作票，并履行工作许可手续。工作票的延期办理程序应该是工作许可程序的逆程序。延期申请应提前办理，至少应保证批准工作票延期的命令在检修期限内传达到工作负责人。许可人下达延期命令时，可由工作负责人代许可人签名。

3. 带电作业属于危险性较高工作，对天气和安全措施执行要求较高，且带电作业一般需停用重合闸，对线路的可靠性带来一定的影响。因此，带电作业工作票不准延期。

5.3.10 工作票所列人员的基本条件。

5.3.10.1 工作票签发人应由熟悉人员技术水平、熟悉设备情况、熟悉本规程，并具有相关工作经验的生产领导人、技术人员或经本单位批准的人员担任。工作票签发人员名单应公布。

释义 1. 工作票签发人承担着重要的安全责任，应熟悉人员技术水平、设备状况、《线路安规》内容，具有相关电气工作经验，通常由生产领导人、技术人员或经本单位批准的人员担任，并应经培训，通过技术业务、电

力安全规程等考试合格后方能担任工作票签发人。

2. 工作票签发人每年应通过电力安全规程考试，并经本单位批准后进行公布。

5.3.10.2 工作负责人（监护人）、工作许可人应由有一定工作经验、熟悉本规程、熟悉工作范围内的设备情况，并经工区（车间，下同）批准的人员担任。工作负责人还应熟悉工作班成员的工作能力。

用户变、配电站的工作许可人应是持有效证书的高压电气工作人员。

🔍 **释 义**　1. 工作负责人是指组织、指挥工作班人员完成本项工作任务的责任人员，对工作完成的质量和安全负责。因此，工作负责人除应具备相关岗位技能要求，还应有相关实际工作经验并熟悉工作班成员的工作能力。

2. 工作许可人对许可工作的命令和接地等安全措施的正确性负责。因此，工作许可人应由有一定工作经验、熟悉《线路安规》和设备情况的人员担任。

3. 工作负责人、工作许可人应由具有现场工作经验，并经公司岗位技能和安全技能考试合格、批准公布的人员担任。工作许可人应由设备运维管理单位人员担任。

4. 考虑到工作许可人的重要作用，用户变、配电站的工作许可人也应有资质要求，即应是持有效证书的（如进网电工作业许可证、变电站值班员证等）高压电气工作人员。

5.3.10.3 专责监护人应是具有相关工作经验，熟悉设备情况和本规程的人员。

🔍 **释 义**　专责监护人是指在工作现场不参与具体工作，专门负责监督作业人员现场作业行为是否符合安全规定的责任人员。专责监护人应具备相当于工作负责人的能力，并有相关的实际现场工作经验。

5.3.11 工作票所列人员的安全责任。

5.3.11.1 工作票签发人：

a）确认工作必要性和安全性。

b）确认工作票上所填安全措施是否正确完备。

c）确认所派工作负责人和工作班人员是否适当和充足。

🔍 **释义** 1. 工作票签发人应根据现场的运行方式和实际情况对工作任务的必要性、安全性，以及采取的作业方式、安全措施等进行统筹考虑。

2. 工作票签发人须审查工作票上所填安全措施是否与实际工作相符且正确完备，以及所派工作负责人及工作班成员配备是否满足现场施工要求等，各项内容经审核、确认无误后，方可签发工作票。

🔍 **案例** 见案例库之案例 AQ-3-017、BB-3-020、AQ-3-020。

5.3.11.2　工作负责人（监护人）：

a）正确组织工作。

b）检查工作票所列安全措施是否正确完备，是否符合现场实际条件，必要时予以补充完善。

c）工作前，对工作班成员进行工作任务、安全措施、技术措施交底和危险点告知，并确认每个工作班成员都已签名。

d）组织执行工作票所列安全措施。

e）监督工作班成员遵守本规程、正确使用劳动防护用品和安全工器具以及执行现场安全措施。

f）关注工作班成员身体状况和精神状态是否出现异常迹象，人员变动是否合适。

释　义　1. 工作负责人是现场安全第一责任人，是执行工作票工作任务的组织指挥者和安全负责人，负责正确安全地组织现场作业。

2. 工作负责人还要负责检查工作班成员变动是否合适，精神面貌、身体状况是否良好等方面情况。因为变动不合适，工作班成员精神状态、身体状况不佳等因素极有可能引发事故。

3. 每天开工前或工作点转移，工作负责人在工作前必须重新对工作班成员进行工作任务、安全措施、技术措施交底和危险点告知，并确认每个工作班成员都已明确、签名。

案　例　见案例库之案例 AQ-3-006、AQ-3-007、AQ-3-008、AQ-3-013、AQ-3-017、AQ-3-018、AQ-3-019、BB-3-004、BB-3-014、BB-3-016、BB-3-019、BB-3-020、BB-3-022。

案例 AQ-3-006 可扫描以下二维码观看。

立塔时吊件
缆风绳接近
邻近运行线
路人员灼伤
和线路跳闸
事故案例

AQ-3-006

5.3.11.3　工作许可人：

a）审票时，确认工作票所列安全措施是否正确完备，对工作票所列内容发生疑问时，应向工作票签发人询问清楚，必要时予以补充。

b）保证由其负责的停、送电和许可工作的命令正确。

c）确认由其负责的安全措施正确实施。

🔍 **释义**　1. 工作许可人首要职责是保证工作票上所列安全措施得到落实并根据现场情况进行补充完善。

2. 工作许可人应保证由其负责的停、送电和许可工作的命令正确。

3. 工作许可人应审查线路停、送电和许可工作的命令、许可的接地等安全措施是否正确完备。

5.3.11.4　专责监护人：

a）确认被监护人员和监护范围。

b）工作前，对被监护人员交代监护范围内的安全措施、告知危险点和安全注意事项。

c）监督被监护人员遵守本规程和执行现场安全措施，及时纠正被监护人员的不安全行为。

🔍 **释义**　1. 专责监护人应确认自己的被监护人员、监护范围，确保被监护人员始终处于被监护之中。

2. 专责监护人在工作前，应向被监护人员交代安全措施、告知危险点和安全注意事项，并确认每一个工作班成员都已知晓。

3. 专责监护人应全程监督被监护人员遵守《线路安规》和现场安全措施，

及时纠正不安全行为，从而保证作业安全。

4.必须指派专职监护人的情形主要有：带电作业；在工作中工作负责人不能同时照看到各小组工作点；各工作点分开较远；分工作点有同杆架设线路；分工作点附近有同杆型的其他运行设备；分工作点中有需要配合停电的设备；分工作点中有需要单独增加的安全措施；工作票签发人或工作负责人认为有必要设置专责监护人的。

案例　见案例库之案例 AQ-3-001、AQ-3-003、AQ-3-004、AQ-3-005、AQ-3-009、AQ-3-017、BB-3-014、BB-3-020。

5.3.11.5　工作班成员：

a）熟悉工作内容、工作流程，掌握安全措施，明确工作中的危险点，并在工作票上履行交底签名确认手续。

b）服从工作负责人（监护人）、专责监护人的指挥，严格遵守本规程和劳动纪律，在确定的作业范围内工作，对自己在工作中的行为负责，互相关心工作安全。

c）正确使用施工机具、安全工器具和劳动防护用品。

释义　1.工作班成员应认真参加交底会，认真听取工作负责人（或专责监护人）交代的工作任务，熟悉工作内容、工作流程，掌握安全措施，明确工作中的危险点，并履行交底签名确认手续。这是确保作业安全和人身安全的基本要求。

2.工作班成员应自觉服从工作负责人、专责监护人的指挥，严格遵守《线路安规》和劳动纪律；不超越工作负责人、专责监护人确定的工作范围进行工作；对自己在工作中的行为负责，不违章作业，互相关心工作安全。这些是作业人员的职责和义务。

3. 工作班成员应正确使用施工机具、安全工器具和劳动安全保护用品，并在使用前认真检查。这是作业人员保证安全作业的重要措施。

案 例 见案例库之案例 AQ-3-003、AQ-2-003、AQ-3-013、AQ-3-018。

5.4 工作许可制度。

5.4.1 填用第一种工作票进行工作，工作负责人应在得到全部工作许可人的许可后，方可开始工作。

释 义 1. 工作许可制度，是确保工作安全所采取的一种必不可少的措施，是工作所涉及的所有许可人根据工作票的内容在做设备停电安全技术措施后，向工作负责人发出工作许可命令的组织程序规定都叫工作许可制度。

2. 全部工作许可人指检修线路设备运维管理单位的许可人、配合停电线路的设备运维管理单位的许可人和可能反送电的支线线路设备运维管理单位的许可人；持第一种工作票进站工作还应得到变电站值班人员的许可。

3. 填用线路第一种工作票，对于应停电线路的操作，由相应调度机构下令，设备运维管理单位执行。完成后，由调度机构通知工作许可人，工作许可人在工作票相应"已执行"栏打钩确认。所有停电措施完成后，工作许可人通知工作负责人装设工作地段内的接地线，并办理工作许可手续，许可现场工作开工。

4. 第一种工作票若下设工作任务单，工作票许可手续办理完毕后，工作负责人方可与小组负责人办理工作任务单许可手续，双方在工作任务单中填写许可记录。

5. 由承包单位担任工作负责人的施工作业，工作许可必须采取当面许可方式。

6. 线路第二种工作票的许可：持线路第二种工作票在线路上工作，不需办理工作许可手续；但在变电站内工作时，应办理工作许可手续。

7. 线路带电作业票的许可：带电作业需要停用线路重合闸，由调度机构下令，设备运维单位执行。完成后，由调度通知工作许可人，然后工作许可人和工作负责人办理工作许可手续，许可现场工作开工。对于无重合闸，或重合闸长期处于停用状态且经与调度核实确认的，不需要办理停用重合闸手续，工作许可人在许可工作前向调度报告开工情况即可。

8. 外包、外委工作填用线路第二种工作票，由发包方或线路运维单位许可。

9. 故障紧急抢修单的许可：许可程序同线路第一种工作票。

工作负责人应在得到全部工作许可人的许可后，方可开始工作

5.4.2 线路停电检修，工作许可人应在线路可能受电的各方面（含变电站、发电厂、环网线路、分支线路、用户线路和配合停电的线路）都已停电，并挂好操作接地线后，方能发出许可工作的命令。

值班调控人员或运维人员在向工作负责人发出许可工作的命令前，应将工作班组名称、数目、工作负责人姓名、工作地点和工作任务做好记录。

释义 1. 工作许可人应对现场检修线路的接线和运行情况清楚，保证变电站、发电厂、环网线路、分支线路、用户线路和配合停电的线路可能受电（反送电）的均已停电并挂好操作接地线，检修线路与全部带电设备隔离，方能发出工作许可命令。

2. 值班调控人员或运维人员应对许可工作的工作内容清楚（包括班组名称、数目、工作负责人姓名、工作地点和工作任务）并做好记录，防止误送电而危及作业人员的人身安全。

5.4.3 许可开始工作的命令，应通知工作负责人。其方法可采用：

a）当面通知。

b）电话下达。

c）派人送达。

电话下达时，工作许可人及工作负责人应记录清楚明确，并复诵核对无误。对直接在现场许可的停电工作，工作许可人和工作负责人应在工作票上记录许可时间，并签名。

🔍 **释 义** 线路工作许可按以下方式进行：

1. 当面许可，指工作许可人与工作负责人双方在工作现场当面办理工作票许可手续。工作许可人与工作负责人应在工作票上记录许可时间，并分别签名。

2. 电话许可，指工作许可人不在工作现场，工作负责人通过电话方式向工作许可人汇报现场安全措施落实情况，工作许可人复诵核对无误后，办理工作票许可手续。工作许可人与工作负责人应在所持工作票上记录许可时间和双方姓名。

3. 派人送达，指工作许可人安排专人对工作负责人送达书面许可命令，一般只在通信不便的特殊情况下采用。送达人应具备工作许可人资格，并与工作负责人在工作票上记录许可时间，并分别确认签名。

4. 持线路工作票进变电站工作办理许可手续，必须采取当面许可方式。其他情况可电话许可或当面许可。

5. 一张工作票一般只设一名工作许可人（除持线路工作票进变电站工作），工作许可人负责与调控人员、停送电联系人等各方进行停送电联系。停送电联系时，双方应使用规范语言，并进行书面记录。

5.4.4 若停电线路作业还涉及其他单位配合停电的线路，工作负责人应在得到指定的配合停电设备运维管理单位联系人通知这些线路已停电和接地，并履行工作许可书面手续后，才可开始工作。

🔍 **释 义** 本条同 5.3.8.3 解释。

5.4.5 禁止约时停、送电。

🔍 **释 义** 1.约时停电是指在线路（设备）停电检修工作中，工作许可人与工作负责人之间未按照《线路安规》规定的流程办理许可手续，按预先约定时间停电。

2.约时送电是指在线路（设备）停电检修工作中，工作许可人与工作负责人之间未按照《线路安规》规定的流程办理终结手续，按预先约定时间送电。

3.约时停电可能会发生线路未停电就进行作业；约时送电可能会造成线

路工作尚未结束就对工作的线路送电。此类现象严重危及作业人员和设备的安全，因此，禁止约时停、送电。

5.4.6 填用电力线路第二种工作票时，不需要履行工作许可手续。

释义 1. 填用电力线路第二种工作票时，由于不需要改变设备的运行状态、不影响系统的稳定运行，所以，不需要履行工作许可手续。

2. 填用电力线路第二种工作票在变电站内工作时，应办理工作许可手续。

5.5 工作监护制度。

5.5.1 工作许可手续完成后，工作负责人、专责监护人应向工作班成员交代工作内容、人员分工、带电部位和现场安全措施、进行危险点告知，并履行确认手续，装完工作接地线后，工作班方可开始工作。工作负责人、专责监护人应始终在工作现场。

释义 1. 工作监护制度是指检修工作负责人（监护人）带领工作人员到施工现场，布置好工作后，对全班人员不间断进行安全监护，防止工作人员误触带电设备、高空作业高坠、错误使用工器具以及不正确的作业方式，以确保整个施工作业过程中人身和设备安全。

2. 开工前，工作负责人、专责监护人应向工作班成员进行现场交底，交代工作内容、人员分工、带电部位、现场安全措施，告知危险点和注意事项，并履行签字确认手续后，方可下令开始工作。

3. 工作票下设工作任务单时，工作负责人可只对小组负责人进行现场交底，小组负责人需向工作任务单所有人员进行现场交底，并在工作任务单上履行签字确认手续。

4. 工作负责人（监护人）一般不得直接参与工作，其主要职责是正确、安全地组织好工作和对现场全部人员的安全进行全面、全过程地监护。

案例 见案例库之案例 AQ-3-013、AQ-3-016。

案例 AQ-3-013 可扫描以下二维码观看。

非工作班成员登塔触电死亡事故案例

AQ-3-013

5.5.2　工作票签发人或工作负责人对有触电危险、施工复杂容易发生事故的工作，应增设专责监护人和确定被监护的人员。

专责监护人不准兼做其他工作。专责监护人临时离开时，应通知被监护人员停止工作或离开工作现场，待专责监护人回来后方可恢复工作。若专责监护人必须长时间离开工作现场时，应由工作负责人变更专责监护人，履行变更手续，并告知全体被监护人员。

释义　1. 有触电危险、施工复杂容易发生事故需设立专责监护人的工作一般为：工作区段有邻近、平行、交叉、同杆架设的带电线路时杆塔组立、放紧撤线、起重作业，恶劣气候带电作业等；在地面监护有困难的工作应增设塔上监护人；工作票签发人和工作负责人认为有必要设立专责监护人的工作等。

2. 专责监护人暂时（30min 以内）离开时，应通知被监护人员停止工作或离开工作现场，待专责监护人回来后方可恢复工作。若专责监护人必须长时间离开工作现场时，应由工作负责人变更专责监护人，履行变更手续，并告知全体被监护人员。

3. 工作负责人和专责监护人的变更仅限一次；若需再次变更应重新填用工作票并履行许可手续。

案例　见案例库之案例 AQ-3-005、BB-3-016。

5.5.3　工作期间，工作负责人若因故暂时离开工作现场时，应指定能胜任的人员临时代替，离开前应将工作现场交代清楚，并告知工作班成员。原工作负责人返回工作现场时，也应履行同样的交接手续。

　　若工作负责人必须长时间离开工作现场时，应由原工作票签发人变更工作负责人，履行变更手续，并告知全体作业人员及工作许可人。原、现工作负责人应做好必要的交接。

释义　　1. 工作票许可前确需变更工作负责人时，应重新填用工作票。工作期间，工作负责人若因故暂时（30min 以内）离开工作现场时，应指定具有工作负责人资格的工作班成员临时代替，离开前应将工作现场交代清楚，并告知工作班全体成员。原工作负责人返回工作现场时，也应履行同样的交接手续。临时工作负责人不得办理工作票终结和工作间断后复工手续。工作期间，负责人必须长时间离开工作现场时，应由原工作票签发人变更工作负责人，履行变更手续，并通知工作许可人（小组负责人变更情况应通知工作负责人），原、现工作负责人负责告知全体作业人员。原、现工作负责人应做好必要的交接。

　　2. 非特殊情况不得变更工作负责人。复杂、危险等工作，工作负责人离开工作现场前不能准确、详尽交代工作时不得变更，工作负责人应将变动情况记录在工作票上，原工作负责人和新工作负责人需签名。若工作票签发人不在现场，可电话征得签发人同意，由原工作负责人代签名，并在备注栏内注明电话联系的时间，工作负责人和专责监护人的变更仅限一次，若需再次变更应重新填用工作票并履行许可手续。

　　3. 许可工作后确需变动工作班成员时，应经工作负责人同意；新增加人员"是否适当"的安全责任由准许变动的工作负责人承担；新加入工作的工作班人员数量不宜超过工作票所列计划人数的一半且不大于 5 人；工作负责人应对新加入人员进行现场交底，并履行确认手续后方可准许其参加工作；工作班成员变动情况应在工作票上记录。持第一种工作票时，由负责人在工作票工作人员变动情况栏内填写并签名；持其他工作票时，由工作负责人在备注栏内填写。

🔍 **案 例**　见案例库之案例 BB-3-011。

5.6 工作间断制度。

5.6.1 在工作中遇雷、雨、大风或其他任何情况威胁到作业人员的安全时，工作负责人或专责监护人可根据情况，临时停止工作。

🔍 **释 义**　1.工作中遇到恶劣气象条件时，可根据具体工作的不同内容和性质，临时停止工作；发生威胁工作人员安全的情况时，工作负责人或专责监护人均应果断决定临时停止工作。

2.工作班成员在未经工作负责人或专责监护人同意，不得擅自恢复工作。

🔍 **案 例**　见案例库之案例 AQ-3-002。

5.6.2 白天工作间断时，工作地点的全部接地线仍保留不动。如果工作班须暂时离开工作地点，则应采取安全措施和派人看守，不让人、畜接近挖好的基坑或未竖立稳固的杆塔以及负载的起重和牵引机械装置等。恢复工作前，应检查接地线等各项安全措施的完整性。

🔍 **释 义**　1.计划工作时间是一天的工作，工作间断时，工作班人员应从工作现场撤出，所有安全措施保持不动，工作票仍由工作负责人收执。间断

后复工时，应检查确认安全措施完好方可工作，无须办理工作间断手续

2. 工作间断时，对开挖的基坑、未安装稳固的杆塔、负载的起重机械设备等危险之处，应采取防范措施或派人看守。

3. 恢复工作前，为防止自然环境的影响、人为因素的变化而使现场的安全措施发生改变，从而发生可能伤害人员或损坏设备的情况，应先检查全部接地线是否完好、各类负载的起重和牵引机械装置是否正常等。只有当所有安全措施符合现场安全要求后，方可恢复工作。

5.6.3 填用数日内工作有效的第一种工作票，每日收工时如果将工作地点所装的接地线拆除，次日恢复工作前应重新验电挂接地线。

如果经调度允许的连续停电、夜间不送电的线路，工作地点的接地线可以不拆除，但次日恢复工作前应派人检查。

🔍 **释 义**　　1. 多日工作，每日收工时工作负责人应与工作许可人办理收工手续；次日开工时应与工作许可人重新办理许可手续，并在"收工、开工记录"栏内填写记录。

2. 需要采用填用数日内有效、早停晚送方式的第一种工作票，应在每日收工时履行工作终结手续，次日开工经许可并按程序验电接地后方可恢复工作。未拆除的接地线，复工时应检查核对完好。

3. 一个工作负责人不能同时执行多张工作票。因工作需要必须进行第二项工作时，应中断当前工作，工作班人员从该工作地点撤出，工作负责人与工作许可人办理收工手续后，方可许可第二份工作票。本项工作复工时，工作负责

人应与工作许可人办理开工手续，并重新检查确认安全措施符合工作票要求。

4. 每日现场作业开工前，工作负责人必须对所有施工人员进行现场安全交底，采取书面形式并签字确认。工作间断恢复工作时，工作负责人应检查工作班成员的精神状况良好，方可继续开展工作。工作班成员未得到工作负责人同意，不得进入作业现场。

5.7 工作终结和恢复送电制度。

5.7.1 完工后，工作负责人（包括小组负责人）应检查线路检修地段的状况，确认在杆塔上、导线上、绝缘子串上及其他辅助设备上没有遗留的个人保安线、工具、材料等，查明全部作业人员确由杆塔上撤下后，再命令拆除工作地段所挂的接地线。接地线拆除后，应即认为线路带电，不准任何人再登杆进行工作。

多个小组工作，工作负责人应得到所有小组负责人工作结束的汇报。

🔍 释　义　1. 工作任务结束后，工作负责人向工作许可人做工作终结报告，工作许可人在得到所有工作负责人报告工作终结后，向调控中心报告检修线路和配合停电线路具备送电条件，以上过程称为工作终结和恢复送电制度。

2. 工作完工后，工作负责人（包括小组负责人）应告知全体作业人员工作结束，然后全面检查工作现场，确认材料、工具已清理完毕，工作班人员已从线路、设备上撤离，再命令拆除工作地段所有由工作班自行完成的安全措施。接地线拆除后，任何人不得再登杆工作或在设备上工作。

3. 现场工作结束后，拆除接地线时，工作负责人应将接地线拆除情况在应挂接地线的拆除栏中打钩，个人保安线应按接地线的保管要求分别编号并登记建档。每日工作结束时工作负责人应记录带到现场的个人保安线的编号、数量和使用人员，收工汇报前应检查核对个人保安线的编号和数量。

4. 多个小组进行工作时，为防止遗漏未结束作业的小组而造成人身、设备事故，工作负责人应得到所有小组负责人工作结束的汇报后，方可向工作许可人报告工作终结。

案例 见案例库之案例 BB-3-003。

5.7.2 工作终结后，工作负责人应及时报告工作许可人，报告方法如下：

a）当面报告。

b）用电话报告并经复诵无误。

若有其他单位配合停电线路，还应及时通知指定的配合停电设备运维管理单位联系人。

释义 1. 采用当面报告时，一并办理工作票终结手续。

2. 由承包单位担任工作负责人的施工作业，工作终结方式必须采取当面终结方式。

3. 配合停电设备，工作许可人得到全部工作负责人工作终结报告后，由工作许可人通知指定的配合停电设备运维管理单位联系人。

5.7.3 工作终结的报告应简明扼要，并包括下列内容：工作负责人姓名，某线路上某处（说明起止杆塔号、分支线名称等）工作已经完工，设备改动情况，工作地点所挂的接地线、个人保安线已全部拆除，线路上已无本班组工作人员和遗留物，可以送电。

释义　1. 第一种工作票的终结：工作结束，工作负责人确认全体工作班成员撤离工作地点后，再下令拆除工作地段内的接地线。完成后，工作负责人向工作许可人报告工作终结，双方办理工作终结手续。含任务单时，工作负责人接到小组负责人的工作结束报告，工作负责人确认小组工作临时安全措施已拆除，小组人员已撤离工作地点，与小组负责人办理工作任务单终结手续。工作负责人在与所有小组负责人办理工作任务单终结手续后，向工作许可人报告，双方办理工作终结手续。工作终结后，工作许可人向调度报告工作结束、现场设备及安全措施已恢复至许可工作前状态。

2. 第二种工作票的终结：已执行许可手续的工作结束后，工作负责人与工作许可人办理工作终结手续，可当面办理，也可电话办理。不需要许可的工作，工作结束时也无须办理工作终结手续。

3. 带电作业工作票的终结：带电作业结束，由工作负责人与工作许可人办理工作终结手续。工作终结后，工作许可人向调度报告工作结束。

4. 故障紧急抢修单的终结：抢修工作结束，工作负责人确认全体工作班成员撤离工作地点后，向工作许可人报告现场设备状况及保留安全措施，办理工作终结手续。工作终结后，工作许可人向调度报告工作结束，并汇报现场设备状况及保留安全措施。

> 我是××，××线路上××杆塔××支线工作已经完工，工作地点所挂的接地线、个人保安线已经全部拆除，线路上已无本班组工作人员和遗留物，可以送电

案例　见案例库之案例 BB-3-005。

5.7.4　工作许可人在接到所有工作负责人（包括用户）的完工报告，并确认全部工作已经完毕，所有工作人员已由线路上撤离，接地线已经全部拆除，与记录核对无误并做好记录后，方可下令拆除安全措施，向线路恢复送电。

释义　1. 所有工作负责人是指经同一许可人许可的所有持本次电力线路第一种工作票作业的各工作班工作负责人。

2. 由同一工作许可人许可多个工作班组工作时，应与各工作负责人确认全部工作已经完毕、核对工作票所列人员与工作负责人汇报撤离人员的数量无误、接地线已全部拆除，与记录簿核对无误，许可人与所有工作负责人办理终结。再向值班调控人员进行完工报告（若工作许可人为值班调控人员时，该步骤不需执行）。由值班调控人员下令拆除各侧安全措施，向线路恢复送电。

案例　　见案例库之案例 BB-3-006。

5.7.5 已终结的工作票、事故紧急抢修单、工作任务单应保存一年。

释义　　为便于对工作票、事故紧急抢修单、工作任务单的统计，并对其执行中存在的问题进行分析、总结、评价和采取改进措施，应保存一年。

6 保证安全的技术措施

6.1 在电力线路上工作，保证安全的技术措施。

a）停电。

b）验电。

c）接地。

d）使用个人保安线。

e）悬挂标示牌和装设遮栏（围栏）。

> **释 义** 停电、验电、接地、使用个人保安线、悬挂标示牌和装设遮栏（围栏）等技术措施是电力线路工作中确保本质安全的生产条件，现场作业人员应严肃规范执行。

6.2 停电。

6.2.1 进行线路停电作业前，应做好下列安全措施：

a）断开发电厂、变电站、换流站、开闭所、配电站（所）（包括用户设备）等线路断路器（开关）和隔离开关（刀闸）。

b）断开线路上需要操作的各端（含分支）断路器（开关）、隔离开关（刀闸）和熔断器。

c）断开危及线路停电作业，且不能采取相应安全措施的交叉跨越、平行和同杆架设线路（包括用户线路）的断路器（开关）、隔离开关（刀闸）和熔断器。

d）断开可能反送电的低压电源的断路器（开关）、隔离开关（刀闸）和熔断器。

> **释 义** 1. 线路停电是根据检修计划，由设备运行或检修单位提前向调控部门申请线路停电。经批准后，由发电厂、变电站、换流站、开闭所、配电站（所）等操作人员按照调度命令拉开停电线路的断路器（开关）、隔离开关（刀闸）并合上线路接地隔离开关（刀闸），停电线路与系统完全断开才能视为线路停电。
>
> 2. 可能危及停电线路作业且不能采取安全措施的交叉跨越、平行和同杆架设的输电线路应停电，各级配电网低压电力线路的断路器（开关）、隔离开关（刀闸）和熔断器也应全部断开。

6.2.2 停电设备的各端，应有明显的断开点，若无法观察到停电设备的断开点，应有能够反映设备运行状态的电气和机械等指示。

🔍 **释　义**　输电线路停电时，其明显断开点及相关电气和机械指示均位于变电站内，在输电线路上无法查看到明显断开点，因此应以调控中心下达的"线路转检修状态"指令为停电依据。

明显断开点（隔离开关位置）及反映设备运行状态的电气和机械等指示。

6.2.3 可直接在地面操作的断路器（开关）、隔离开关（刀闸）的操动机构（操作机构）上应加锁，不能直接在地面操作的断路器（开关）、隔离开关（刀闸）应悬挂标示牌；跌落式熔断器的熔管应摘下或悬挂标示牌。

🔍 **释　义**　1. 可直接在地面操作的设备是指作业人员不需要借助工器具，站在地面即可操作的设备，该类设备操作部位加挂机械锁是为强制闭锁操作机构，以防止误操作。不能直接在地面操作的设备是指需要借助操作工具才能完成操作的设备，在该类设备可操作处悬挂标示牌，提醒操作人员该设备不得擅自操作，以防向停电检修设备或工作区域送电，而导致人身触电。

2. 配电线路中跌落式熔断器停电操作需要将保险管拉开，同时因跌落式熔断器安装松动或熔丝熔断都会造成熔管跌落（与拉开结果相同），将跌落式熔断器的熔管摘下或悬挂标示牌，防止停电检修中其他人员误认为跌落式熔断器熔管自跌落而误送电。

6.3 验电。

6.3.1 在停电线路工作地段接地前，应使用相应电压等级、合格的接触式验电器验明线路确无电压。

直流线路和330kV及以上的交流线路，可使用合格的绝缘棒或专用的绝缘绳验电。验电时，绝缘棒或绝缘绳的金属部分应逐渐接近导线，根据有无放电声和火花来判断线路是否确无电压。验电时应戴绝缘手套。

🔍 **释 义** 1.电力线路工作中常用验电器属于接触式电容型验电器，是通过检测流过验电器对地杂散电容中的电流来指示电压是否存在的装置。不得用静电感应报警安全帽、报警手表、有电显示器等非接触式辅助验电安全用具替代接触式验电器进行验电。

2.电力线路停电检修装设接地线前，在装设接地线处应用合格的验电器对线路三相分别进行验电来检验设备是否已停电。

3.各电压等级的线路应采用合格的专用验电器进行验电，以验证待检修线路是否停电，合格的验电器应满足以下几点要求：

（1）经过有关部门鉴定的合格产品且在试验周期内；

（2）验电器的额定电压与被验线路电压应相符；

（3）按规定定期进行工频耐压试验，验电器须妥善保管，不得受潮、损坏；

（4）使用前应先在有电的设备或高压发生器上验证声光功能完好。

验电器

绝缘手套

绝缘棒

4.直流线路和330kV及以上的交流线路，由于电压等级较高，电场强度较大，若无相应电压等级的专用验电器，可用相应电压等级的绝缘棒或绝缘绳缓慢接近验电体，通过有无放电声和火花的方式判断有无电压。使用带金属部分的绝缘棒或绝缘绳代替验电器验电时，绝缘棒和绝缘绳的最小有效绝缘长度应符合《线路安规》表6的要求，绝缘杆和绝缘绳应按带电作业工器具进行保管。

5.验电操作时，因不能确认电力线路是否停电，此时应视同电力线路带电。验电人员应穿着全套静电防护服和戴绝缘手套、设专人监护，防止发生人员触电或电弧灼伤。

🔍 **案 例**　见案例库之案例 AQ-3-011、BB-3-002。

案例 **AQ-3-011** 可扫描以下二维码观看。

误登同杆架
设带电线路
触电死亡事
故案例

AQ-3-011

6.3.2 验电前，应先在有电设备上进行试验，确认验电器良好；无法在有电设备上进行试验时，可用工频高压发生器等确认验电器良好。

验电时人体应与被验电设备保持表3规定的距离，并设专人监护。使用伸缩式验电器时应保证绝缘的有效长度。

🔍 **释 义**　1.电容型验电器是通过监测流过验电器对地杂散电容中的电流，以声、光信号检验高压电气设备、线路是否有电的装置。全回路声光验电器是电容型验电器的升级产品，增加了全回路自检的功能，有效解决了"当验电器自身故障导致对有电设备验电时不能正常报警、但此时对验电器自检仍报警的不正常现象"的问题，通过全回路自检能准确检验验电器是否功能正常。因此，停电线路验电工作必须使用全回路声光验电器。

2.声光验电器是检验50Hz正弦交流电杂散电容电流的电容型验电器，由接触电极、指示器、绝缘杆件等组成。使用前应进行自检，按验电器自检按钮，发出声、光信号，即自检合格，但不能作为验电器完好的依据。只有在有电设备或工频高压发生器上进行试验，发出声、光信号，才能确认验电器良好可靠。

3.验电时，作业人员应根据被验设备的电压等级与带电部位保持《线路安规》表3规定的安全距离。伸缩式验电器应确认各节全部伸出，衔接部位牢靠，以保证绝缘部分的有效长度符合要求，防止人员触电。

4.验电时存在触电的风险，应在专人监护下进行。

注意保持与带电设备的距离

人体与被验电设备应保持足够安全距离

🔍 **案 例** 见案例库之案例 AQ-3-012。

6.3.3 对无法进行直接验电的设备和雨雪天气时的户外设备，可以进行间接验电，即通过设备的机械指示位置、电气指示、带电显示装置、仪表及各种遥测、遥信等信号的变化来判断。判断时，至少应有两个非同样原理或非同源的指示发生对应变化，且所有这些确定的指示均已同时发生对应变化，才能确认该设备已无电。以上检查项目应填写在操作票中作为检查项。检查中若发现其他任何信号有异常，均应停止操作，查明原因。若进行遥控操作，可采用上述的间接方法或其他可靠的方法进行间接验电。

🔍 **释 义** 在输电线路上进行验电，应采取直接验电方式。本条所指间接验电指在变电站内进行电力线路停电操作时，确认电力线路停电、验电的方法。

6.3.4 对同杆塔架设的多层电力线路进行验电时,应先验低压、后验高压,先验下层、后验上层,先验近侧、后验远侧。禁止作业人员穿越未经验电、接地的10(20)kV线路及未采取绝缘措施的低压带电线路对上层线路进行验电。

线路的验电应逐相(直流线路逐极)进行。检修联络用的断路器(开关)、隔离开关(刀闸)或其组合时,应在其两侧验电。

释义 1.同杆塔架设的多层电力线路进行验电时,因未知被验电力线路是否带电,为防止验电中发生人身触电,应按照同杆塔架设的多层导线分布形式以及作业时确保人体与未验明无电导线的安全距离来确定验电顺序。且验电人员与被验导线之间安全距离必须满足《线路安规》表3的规定,以确保验电人员的安全。

2.同杆架设的输电线路杆塔下层有10(20)kV线路时,由于10(20)kV及以下线路相间距离较小,作业人员若穿越未经验电、接地的下层线路对上层线路验电,带电的10(20)kV及以下线路的导线可能对验电作业人员人体放电,造成触电。因此,10(20)kV及以下输电线路必须采取绝缘隔离安全措施,必要时应予以停电配合,才能对上层线路进行验电。

3.在电力系统运行中,交流系统可能存在非全相运行、直流系统可能存在单极运行的特殊运行方式或故障状态,因此验电工作应逐相(直流线路逐极)进行,不准漏检、漏验。

4.35kV及以下检修联络用的断路器(开关)、隔离开关(刀闸)或其他组合时,不同接线方式下,其各侧均有带电的可能,因此验电应在其断路器、隔离开关、两侧柱头上分别进行,以确认各侧均无电压。

6.4 接地。

6.4.1　线路经验明确无电压后，应立即装设接地线并三相短路（直流线路两极接地线分别直接接地）。

各工作班工作地段各端和工作地段内有可能反送电的各分支线（包括用户）都应接地。直流接地极线路，作业点两端应装设接地线。配合停电的线路可以只在工作地点附近装设一组工作接地线。装、拆接地线应在监护下进行。

工作接地线应全部列入工作票，工作负责人应确认所有工作接地线均已挂设完成方可宣布开工。

🔍 **释　义**　　1.接地可防止检修线路、设备突然来电造成对人身的伤害；消除邻近高压带电线路、设备的感应电。工作接地线是将停电线路、设备上的剩余电荷全部排入大地，使检修线路和设备处于"零电位"状态。三相短路接地线能够减小三相对地等效电阻，使线路上的残余电荷降到最低程度，更好地保护检修线路、设备上作业人员的安全。

2.线路验电与装设接地线的时间间隔越长，突然来电（反送电、感应电、误送电等）的可能性就越大。因此，装设接地线必须在验明设备确无电压之后立即进行。装设接地线是指将停电线路三相短路接地，不允许只用三相短路不接地或三相分别接地的方式代替（在输电线路杆塔上，若接地通道良好的情况下，允许三相通过杆塔本体分别接地）。直流两极接地线应分别直接接地。

3.为了保障线路各工作班组在工作地段作业人员的人身安全，应将工作地段各端和有可能送电到停电线路工作地段的分支线（包括用户）进行停电、验电，装设工作接地线。

4.对于配合停电的线路，且该线路上无具体作业内容的，可在工作地点范围内验明无电后，只装设一处（组）接地线。

5.为了保证装、拆接地线的人员安全，以及装、拆接地线的正确性，装、拆接地线应设专人进行监护，禁止约时装、拆接地线。

6.为防止错挂、漏挂工作接地线使作业人员失去地线保护，工作现场接地线的装设地点、编号和数量应全部列入工作票，并经工作负责人核实确认装设完成后，方可宣布开工。工作结束时，拆除接地线工作应做好装设位置及数量的确认，并与工作票核对无误，防止漏拆。

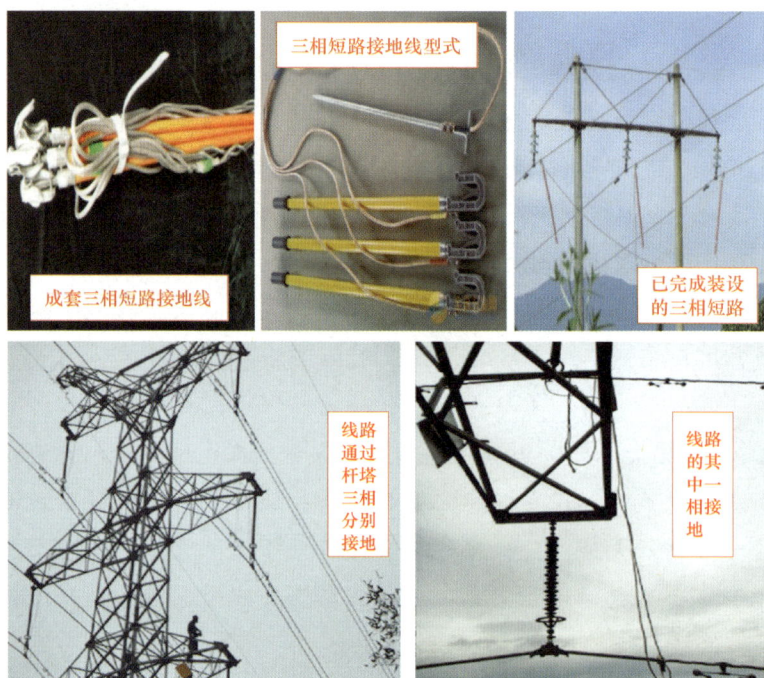

三相短路接地线型式

成套三相短路接地线

已完成装设的三相短路

线路通过杆塔三相分别接地

线路的其中一相接地

🔍 **案 例** 见案例库之案例 AQ-3-011、BB-3-002、BB-2-002。

6.4.2 禁止作业人员擅自变更工作票中指定的接地线位置。如需变更，应由工作负责人征得工作票签发人同意，并在工作票上注明变更情况。

🔍 **释 义** 1. 工作票中指定的接地线位置是根据现场工作内容及作业安全的需要确定的，工作中应严格执行。如作业人员擅自变更接地线位置，可能会使作业人员失去接地保护或漏拆接地线，从而导致工作人员触电或带接地线误送电事故的发生。

2. 根据《国网安徽省电力公司输电线路工作票管理规定》（皖电企协〔2014〕265号），对于已签发的工作票，需变更或增设安全措施（不包括标示牌、围栏）时，必须填用新的工作票，并履行工作票签发和许可手续。

6.4.3 同杆塔架设的多层电力线路挂接地线时，应先挂低压、后挂高压，先挂下层、后挂上层，先挂近侧、后挂远侧。拆除时顺序相反。

释义　1. 对同杆塔架设的多层电力线路装设接地线时，应遵照多层线路上高压、下低压的排列原则。在装设接地线的操作中，验明线路无电时应立即按操作过程中作业人员与导线接近、接触的先后顺序，即先低后高和先下后上的导线排列位置、先近后远的作业人员与导线之间的关系来装设接地线，防止装设中发生突然来电或感应电对作业人员造成触电伤害。

2. 验明线路确无电压后，立即对验电线路装设工作接地线，如对多回线路全部验电后再装设接地线，可能造成突然来电或感应电对作业人员伤害（即对某回线路验完电后，应立即对该线路三相导线装设接地线，不允许对该杆塔上所有线路均完成验电后再装设接地线）。

同杆塔架设的多层电力线路挂接地线时，应先挂低压、后挂高压，先挂下层、后挂上层，先挂近侧、后挂远侧。拆除时顺序相反

6.4.4　成套接地线应由有透明护套的多股软铜线和专用线夹组成，其截面积不准小于 $25mm^2$，同时应满足装设地点短路电流的要求。

禁止使用其他导线接地或短路。

接地线应使用专用的线夹固定在导体上，禁止用缠绕的方法进行接地或短路。

释义　1. 架空输电线路上的工作接地线是将导线直接连接大地的导线，也称为安全回路线，可以把线路残余电荷或产生的感应电压直接导入大地，防止误合闸、反送电及邻近带电体产生感应电时造成工作人员触电。携带型工作接地线由绝缘操作杆、导线夹、短路线、接地线、汇流夹、接地夹、绝缘护套组成，耐压等级分别有 10kV、35kV、110kV、220kV、330kV、500kV，种类有螺旋压紧式、枪式弹射式、弹簧压紧式、撞击线夹式。架空输电线路基建、技改、检修等停电作业，通常使用螺旋压紧式、弹簧压紧式、撞击线夹式工作接地线，其短路线有效截面积不得低于25mm²。

2. 接地线采用多股软铜线是因为铜线导电性能好，软铜线由多股细铜丝编织而成，既柔软又不易折断，使接地线操作、携带较为方便。软铜线透明护套，具备对机械、化学损伤的防护能力，又便于观测软铜线的腐蚀及断损情况；护套不能视为绝缘层。

3. 接地线应满足短路电流和机械强度要求，防止接地线中产生的热量将其本身熔断。依据奥迪道克公式，短路接地线的截面积 S，主要取决于接地线承受的短路电流 I（A）和时间 t（s），在不考虑合环运行方式下的最大短路容量状态，经验算输电线路上使用的工作接地线其有效截面积不得小于25mm²。

4. 采用保安线。导线、铁丝、铁链等非专用接地线，其机械强度、导电性能和热容量等达不到工作接地线使用安全标准，不能有效保证作业人员安全，因此禁止使用导线等做接地线、短路线及个人保安线。

5. 缠绕的方法进行接地或短路会因接触不良，在短路电流通过时，易造成接地线过早的烧毁。同时，在短路电流作用下，接触电阻上所产生的较大电压降将作用到停电线路上。以上情况都会对作业人员的安全构成极大危险。所以禁止工作接地线与导线、接地体以缠绕的方法进行连接。

6. 接地线的接地部分应固定在与接地网可靠连接的专用接地螺栓上或用专用的线夹固定在接地体上，并保证其接触良好。采用线夹固定时，其夹具性能亦应满足在短路电流作用下的动、热稳定要求。

截面积不小于25mm²的多股软铜钱

带绝缘绳的单相式接地

单项式接地线接地端结构

单项式接地线导体端结构

6.4.5 装设接地线时，应先接接地端，后接导线端，接地线应接触良好、连接应可靠。拆接地线的顺序与此相反。装、拆接地线导体端均应使用绝缘棒或专用的绝缘绳。人体不准碰触接地线和未接地的导线。

🔍 **释义** 1. 装设接地线时，应先接接地端，后接导线端。确保在线路有残余电荷或突然来电时，电流能够通过工作接地线导入大地，保证工作人员始终处于安全的"零电位"状态。拆接地线时与此顺序相反。

2. 装设接地线时应安全可靠，防止工作中接地线脱落，导致工作线路失去接地线保护。若发生接地线夹脱落时，应停止工作，重新装设。

3. 当停电线路突然来电时，若接地线接触不良，会因故障电流产生相当大的电压降烧断接地线，作业人员将失去保护。故装设接地线时应使用完好的专用线夹固定在导体上，确保接触良好，连接可靠。

4. 装、拆接地线时应使用合格的绝缘棒、绝缘绳和绝缘手套，人体不准碰触接地线引线和未经接地的导线，防止触电伤人。

接地线装设应牢固，不得缠绕

接地线装设应牢固，导线端线夹应紧固

6.4.6 在杆塔或横担接地良好的条件下装设接地线时，接地线可单独或合并后接到杆塔上，但杆塔接地电阻和接地通道应良好。杆塔与接地线连接部分应清除油漆，接触良好。

🔍 **释义** 1. 杆塔接地通道由杆塔架空地线、连接一体的金属构件、接地网构成。杆塔接地通道的接地网电阻不大于 $10 \sim 25\,\Omega$。如杆塔接地电阻不合格或阻值过高，在线路突然来电或存在感应电时不能及时泄流，可能造成人身触电伤害。

2. 由金属材料组装而成的铁塔构件是良好的导电体，能满足短路和接地的要求。因此允许每相分别接地，此时三相短路接地回路由单相接地线、横担、杆塔、接地网构成。

3. 油漆导电性能差，若杆塔与接地线连接部位上存在油漆，会造成接触不良，因此装设接地线前应将接触面上的油漆进行清除，保持接触良好。

6.4.7 无接地引下线的杆塔，可采用临时接地体。临时接地体的截面积不准小于190mm²（如 φ16圆钢）、埋深不准小于0.6m。对于土壤电阻率较高地区，如岩石、瓦砾、沙土等，应采取增加接地体根数、长度、截面积或埋地深度等措施改善接地电阻。

🔍 **释 义** 　1. 接地引下线是输电线路杆塔防雷的重要部件。通过接地引下线可以将大气过电压（雷电流）引入大地，保证输电线路安全运行。工作接地线接地端线夹装设在铁塔或接地引下线上是安全的。

2. 电力线路无杆塔接地引下线时，工作接地线应采用临时接地棒，其有效截面积不得小于190mm²、埋设深度不得小于600mm。临时接地棒与接地端应接触良好可靠，发生脱落时，应将导线端上的线夹拆除，重新装设。作业人员不得触碰临时接地棒，防止发生感应电触电事故。

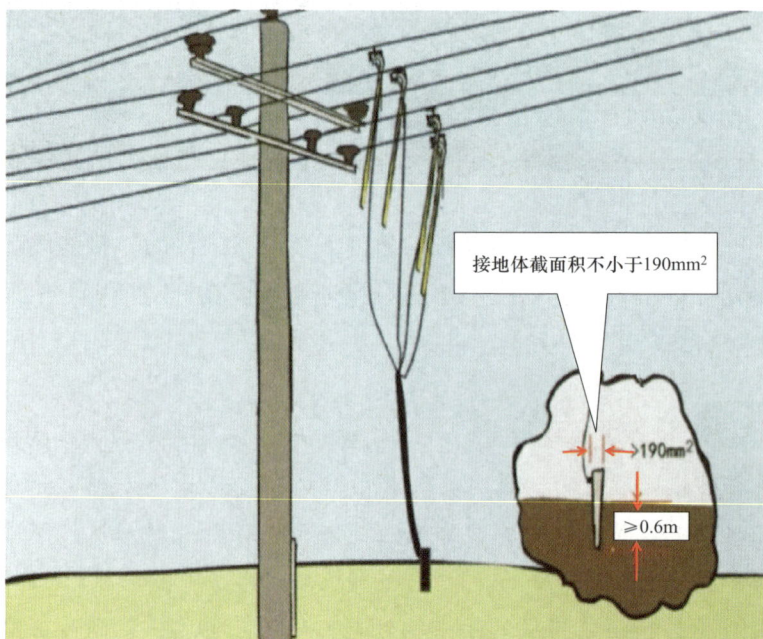

接地体截面积不小于190mm²
≥190mm²
≥0.6m

3. 当杆塔在土壤电导率较高地区（如岩石、瓦砾、沙土等）时，接地体应采取有效接地降阻措施（增加接地棒埋深、增大截面积、根数或选择土壤电导率较低的杆塔等），以增加临时接地棒与土壤接触面积。

4. 城市道路旁边的杆塔，为保证工作接地线能够有效接地，应在线路建设时预留接地端的连接装置，以便于停电检修时装设接地线。

6.4.8 在同杆塔架设多回线路杆塔的停电线路上装设的接地线，应采取措施防止接地线摆动，并满足表 3 安全距离的规定。

断开耐张杆塔引线或工作中需要拉开断路器（开关）、隔离开关（刀闸）时，应先在其两侧装设接地线。

🔍 **释义** 1. 在同杆塔架设多回线路上进行部分停电线路检修工作装设接地线时，作业人员、接地线、绳索应与带电导线之间保持《线路安规》表 3 规定的安全距离，同时应将接地导线予以固定，防止接地导线受操作不当或风力影响，摆动至带电导线危险距离以内，造成人身触电或线路跳闸。

2. 断开耐张杆塔引线，应视两侧线路均会带有感应电压和来电的可能，如任一侧未采取有效接地措施保护，会伤及作业人员。因此应先在耐张杆塔引线两侧分别装设接地线后，方可开始工作。

6.4.9 电缆及电容器接地前应逐相充分放电，星形接线电容器的中性点应接地，串联电容器及与整组电容器脱离的电容器应逐个多次放电，装在绝缘支架上的电容器外壳也应放电。

🔍 **释义** 1. 停电后，电缆及电容器尚存有较高的剩余电荷，装设接地线前必须逐相充分放电后再短路接地。如不充分放电并接地，会造成工作人员触电伤害。

2. 星形接线电容器的中性点应视为运行设备，检修工作前应接地。

3. 串联电容器及与整组电容器脱离的电容器在成组放电、单次放电后，不能有效释放残余电荷，因此需要多次执行放电。

4. 装在绝缘支架上的电容器外壳同样存在容性电荷，检修前也需放电。

电缆及电容器接地前应逐相充分放电

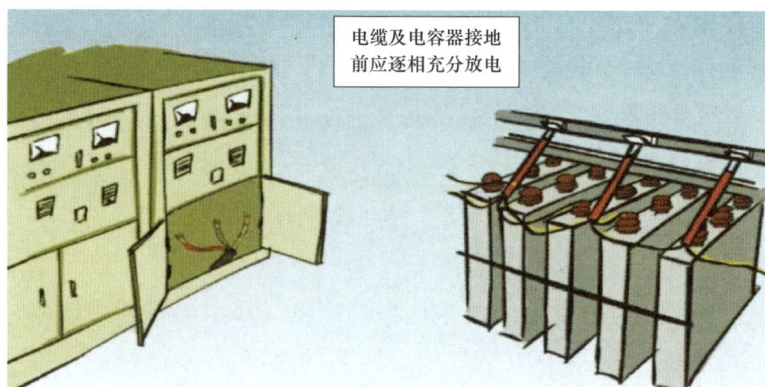

6.5 使用个人保安线。

6.5.1 工作地段如有邻近、平行、交叉跨越及同杆塔架设线路，为防止停电检修线路上感应电压伤人，在需要接触或接近导线工作时，应使用个人保安线。

🔍 释 义　1. 当停电检修线路与带电线路平行、邻近、交叉跨越及同杆塔架设时，接近或接触导线工作会产生较强的感应电压，操作不当将造成人身伤害。

2. 个人保安线能即时泄放工作地段导、地线上的感应电荷，使作业人员处在"零电位"的工作环境中。为防止作业人员感应电触电，在需要接近或接触导线工作时，应使用个人保安线。

3. 110kV（66kV）及以上电压等级线路由于线间距离相对较大，作业中难以同时接触到相邻相，可使用单相短路式个人保安线。

个人保安线

4. 35kV 及以下线路由于相间距离相对较小，作业过程中容易接近或碰触另外两相导线，应使用三相短路式个人保安线。

5. 如在变电站进出线附近杆塔上进行停电工作，或工作地段有邻近、平行、交叉跨越及同杆塔架设线路上的停电工作，停电检修线路会产生感应电压，为防止感应电伤害，作业前应使用个人保安线。

案例 见案例库之案例 AQ-3-004。

6.5.2 个人保安线应在杆塔上接触或接近导线的作业开始前挂接，作业结束脱离导线后拆除。装设时，应先接接地端，后接导线端，且接触良好，连接可靠。拆个人保安线的顺序与此相反。个人保安线由作业人员负责自行装、拆。

释义 1. 在杆塔上需要接近或接触导线的作业开始前，为确保作业人员处在零电位环境下，作业人员应装设个人保安线，来泄放工作地段的感应电荷。

2. 个人保安线装设时，应先接接地端，后接导线端。确保线路残荷或在突然来电时，电流能够通过个人保安线流入大地，降低工作人员触电伤害。

3. 若个人保安线接触不良，会使其接触电阻增大，残压升高，作业人员将失去保护。装设个人保安线时应使用完好的专用线夹固定在导体上，并确保接触良好、连接可靠。

4. 个人保安线使用应严格遵循"谁领谁退、谁装谁拆"的原则，作业完成后应及时拆除，防止遗留在杆塔及导线上，避免送电时发生单相接地事故。个人保安线应统一管理、列入工作票备注栏。工作结束时，应清点使用数量。

装设个人保安线

案例 见案例库之案例 AQ-3-005。

6.5.3 个人保安线应使用有透明护套的多股软铜线，截面积不准小于 $16mm^2$，且应带有绝缘手柄或绝缘部件。禁止用个人保安线代替接地线。

释义 1. 个人保安线应使用导电率高、柔韧性好、耐磨损、机械强度高的多股软铜线。为防止软铜线受损，且便于检查是否损坏，软铜线外应包有透明护套，透明护套不能视为绝缘体。

2. 个人保安线主要用于泄放感应电流而不是短路电流，截面积不得小于 $16mm^2$，禁止使用铁丝、铝丝等代替个人保安线。

3. 个人保安线应带有绝缘手柄或绝缘部件，装、拆时戴绝缘手套或使用绝缘杆（绳），不准徒手操作。

4. 个人保安线截面积选择时未考虑承受短路电流能力，其机械强度、导电性能和热容量等无法满足工作接地线要求。因此禁止用个人保安线代替工作接地线。

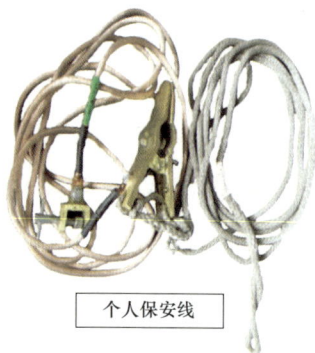

个人保安线

禁止用个人保安线代替接地线

6.5.4 在杆塔或横担接地通道良好的条件下，个人保安线接地端允许接在杆塔或横担上。

释义 1. 杆塔或横担为导电性良好的金属构件，在其接地通道良好条件下，可有效泄放感应电流，个人保安线接地端允许接在接地通道良好的杆塔或横担上。

2. 杆塔接地电阻不合格或高阻值状况下，存在的感应电不能及时泄流，可能造成人身触电伤害。为防止感应电触电，作业人员使用的个人保安线应采用临时接地棒接地或采取等电位作业方式进行。

3. 遇杆塔或横担有油漆时，个人保安线接地端线夹的接触面油漆应清除，保证接触良好。

在接地通道良好的条件下，个人保安线接地端允许接在杆塔或横担上

6.6 悬挂标示牌和装设遮栏（围栏）。

6.6.1 在一经合闸即可送电到工作地点的断路器（开关）、隔离开关（刀闸）及跌落式熔断器的操作处，均应悬挂"禁止合闸，线路有人工作！"或"禁止合闸，有人工作！"的标示牌（见附录J）。

释义 1. 在断路器（开关）和隔离开关（刀闸）的操作把手上悬挂"禁止合闸，有人工作！"的标示牌，是禁止任何人员在这些设备上操作，因这些设备一经合闸可能误送电到工作地点。

2. 当线路有人工作时，则应在线路断路器（开关）和隔离开关（刀闸）的操作把手上及跌落式熔断器的操作处悬挂"禁止合闸，线路有人工作！"的标示牌。禁止任何人员在这些设备上操作，以防向有人工作的线路误送电。

6.6.2 进行地面配电设备部分停电的工作，人员工作时距设备小于表1安全距离以内的未停电设备，应增设临时围栏。临时围栏与带电部分的距离，不准小于表2的规定。临时围栏应装设牢固，并悬挂"止步，高压危险！"的标示牌。

35kV及以下设备可用与带电部分直接接触的绝缘隔板代替临时遮栏。绝缘隔板绝缘性能应符合附录 L 的要求。

表 1　　　　　　　　　　　　设备不停电时的安全距离

电压等级 kV	安全距离 m
10 及以下	0.70
20、35	1.00
66、110	1.50

注：表中未列电压应选用高一电压等级的安全距离，表 2 同。

表 2　　　　　　　工作人员工作中正常活动范围与带电设备的安全距离

电压等级 kV	安全距离 m
10 及以下	0.35
20、35	0.60
66、110	1.50

🔍 **释 义**　1. 进行地面配电设备部分停电的工作，为防止作业人员接近邻近带电部分，对距离小于《线路安规》表 1 规定安全距离的未停电设备，应在工作地点和带电部分之间装设临时围栏（遮栏），围栏上悬挂"止步，高压危险！"的标示牌，临时围栏与带电部分之间距离不得小于《线路安规》表 2 的规定数值，防止作业人员接触或接近带电设备。

2. 对于 35kV 及以下的带电设备，有时因需要用绝缘隔板将工作地点和带电部分之间隔开，绝缘隔板可与带电部分直接接触。该绝缘隔板的绝缘性能和机械强度应符合要求，并安装牢固，作业人员不得直接碰触绝缘隔板，装、拆绝缘隔板时应使用绝缘工具。绝缘隔板只允许在 35kV 及以下的电气设备上使用，并应有足够的绝缘性能和机械强度。绝缘隔板使用前应检查。绝缘隔板平时应放置在干燥通风的支架上。

6.6.3 在城区、人口密集区地段或交通道口和通行道路上施工时，工作场所周围应装设遮栏（围栏），并在相应部位装设标示牌。必要时，派专人看管。

释 义 1. 在城区、人口密集区、学校、交通道口及通行道路上施工时，人员嘈杂且交通状况复杂，设置遮栏（围栏）是为了划定明确的工作区域，并在醒目部位向外装设警示标示牌，防止非工作人员误入作业现场导致人身触电、落物、机械等伤害。

2. 在人员（车辆）复杂区域应安排专人进行监护和指挥。监护人员应防止工作人员超区域作业，并阻止非工作人员误入作业区域，影响正常作业。

3. 安全遮栏（围栏）应采用封闭式结构，留有的进出通道应选择合理，便于工作人员通行，同时要阻隔闲杂人员误入。

4. 在交通道口和通行道路上施工时，应采取在各道口设置警示灯、警告标志等措施，在必要时向交警部门申请，协助对作业区域内的交通安全进行管制。

5. 围栏的设置标准参照 Q/GDW 434.2—2010《国家电网公司安全设施标准》。

6.6.4 高压配电设备做耐压试验时应在周围设围栏，围栏上应向外悬挂适当数量的"止步，高压危险！"标示牌。禁止工作人员在工作中移动或拆除围栏和标示牌。

释 义 高压配电设备做耐压试验时，设置围栏是防止人员误入带电设备的区域。现场设置的围栏应将被试设备周围设置成禁止人员接近的封闭区域，并向围栏外悬挂"止步，高压危险"的标示牌。试验围栏应按相应电压等级的安全距离进行设置。工作中未经许可不准移动或改变其距离，因为一旦移动或安全距离减小将起不到警示和保护作用。

7　线路运行和维护

7.1 线路巡视。

> **释义** 1. 线路巡视是为了掌握线路的运行情况，及时发现线路本体、附属设施以及线路保护区出现的缺陷或隐患，并为线路检修、维护及状态评价（评估）等提供依据，近距离对线路进行观测、检查、记录的工作。

2. 根据不同的需要（或目的），线路巡视分为正常巡视、故障巡视、特殊巡视三种。

7.1.1 巡线工作应由有电力线路工作经验的人员担任。单独巡线人员应考试合格并经工区批准。在电缆隧道、偏僻山区和夜间巡线时应由两人进行。汛期、暑天、雪天等恶劣天气巡线，必要时由两人进行。单人巡线时，禁止攀登电杆和铁塔。

地震、台风、洪水、泥石流等灾害发生时，禁止巡视灾害现场。灾害发生后，如需对线路、设备进行巡视时，应制定必要的安全措施，得到设备运维管理单位批准，并至少两人一组，巡视人员应与派出部门之间保持通信联络。

> **释义** 1. 为了保证线路巡视工作高标准、高质量、高效率、安全地进行，线路巡视工作应由有电力线路工作经验丰富的人员担任。新从事巡线工作人员，应跟班实习三个月以上。电缆隧道、偏僻山区、夜间巡视因空间狭窄、能见度低、常有野生动物出没，巡线的工作环境和安全状况差，所以巡线应由两人进行，汛期、暑天、雪天巡线因天气原因为防止发生落水、中暑等人身意外伤害，必要时也应由两人进行，以便互相监护和照应。

2. 单独巡线人员应具有一定的线路运行经验，熟练掌握线路设备结构和运行安全知识，经线路专业技能和安全技能考试合格后，由运维单位批准公布。单人巡线时，为了防止发生人身触电和高空坠落事故，巡视人员发现任何缺陷禁止擅自攀登电杆和铁塔进行处理。

3. 为确保人身安全，地震、台风、洪水、泥石流等灾害发生时，由于巡视的工作环境和安全状况会变得复杂、危险，随时可能会发生严重威胁人员安全的意外情况，所以此时禁止巡视灾害现场。

4.若确需在灾害发生之后对线路进行巡视，巡视前，应充分考虑各种可能发生的情况，如发生新的次生灾情、道路交通安全受阻、登山（杆塔）滑倒或倒杆等会导致灾情对巡视人员构成不确定的危害，并制定相应的安全措施（如配备救生衣、防滑靴、防寒服、防中暑、蛇伤药品及饮用水等）和巡视路线，经设备运维管理单位批准后方可开始巡线。巡视应至少两人一组，巡视过程中，应使用通信设备随时与派出部门之间保持联络。

恶劣天气巡线，必要时由两人进行

🔍 **案 例**　见案例库之案例 BB-3-008。

7.1.2 正常巡视应穿绝缘鞋；雨雪、大风天气或事故巡线，巡视人员应穿绝缘靴或绝缘鞋；汛期、暑天、雪天等恶劣天气和山区巡线应配备必要的防护用具、自救器具和药品；夜间巡线应携带足够的照明工具。

🔍 **释 义**　1.巡视线路一般为正常运行的带电线路，通道内若有邻近、同杆架设、交叉其他高低压电力线路，以及他人私设土电网（电击野鸡、野兔）等情况，均有断线和接触可能，特别在雨雪、大风天气或线路事故巡线时，在线路遭受直击雷或感应雷、故障接地时，均会在线路下方及杆塔周围地面产生跨步电压，所以要求巡视人员穿绝缘鞋或绝缘靴。

2.恶劣天气（大雪后，覆冰期间，雷暴、高温、洪水期间）和山区巡线时，因巡视环境较差，可能发生车辆交通事故、冻伤、溺水、动物伤人、中暑等情况。为防止上述情况的发生，巡视前应根据不同的巡视环境，做好对应的安全措施，如车辆安装防滑链，配备防寒服、防滑鞋、救生衣、手杖、药品（防中暑、蛇伤药）、饮用水等。

3. 夜间巡视是为了在高峰负荷、污秽地区或阴雨、大雾天气时，检查导线、引线接续部分是否有发热、冒火花或绝缘子污秽放电等情况，是否存在发热、打火现象，绝缘子有无闪络现象。这些情况的出现，夜间最容易观察到。为了确保夜间巡视人员的安全以及能够看清巡视道路和周围环境，应携带足够的照明灯具，并确保足够的照明时间和强度。

7.1.3 夜间巡线应沿线路外侧进行；大风时，巡线应沿线路上风侧前进，以免万一触及断落的导线；特殊巡视应注意选择路线，防止洪水、塌方、恶劣天气等对人的伤害。巡线时禁止涉渡。

事故巡线应始终认为线路带电。即使明知该线路已停电，亦应认为线路随时有恢复送电的可能。

🔍 **释　义**　1. 夜间巡视能见度较差，若巡线人员在导线下方及内侧区域行走，遇导线断落地面或悬挂在空中时，将可能触及带电导线或进入导线接地点的危险区内，故夜间巡线时应沿线路外侧进行。同样，大风巡线时，为避免巡视人员意外碰触断落悬挂在空中的带电导线或步入导线断落地面接地点的危险区，巡线应沿线路上风侧前进。

2. 在恶劣环境中进行特殊巡视，洪水、塌方等自然灾害会对原有的巡视道路及线路走廊造成破坏，可能危及巡视人员的生命安全，所以巡视前应事先拟定好安全巡视路线，以免危及人身安全。巡线时，可能会遇有河流或小溪阻隔，为避免巡视人员贪图方便选择涉河或淌溪而发生溺淹事故，禁止涉渡。

3. 当线路发生事故时，为了寻找故障地点和原因，对线路进行检查的巡视叫事故巡视。事故巡视线路不管是否停电，巡视人员应始终认为线路在带电状态，因为停电线路随时都有突然发生送电的可能（如配电室强送或试送电，用户自备发电机运送电，高压线发生断线，导线搭在低压线上，上层导线断线搭在下层导线上等）。所以停电线路或设备，只要还没有挂接地线或采取可靠的隔离措施，都应视为在带电状态。

案例 见案例库之案例 BB-3-008。

7.1.4 巡线人员发现导线、电缆断落地面或悬挂空中，应设法防止行人靠近断线地点 8m 以内，以免跨步电压伤人，并迅速报告调控人员和上级，等候处理。

释义 1. 当导线、电缆断落地面，落地点的电位就是导线的电位。电流从落地点流入大地向四周扩散时，形成不同的电位梯度，在距落地点 8m 以内会造成跨步电压触电伤害。因此，巡线人员发现导线、电缆断落地面或悬挂空中时，应始终在现场守候，防止行人靠近导线落地点 8m 以内，并迅速报告值班调控人员和上级，等候处理。

2. 若接到群众报告时，应立即派人到现场进行看守，并设置围栏。发现有人员在跨步电压危险区内，应及时采取双脚并拢或独脚跳离危险区。

7.1.5 进行配电设备巡视的人员，应熟悉设备的内部结构和接线情况。巡视检查配电设备时，不准越过遮栏或围墙。进出配电设备室（箱）应随手关门，巡视完毕应上锁。单人巡视时，禁止打开配电设备柜门、箱盖。

释义 1.因配电设备种类多、结构复杂、空间狭窄，巡视配电设备的人员应熟悉其内部结构和接线情况。

2.巡视检查配电设备时，为避免巡视人员与带电设备安全距离不足或误碰带电设备而造成触电伤害，不准擅自越过遮栏或围墙。

3.为防止无关人员进入配电室误动设备、小动物窜入配电室等情况而发生意外，巡视人员进出配电设备室（箱）时，应随手关门，巡视完毕后应及时上锁。

4.因为配电设备空气间隙较小，柜门、箱盖打开后安全距离无法保证，所以单人巡视时，禁止巡视人员打开配电设备柜门、箱盖。

7.2 倒闸操作。

释义 1.电气设备分为运行、备用（冷备用及热备用）、检修三种状态。通过操作隔离开关、断路器以及挂、拆接地线将电气设备从一种状态转换为另一种状态或使系统改变了运行方式，这种操作就叫倒闸操作。目的是改变电网运行方式或对部分停电检修的线路采取安全隔离措施。

2. 倒闸操作必须执行操作票制和工作监护制。

7.2.1 倒闸操作应使用倒闸操作票（见附录I）。倒闸操作人员应根据值班调控人员（运维人员）的操作指令（口头、电话或传真、电子邮件）填写或打印倒闸操作票。操作指令应清楚明确，受令人应将指令内容向发令人复诵，核对无误。发令人发布指令的全过程（包括对方复诵指令）和听取指令的报告时，都要录音并做好记录。

事故紧急处理和拉合断路器（开关）的单一操作可不使用操作票。

🔍 释 义　1. 操作票是进行倒闸操作的书面依据。操作人员是倒闸操作的执行者，操作票的正确与否对其自身的人身安全有着至关重要的作用。因此，倒闸操作应填用操作票，禁止无票操作。

2. 倒闸操作由操作人员根据值班调控人员（运维人员）的指令填写或打印，根据操作指令进行。为了防止因误发、误接调度指令而造成误操作事故，要求发布和接受指令时应准确、清晰，使用规范的调度术语和设备名称，双方互报单位和姓名。接受操作指令者，应记录指令内容和发布指令时间。操作人员（包括监护人）对操作指令有疑问时，应向值班调控人员（运维人员）询问清楚无误后执行。如果认为该操作指令不正确时，应向值班调控人员（运维人员）报告，由值班调控人员（运维人员）决定原调度指令是否执行。当执行某项操作指令可能威胁人身、设备安全或直接造成停电事故时，应当拒绝执行，并将拒绝执行指令的理由报告值班调控人员和本单位领导。接令完毕，应将记录的全部内容向值班调控人员（运维人员）复诵一遍，并得到值班调控人员（运维人员）认可。

3. 发布和接受指令，值班调控人员（运维人员）与操作人员（包括监护人）应熟悉了解倒闸操作内容、目的和操作顺序，避免误操作；应全过程做好录音以备核查。发布操作指令用传真、电子邮件方式时，受令人收到后要立即用电话向发令人复诵，核对无误。

4. 事故应急处理是指为了能迅速隔离故障点，恢复有关设备运行等应急处理的简单操作。单一操作是指一个操作项目完成后，不再有其他相关联的电气操作，如断路器的一次拉合。事故应急处理和拉合开关的单一操作可不填用操作票。但必须执行操作监护制度，事故应急处理操作完毕应立即向单位领导汇报。事故应急处理设备恢复运行后和转入临时检修的操作等，仍应填用操作票。

7.2.2　操作票应用黑色或蓝色钢（水）笔或圆珠笔逐项填写。用计算机开出的操作票应与手写格式票面统一。操作票票面应清楚整洁，不准任意涂改。操作票应填写设备双重名称。操作人和监护人应根据模拟图或接线图核对所填写的操作项目，并分别手工或电子签名。

释义　1.操作票一般情况下需使用黑色或蓝色钢（水）笔或圆珠笔填写与签发，因其具备安全性好（颜色醒目、不易被其他颜色覆盖性修改）和可长时间保存备查（不易被氧化、遇水不易褪色）的特点。操作票票面应清楚、准确，不得随意涂改。如有个别错、漏字需要修改时，应使用规范的符号，修改后的字迹应清楚。

2.操作前，应根据值班调控人员（运维人员）下达的指令，按安全规程、现场运行规程、典型操作票要求核对模拟图，将操作项目按先后顺序填写成操作票，参照典型操作票逐项填写操作顺序。填写操作票应使用规范的调度术语，并严格按照现场一、二次设备标示牌实际命名填写设备的双重名称——设备名称和设备编号。

3. 操作人和监护人应对照模拟图或接线图核对所填写的操作项目，以防止或纠正操作票的错误。核对过程中发现问题，应重新核对值班调控人员（运维人员）指令及操作任务和操作项目。若操作票存在问题，应重新填写操作票。操作人和监护人对操作票审核正确无误后，分别进行手工或电子签名，电子签名应确保其唯一性，设置必要的权限。

7.2.3 倒闸操作前，应按操作票顺序在模拟图或接线图上预演核对无误后执行。

操作前、后，都应检查核对现场设备名称、编号和断路器（开关）、隔离开关（刀闸）的分、合位置。电气设备操作后的位置检查应以设备实际位置为准，无法看到实际位置时，应通过间接方法，如设备机械指示位置、电气指示、带电显示装置、仪表及各种遥测、遥信等信号的变化来判断。判断时，至少应有两个非同样原理或非同源的指示发生对应变化，且所有这些确定的指示均已同时发生对应变化，方可确认该设备已操作到位。以上检查项目应填写在操作票中作为检查项。检查中若发现其他任何信号有异常，均应停止操作，查明原因。若进行遥控操作，可采用上述的间接方法或其他可靠的方法判断设备位置。

🔍 **释 义** 1. 倒闸操作人员和监护人在倒闸操作前，为保证操作票上所列的操作项目和操作顺序的准确性，应先在符合现场实际的模拟图或接线图上进行操作预演，经核对无误后，方可进行实际操作。操作项目中的接地线应在模拟图或接线图上明显地标注。对单一操作或配电线路操作不具备条件时可以在接线图上核对。

2. 为进一步确证图实相符，确保操作整个流程正确顺利，防止电气设备因机械故障影响操作正确性，在倒闸操作的前、后，操作人和监护人都应仔细检查核对现场设备名称、编号和断路器（开关）、隔离开关（刀闸）的断、合位置。为防止电气设备操作后发生漏检查、误判断而造成误操作事故，电气设备操作后的位置检查应以电气设备现场实际位置为准［如敞开式三相的隔离开关（刀闸）、接地开关等］，并将以上检查项目作为检查项填写在操作票中。

3. 电气设备操作后的位置检查应以设备实际位置为准，在无法看到设备实际位置时，应通过间接方法确定位置，检查两个及以上非同样原理或非同源指示发生对应变化，且这些确定的所有指示均已同时发生对应变化，方可确认该设备已操作到位。现场不满足上述判据时，严禁采用间接检查方式操作。任何一个信号未发生对应变化均应停止操作查明原因，否则不能作为设备已操作到位的依据。电气设备间接指示采用三相指示时，应以检查设备操作前后的各相指示同时发生对应变化为准。

4. 在进行远方遥控操作设备时，可采用上述的间接方法。其他判断设备操作后位置的方法包括通过遥视摄像头判定设备状态，或相应资质的人员到现场检查确认设备到位情况。

现在开始模拟操作

7.2.4 倒闸操作应由两人进行，一人操作，一人监护，并认真执行唱票、复诵制。发布指令和复诵指令都应严肃认真，使用规范的操作术语，准确清晰，按操作票顺序逐项操作，每操作完一项，应检查无误后，做一个"√"记号。操作中发生疑问时，不准擅自更改操作票，应向操作发令人询问清楚无误后再进行操作。操作完毕，受令人应立即汇报发令人。

🔍 **释义** 1. 监护人根据操作票内容逐项朗诵操作指令，并对操作人正确使用安全工器具、执行指令的正确性和动作的安全性等进行监护。操作人朗声复诵指令并得到监护人认可。

2. 执行倒闸操作时，监护人发布指令和操作人复诵指令都应严肃认真，使用操作术语应规范，并准确清晰。严格按操作票项目顺序进行操作，不得错项、漏项。为防止操作人员走错设备间隔而发生误拉、误合其他运行设备，操作人进行每项操作前应核对设备的名称编号，并经监护人确认无误（即唱票、复诵）后，方可进行操作。监护人在按顺序操作完每一步，经检查无误后（如检查设备的机械指示、信号指示灯、表计变化等，以确定设备的实际分合位置），做一个"√"记号，再进行下步操作内容。做"√"记号的目的是防止漏步、跳步操作，且做"√"记号也是设备操作后进行状态的确认。

3. 操作中发生疑问时，应立即停止操作并向发令人报告，查明原因或排除故障后，经发令人同意并许可后，方可继续进行操作。不准擅自更改操作票或未经同意自行操作。倒闸操作全部完毕，经检查无误后，在操作票上填入操作结束时间，报告调度员操作执行完毕。

7.2.5　操作机械传动的断路器（开关）或隔离开关（刀闸）时，应戴绝缘手套。没有机械传动的断路器（开关）、隔离开关（刀闸）和跌落式熔断器，应使用合格的绝缘棒进行操作。雨天操作应使用有防雨罩的绝缘棒，并穿绝缘靴、戴绝缘手套。

在操作柱上断路器（开关）时，应有防止断路器（开关）爆炸时伤人的措施。

🔍 **释义**　1. 因被操作设备绝缘损坏，或机械传动装置接地不良，可能使操作手柄带电。同时，考虑到操作人员在拉合隔离开关（刀闸）、高压熔断器时，可能会因误操作、设备损坏等原因引起弧光短路接地，导致操作人员受到接触电压、电弧伤害等原因，操作机械传动的断路器（开关）或隔离开关（刀闸）应戴绝缘手套。

2. 操作没有机械传动装置的断路器（开关）、隔离开关（刀闸）和跌落式熔断器，应使用相应电压等级、试验合格的绝缘棒进行拉、合闸操作来保证安全距离。

3. 雨天绝缘棒受潮会产生较大的泄漏电流，危及操作人员的安全。绝缘棒加装防雨罩是为了阻断顺着绝缘棒流下的雨水，使其不致形成一个连续的水流柱而降低湿闪电压，确保一段干燥的爬电距离，且在操作时必须穿绝缘靴、戴绝缘手套，以防意外触电。

4. 电力线路常用柱上断路器（开关）有油断路器（开关）、真空断路器（开关）、SF_6断路器（开关）。油断路器（开关）有绝缘油，如出现油面过低或油质劣化，在开关拉合遮断电流时，油被电弧气化而形成较大压力，断路器（开关）有可能发生喷油甚至爆炸。若真空断路器（开关）真空包真空度不够或漏气，在操作时会发生爆炸。SF_6断路器（开关）由于断路器（开关）内部SF_6气体压力低、触头间绝缘破坏击穿、短路电流作用形成内部气压过高等原因均易引起爆炸。因此，在操作柱上断路器（开关）时，应采取选择适当操作位置、与柱上断路器（开关）保持足够的距离等措施，以防止断路器（开关）爆炸时伤及操作人员和行人。

口头约定停电

7.2.6 更换配电变压器跌落式熔断器熔丝的工作，应先将低压隔离开关（刀闸）和高压隔离开关（刀闸）或跌落式熔断器拉开。摘挂跌落式熔断器的熔断管时，应使用绝缘棒，并派专人监护。其他人员不准触及设备。

🔍 **释义**   1. 为防止带负荷拉跌落式熔断器造成弧光短路发生事故，在更换配电变压器跌落式熔断器熔丝的工作中，应先拉开低压刀闸，然后拉开高压隔离开关（刀闸）或跌落式熔断器，再更换熔丝，以防止发生事故时扩大到上一级。

   2. 拉开单极式隔离开关（刀闸）或熔断器，拉开时应先拉中间相，后拉两边相（且其中先拉下风侧相）；合闸时应先合两边相（且其中应先合上风侧相），再合中间相，以防止操作时与相邻相发生电弧短路。

   3. 摘挂跌落式熔断器熔断管时，操作人员与带电部位要保持安全距离，应使用绝缘棒，并设专人监护。其他人员不准触及设备。

7.2.7 雷电时，禁止进行倒闸操作和更换熔丝工作。

🔍 **释义**   雷电时，线路遭受直击雷和感应雷的概率较高。在这种情况下进行倒闸操作和更换熔丝工作，除了操作本身对设备产生的过电压，设备还有可能受到雷电过电压以及雷电流的影响，可能会对线路设备和人员安全造成危害。因此，禁止在雷电时进行倒闸操作和更换熔断器熔丝工作。

7.2.8 在发生人身触电事故时，可以不经过许可，即行断开有关设备的电源，但事后应立即报告调度控制中心（或设备运维管理单位）和上级部门。

释义 1. 在发生人身触电事故时，为了使触电人员尽快脱离电源，避免因长时间触电导致伤亡，现场人员可以在不经过许可的情况下，立即断开有关设备的电源。

2. 发生人身触电事故后，应立即停电并抢救伤者，迅速报告调度控制中心（或设备运维管理单位）和上级部门，说明现场情况和停电原因。

发生人身触电事故时，可不经过许可，立即断开有关设备的电源

7.2.9 操作票应事先连续编号，计算机生成的操作票应在正式出票前连续编号，操作票按编号顺序使用。作废的操作票，应注明"作废"字样，未执行的应注明"未执行"字样，已操作的应注明"已执行"字样。操作票应保存一年。

释义 1. 操作票的连续编号和按编号顺序使用是为了加强操作票统计和管理，有利于防止误操作和进行事故调查。

2. 计算机生成操作票时，应保证每张操作票的编号是唯一的。计算机生成的操作票应在打印前编号或自动生成编号，编号只能使用一次，操作票的编号不可手改。

3. 作废、未执行的操作票，应在操作票末页的右下部位盖"作废""未执行"章，已操作的操作票，应在操作任务栏任务的右下部位盖"已执行"章。

4. 加强操作票管理，应定期或不定期对操作票进行检查、评价与总结交流，以提高正确执行操作票的水平。操作票应保存一年，以便于统计、评价和检查。

7.3 测量工作。

🔍 **释 义**　输电线路测量是指输电线路在运行维护过程中所进行的各种测量工作，主要包括电气测量、接地电阻测量、导线弛度测量、交叉跨越距离测量等。

7.3.1 直接接触设备的电气测量工作，至少应由两人进行，一人操作，一人监护。夜间进行测量工作，应有足够的照明。

🔍 **释 义**

1.直接接触设备的电气测量工作，一般都是在带电情况下进行，存在着触电的危险。所以，测量工作至少应由两人进行，一人操作、一人监护。

夜间测量应有足够的照明

2. 夜间测量工作由于能见度差，为了有效保证被监护人与带电部分的安全距离，同时便于准确看清测量数据，应配备足够的照明。

7.3.2 测量人员应熟悉仪表的性能、使用方法和正确接线方式，掌握测量的安全措施。

🔍 **释 义** 电力线路测量工作一般在线路设备带电情况下进行，测量人员在测量时，应熟悉仪表的性能、使用方法和正确接线方式，按照厂家使用说明书和相关操作规程规定进行，并掌握测量安全措施（如正确使用绝缘手套、保持对带电设备的安全距离等），以保证作业人员人身和设备的安全。常用的测量仪表有钳形电流表、接地电阻测量仪、红外测温仪、激光测距仪等。

7.3.3 杆塔、配电变压器和避雷器的接地电阻测量工作，可以在线路和设备带电的情况下进行。解开或恢复杆塔、配电变压器和避雷器的接地引线时，应戴绝缘手套。禁止直接接触与地断开的接地线。

🔍 **释 义** 1. 杆塔、配电变压器和避雷器的接地电阻测量可以在设备带电的情况下进行，但由于接地连接可能不牢固、接地电阻过大，而造成接地引线上的泄漏电流增大。同时绝缘子损坏、配电变压器中性点位移、线路单相接地、避雷器绝缘击穿、线路遭雷击等原因也会造成接地引线带电，在解开和恢复时，应戴绝缘手套。

2. 在设备带电的情况下，与地断开的接地线也带有一定的电压，禁止直接接触。

7.3.4 测量低压线路和配电变压器低压侧的电流时，可使用钳型电流表。应注意不触及其他带电部分，以防相间短路。

🔍 **释义** 1. 钳型电流表是由电流互感器和电流表组合而成，电流互感器的铁心在捏紧扳手时可以张开，被测电流所通过的导线可以不必切断就穿过铁心张开的缺口，当放开扳手后铁心闭合，从而测出被测线路的电流。

2. 测量低压线路和配电变压器低压侧电流时，若使用普通电流表，需要将电路切断停机后才能将电流表接入进行测量。有时正常运行的设备不允许这样做，此时，使用钳形电流表就可以在不切断电路的情况下完成测量。

3. 因低压线路的相间和对地距离一般都较小，使用钳形电流表测量时，误触其他相或接地部分，可能引起相间短路或接地。因此，测量时应将钳形电流表控制在被测一相，不能触及其他相或接地部分。测量时要戴绝缘手套。观察表计读数时，头部与带电部位应保持足够的安全距离。

不要碰到带电部分

7.3.5 带电线路导线的垂直距离（导线弧度、交叉跨越距离），可用测量仪或使用绝缘测量工具测量。禁止使用皮尺、普通绳索、线尺等非绝缘工具进行测量。

🔍 **释义** 1. 使用测量仪在地面进行测量时，各类非绝缘辅助设备与带电导线之间的安全距离应满足《线路安规》表4的规定。使用绝缘工具测量时，其绝缘性能应与被测量带电线路的电压等级相匹配。

2. 因皮尺、线尺、普通绳索等非绝缘工具导电。在测量时，若接近或碰触带电部位易发生测量人员触电或线路接地短路，因此禁止使用。

7.4 砍剪树木。

7.4.1 在线路带电情况下，砍剪靠近线路的树木时，工作负责人应在工作开始前，向全体人员说明：电力线路有电，人员、树木、绳索应与导线保持表4的安全距离。

🔍 **释 义** 1. 在线路带电情况下，砍剪靠近线路导线的树木时，为了避免树木、绳索接近或碰触带电导线而危及人员及运行线路的安全，工作负责人应根据现场情况制定安全措施，包括绳索绑扎点、倒树方向、拉绳方向，确定拉绳、绑扎、砍剪等人员分工。

2. 开工前，工作负责人应现场交代线路带电以及砍剪树木过程中的危险点和安全注意事项，明确要求人员、树木、绳索及各类工具与带电导线应保持《线路安规》表4的安全距离并履行现场人员确认签字手续。

7.4.2　砍剪树木时，应防止马蜂等昆虫或动物伤人。上树时，不应攀抓脆弱和枯死的树枝，并使用安全带。安全带不准系在待砍剪树枝的断口附近或以上。不应攀登已经锯过或砍过的未断树木。

🔍 **释义**　1. 为防止作业人员砍剪树木时被马蜂等动物伤害，砍剪前应对拟砍伐树木和周围环境进行仔细检查。若发现树木上有伤人动物时，应避免惊动，以免跑（飞）出伤人。砍剪树木现场应带足相应防蜂、蛇等动物伤害的药物。

2. 上树时，不应攀抓脆弱和枯死的树枝，不应攀登已经锯过或砍过未断的树木，以免树枝或树木断裂而发生人员高空坠落。树上作业，作业点距地面2m及以上时，作业人员应系安全带。安全带应系在树木主干上或能足够承受作业人员体重的树枝上，不准系在待砍剪的树枝端口附近或以上部位。

7.4.3　砍剪树木应有专人监护。待砍剪的树木下面和倒树范围内不准有人逗留，城区、人口密集区应设置围栏，防止砸伤行人。为防止树木（树枝）倒落在导线上，应设法用绳索将其拉向与导线相反的方向。绳索应有足够的长度和强度，以免拉绳的人员被倒落的树木砸伤。砍剪山坡树木应做好防止树木向下弹跳接近导线的措施。

🔍 **释义**　1.树木砍剪工作易受地形、风向、树木砍伐方法等因素影响，为避免砍剪后的树木或树枝倒落至带电导线上或危及作业人员、行人和交通安全，应设专人监护。

2.砍剪树木前，工作负责人应对树木下方及倒树范围内进行一次全面检查，不准有人逗留。在城区、人口密集区、道路边等区域砍剪树木时，工作负责人应根据现场情况事先与交通管理部门取得联系，并在道路两侧设置相应的警告标志和围栏或派专人看守等，以免危及来往车辆和行人安全。在铁路、航道边砍剪树木时，应事先取得对应管理部门的同意，并采取相应安全措施后方可进行。

3.为了防止树木（树枝）倒落在导线上，工作负责人应派有经验人员负责拉绳，并明确应拉向与导线相反的方向。同时，绳索应有足够的长度和强度，长度至少为被砍剪树木高度的1.2倍，以免拉绳的人员被倒落的树木砸伤。砍剪线路上山侧的树木时，为了防止树木向下弹跳而接近甚至碰触带电导线，应使用绳索进行控制，并选择适当的砍剪点。

4. 以上使用的绳索应符合《线路安规》14.2.12的规定。如树木较为高大，可以采取多道绳索控制；如受地形等因素影响，可以采取分段砍剪方式进行。

7.4.4 树枝接触或接近高压带电导线时，应将高压线路停电或用绝缘工具使树枝远离带电导线至安全距离。此前禁止人体接触树木。

🔍 **释 义**　1. 当树枝接触高压带电导线时，应将高压线路停电后，方可进行处理。此前禁止人体接触树木，并离开树木至少8m以外（防止跨步电压伤人）。同时，应设法防止其他行人靠近。

2. 当树枝接近高压带电导线时，应采用绝缘绳或绝缘操作杆使树枝远离带电导线至安全距离后，方可进行处理。若采用绝缘工具无法保证树枝与带电导线足够的安全距离时，应将线路停电后方可进行处理。未采取上述措施，禁止人体接触树木。

用绝缘工具使树枝远离带电导线

××线路有树枝与导线距离过近，请求停电处理

🔍 **案 例**　见案例库之案例 BB-3-012。

7.4.5 风力超过5级时，禁止砍剪高出或接近导线的树木。

🔍 **释 义**　五级风力相当于风速为 8～10.7m/s。风力超过五级时，树木摇晃幅度较大，树木的倒向不易控制；人员攀爬树木容易引起高处坠落；砍剪高出或接近导线的树木时，不易保持与带电导线安全距离。为避免导线对树木放电危害作业人员安全，风力超过5级时，禁止砍剪高出或接近导线的树木。

7.4.6 使用油锯和电锯的作业，应由熟悉机械性能和操作方法的人员操作。使用时，应先检查所能锯到的范围内有无铁钉等金属物件，以防金属物体飞出伤人。

释　义　1. 油（电）锯是以汽油机（电）为动力的手提锯，主要用于伐木和造材，其工作原理是靠锯链上交错的 L 形刀片横向运动来进行剪切动作。

2. 因油（电）锯机械结构复杂，操作难度较大，使用不当易发生人身、设备或被锯树木导致的次生伤害等事故，所以应由熟悉机械性能和操作方法的人员操作。

3. 在使用油（电）锯砍剪树木前，应先检查被砍剪树木、油（电）锯链条及其所能锯到的范围内是否有异物，尤其是铁钉等金属物件，以防止锯、物接触造成锯链断裂或金属物体飞弹伤人。

8　邻近带电导线的工作

8.1 在带电线路杆塔上的工作。

8.1.1 在带电杆塔上进行测量、防腐、巡视检查、紧杆塔螺栓、清除杆塔上异物等工作，作业人员活动范围及其所携带的工具、材料等，与带电导线最小距离不准小于表3的规定。

表3　　　　　　　在带电线路杆塔上工作与带电导线最小安全距离

电压等级 kV	安全距离 m	电压等级 kV	安全距离 m
交流线路			
10 及以下	0.7	330	4.0
20、35	1.0	500	5.0
66、110	1.5	750	8.0
220	3.0	1000	9.5
直流线路			
±50	1.5	±660	9.0
±400	7.2	±800	10.1
±500	6.8		

进行上述工作，应使用绝缘无极绳索，风力应不大于5级，并应有专人监护。如不能保持表3要求的距离时，应按照带电作业工作或停电进行。

🔍 **释　义**　1. 作业人员的活动范围是指人员在作业过程中肢体延伸的活动距离以及使用的工具形成的操作范围。在线路带电情况下，允许在杆塔上进行测量、防腐、巡视检查（如查看金具、绝缘子、导地线）、紧固杆塔螺栓、安装相序牌、清除杆塔上异物（如清除鸟窝）等工作。进行上述工作，作业人员活动范围及其所携带的工具、材料等与带电导线最小距离不得小于《线路安规》表3的规定。如不能保持《线路安规》表3要求的距离时，应按照带电作业工作或停电进行（如在绝缘子上方进行安装防鸟刺、防腐、检查等作业）。

2. 绝缘无极绳索是指绝缘绳索两头连接成一封闭的绳圈。主要是便于作业人员在传递工具、材料等作业过程中能够进行有效的控制，防止绳索、工具、材料等因摆动而接近或碰触带电导线。

3. 专人监护是工作票签发人或现场工作负责人对作业现场空间活动范围狭小、安全条件差、施工复杂、易发生事故的工作所增设的专职的特殊监护，以确保作业过程中人员和设备的安全。监护内容是监督杆塔上作业人员的作业位置、行为过程、工器具使用方法、人和物与带电体的安全距离，及时提醒和制止不安全行为。

4. 在带电杆塔上作业，工具、材料应用相应电压等级的绝缘无极绳传递，绝缘无极绳不得受潮，由专人牵引控制。作业时应观测现场风速变化，风力大于 5 级（10m/s）时，工具、材料与带电导线间的安全距离难以保持，易发生作业人员触电和线路跳闸事故，应停止作业。

🔍 **案 例** 见案例库之案例 AQ-3-013。

8.1.2 在 10kV 及以下的带电杆塔上进行工作，作业人员距最下层带电导线的垂直距离不准小于 0.7m。

🔍 **释 义** 1. 在 10kV 及以下的带电杆塔上作业时，作业人员不允许穿越下层带电线路进行上层电力线路检修作业。

2. 在 10kV 及以下的带电杆塔上作业时，导线与杆塔之间空气间隙较小，作业人员难以保持与带电导线的安全距离，因此要求作业人员应保持距最下层带电导线垂直距离不准小于《线路安规》表 3 规定的 0.7m 安全距离。

8.1.3 运行中的高压直流输电系统的直流接地极线路和接地极应视为带电线路。各种工作情况下，邻近运行中的直流接地极线路导线的最小安全距离按 ±50kV 直流电压等级控制。

🔍 **释 义** 1. 高压直流接地极系统是在高压直流输电系统中，为实现正常运行或故障时以大地或海水作为电流回路运行而专门设计和建造的一组装置的总称；它主要由接地极、接地极线路和导流系统组成。

2. 直流接地极线路是直流输电接地极引线（DC transmission earthing electrode line）接在换流站直流电压中性点与接地极（接地极安置在与换流站相距一定距离的地点）之间的线路，通称接地极线路。接地极线路可采用架空线路，也可采用电缆线路。由于接地极线路一般长约十至数十千米，所以多数工程采用架空线路。

3. 运行中的直流线路，由于两极所带负荷不平衡，会使接地极线路和接地极上产生电流以保持系统平衡，故应视为带电线路。

4. 考虑到各种工作情况下，邻近运行中的直流接地极线路导线会带电，由于大地阻抗等因素，可能出现不超过 ±50kV 的设备压降，为保证作业人员不发生触电伤害，最小安全距离要按 ±50kV 直流电压等级控制。

8.2 邻近或交叉其他电力线路的工作。

8.2.1 停电检修的线路如与另一回带电线路相交叉或接近，以致工作时人员和工器具可能和另一回导线接触或接近至表 4 规定的安全距离以内，则另一回线路也应停电并予接地。如邻近或交叉的线路不能停电时，应遵守 8.2.2 ~ 8.2.4 条的规定。工作中应采取防止损伤另一回线路的措施。

表 4 　　　　　　　　邻近或交叉其他电力线工作的安全距离

电压等级 kV	安全距离 m	电压等级 kV	安全距离 m
交流线路			
10 及以下	1.0	330	5.0
20、35	2.5	500	6.0
66、110	3.0	750	9.0
220	4.0	1000	10.5
直流线路			
±50	3.0	±660	10.0
±400	8.2	±800	11.1
±500	7.8		

释义 1. 在输电线路检修工作中，当停电检修线路与另一回带电线路交叉或接近时，现场勘察阶段应评估工作人员和工器具（如风绳、杆塔拉线、牵引绳、传递绳、吊物等）、材料等是否可能和另一回导线接近或接触至《线路安规》表4规定的安全距离以内，如无法保证则邻近或交叉的线路应配合停电并接地，并应列入工作票"应执行安全措施"中。如该邻近或交叉的线路不能停电时，则必须满足《线路安规》8.2.2～8.2.4的规定，才能工作。

2. 为避免检修线路因跑线、断线、弹跳、摆动等原因损伤另一回线路，工作中应对邻近或交叉的线路采取搭设跨越架、装设防护网等措施，对检修线路采取安装压线滑车、后备保护绳等相应措施，并保证与邻近或交叉的线路之间有足够的安全距离。

3. 作业的导地线、牵引绳、风绳、绞磨的转向滑车及桩锚不得设置在另一回带电线路的下方，防止其弹跳、摆动接近带电导线的危险距离以内。因现场地形环境、设备状态等因素限制确需在带电导线下方设置转向滑车及桩锚时，须制订"三措一案"确保安全距离。

案例 见案例库之案例AQ-3-006、AQ-3-019。

8.2.2 邻近带电的电力线路进行工作时，有可能接近带电导线至表4规定的安全距离以内时，应做到以下要求：

a）采取有效措施，使人体、导线、施工机具等与带电导线符合表4安全距离规定，牵引绳索和拉绳符合表19安全距离规定。

b）作业的导、地线还应在工作地点接地。绞车等牵引工具应接地。

释义 1. 停电检修线路与另一回带电线路交叉或接近时，如其不能配合停电并接地时，必须采取有效措施使人体、导线、风绳、施工机具等与带电导线安全距离符合《线路安规》表4规定。采取的措施应包括组织措施（协调配合）、技术措施（作业流程、限制措施等）、安全措施（安全防护、现场监护）、施工方案（作业方法、环境要求、施工机具的布置等）。

2. 对于检修作业中使用的牵引绳索和拉绳等，由于牵引机械失灵、人员操作失误等原因，牵引绳索和拉绳可能发生摆动、弹跳而接近或碰触邻近带电线路，造成人员触电或线路跳闸事故。因此人员、作业机械、器具与带电导线的安全距离在符合《线路安规》表4规定的基础上还要留有一定的安全裕度。邻近带电线路作业时，牵引绳索和拉绳与另一回带电线路的安全距离应执行《线路安规》表19的规定，起重作业的机臂、吊具、辅具、钢丝绳及吊物与另一回带电线路的安全距离不得采用《线路安规》表4的规定。

3.邻近带电线路工作时，在作业过程中，为防止感应电及意外跑线、断线接触带电线路而引起作业人员触电，作业的导、地线除工作接地线以外，还应在工作地点就近增加装设接地，绞车、张力机、绞磨等牵引工具也应接地，各类接地线应满足标准规定，临时接地体埋深不得小于600mm，且连接可靠。

🔍 **案 例**　见案例库之案例 AQ-3-006、AQ-3-019。

8.2.3 在交叉档内松紧、降低或架设导、地线的工作，只有停电检修线路在带电线路下面时才可进行，应采取防止导、地线产生跳动或过牵引而与带电导线接近至表4规定的安全距离以内的措施。

停电检修的线路如在另一回线路的上面，而又必须在该线路不停电情况下进行放松或架设导、地线以及更换绝缘子等工作时，应采取安全可靠的措施。安全措施应经工作人员充分讨论后，经工区批准执行。措施应能保证：

a）检修线路的导、地线牵引绳索等与带电线路的导线应保持表4规定的安全距离。

b）要有防止导、地线脱落、滑跑的后备保护措施。

🔍 **释 义**　1.交叉档是指两条以上电力线路在空间位置上交叉。在交叉档内松紧、降低或架设导、地线的工作，由于难以控制导线垂落或弹跳而接近下方带电线路，因此，一般只允许停电检修线路在带电线路下面时才可进行。

2.在交叉档内对下方线路进行松紧、降低或架设导、地线的工作，为了防止导、地线在工作中跳动或者过牵引时与上方带电导线接近至《线路安规》表4规定的安全距离以内，甚至碰触带电导线，需在交叉点下方及附近的作业导、地线上设置压线滑车等防弹跳或接近的措施。

3.停电检修的线路在另一回线路的上方，而又必须在该线路不停电情况下进行放松或架设导、地线以及更换绝缘子等工作时，应采取安全可靠的措施。措施应能保证：

1）检修线路的导、地线牵引绳索等与带电线路的导线应保持《线路安规》表4规定的安全距离。为防止导、地线脱落、滑跑，更换或新架导、地线应采用张力放线方法；根据需要在带电线路交叉跨越点上方搭设满足要求的跨越架，必要时应设置安全网；导引绳、牵引绳应选用高强度绝缘绳。

2）作业过程中，应采取长度合适的钢丝绳套或高强度绳套等后备保护措施，防止导、地线脱落、滑跑。

3）为防止碰触带电导线和感应电伤害，作业的放牵机具、牵引钢丝绳以及作业地点导、地线应增设可靠接地。

保持安全距离

更换绝缘子串作业对导线采取防护措施

8.2.4 在变电站、发电厂出入口处或线路中间某一段有两条以上相互靠近的平行或交叉线路时，要求：

a）每基杆塔上都应有线路名称、杆号。

b）经核对停电检修线路的线路名称、杆号无误，验明线路确已停电并挂好地线后，工作负责人方可宣布开始工作。

c）在该段线路上工作，登杆塔时要核对停电检修线路的线路名称、杆号无误，并设专人监护，以防误登有电线路杆塔。

🔍 **释 义** 在变电站、发电厂出入口处或线路中间某一段有两条以上相互靠近的平行或交叉线路时，由于进出站的平行、交叉线路较多，杆塔高度、塔型等外观比较接近，容易造成作业人员误判导致的误登带电杆塔，发生人身触电风险较高。为保证作业人员安全，应采取以下措施：

1）线路每基杆（塔）上必须安装杆（塔）号牌，杆（塔）号牌由标牌底色、电压等级、线路（设备）名称、开关编号、杆塔序号等信息构成，线路双重名称由线路（设备）名称和开关编号组成，由调控部门统一命名（如 220kV 龙安 2845 线 15 号）。发现杆塔号牌遗失、字迹模糊及设备双重名称变更时，应及时补装或编写临时杆（塔）号牌。

2）登杆（塔）作业前，发现杆（塔）号牌由于遗失、损坏、老化等原因导致不清晰、不明确时，作业人员应向工作负责人（监护人）报告，可以核对前后杆塔号牌来确认设备名称及杆（塔）号，经核对无误后才能登杆（塔）。

3）作业前工作负责人应先核对检修线路杆塔的双重名称、杆塔号正确无误。同时，用相应电压等级的验电器对检修线路进行验电，并在工作区域两端正确装设接地线后，经工作许可人许可方能宣布开始工作。

4）作业人员在每次登杆塔前要认真核对停电检修线路的双重名称，确认无误后方可登杆塔，并设专人监护。为避免作业人员核对过程中发生疏忽或误判，监护人应与作业人员共同核对线路双重名称，并确认无误后，方可允许作业人员登杆塔进行作业。

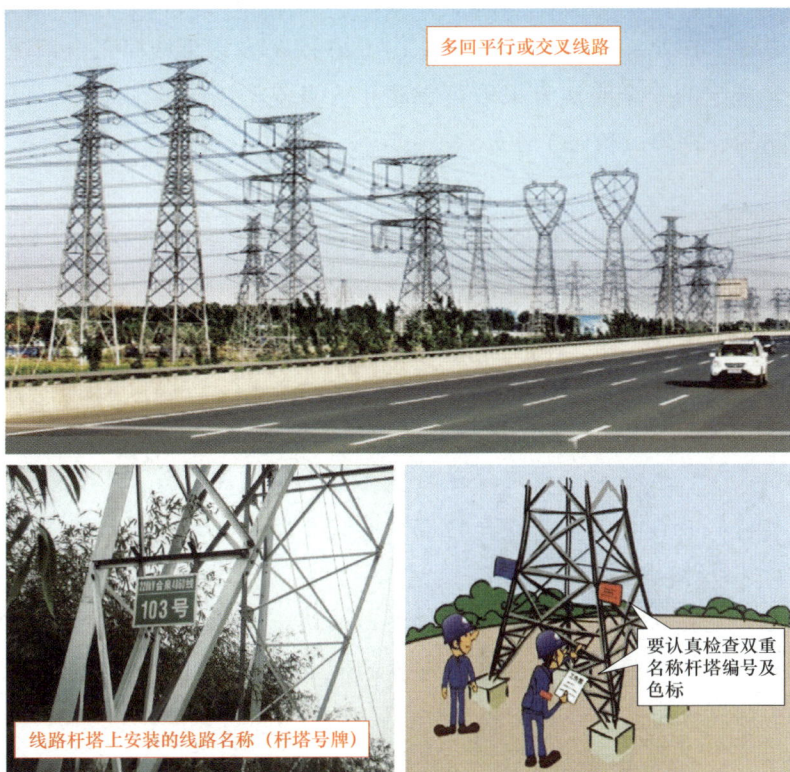

多回平行或交叉线路

线路杆塔上安装的线路名称（杆塔号牌）

要认真检查双重名称杆塔编号及色标

案 例　见案例库之案例 AQ-3-004、AQ-2-004、AQ-3-012、AQ-3-018。

8.3 同杆塔架设多回线路中部分线路停电的工作。

释 义　1. 同杆塔架设多回线路是指在同一杆塔上架设有两回及以上同电压等级或不同电压等级的电力线路。同杆塔架设多回线路中部分线路停电的工作一般是其中一回或两回线路的停电检修工作。

2. 同杆塔多回线路架设中，一般遵循高电压等级在上层、低电压等级在下层的原则。

8.3.1 同杆塔架设的多回线路中部分线路停电或直流线路中单极线路停电检修，应在作业人员对带电导线最小距离不小于表 3 规定的安全距离时，才能进行。

禁止在有同杆架设的 10（20）kV 及以下线路带电情况下，进行另一回线路的停电施工作业。若在同杆架设的 10（20）kV 及以下线路带电情况下，当满足表 4 规定的安全距离且采取可靠防止人身安全措施的情况下，可以进行下层线路的登杆停电检修工作。

释 义　1. 同杆塔架设的多回线路中部分线路停电或直流线路中单极线路停电检修工作，应视同在带电线路杆塔上的作业，因此作业人员与带电导线最小距离不得小于《线路安规》表 3 规定的安全距离（该要求同8.1.1）。

2. 受 10（20）kV 及以下线路电气间隙的限制，当 10（20）kV 及以下线路带电情况下，进行部分线路停电检修工作，难以保证作业人员、作业的导地线、作业机具等与带电线路保持有效的安全距离，因此禁止在同杆架设线路上进行部分停电线路施工作业。

3. 当停电检修线路位于同杆架设多回线路下层位置时，在满足《线路安规》表 4 规定的安全距离，且采取可靠的人身防触电安全措施的条件下，可以进行下层线路的登杆停电检修工作。

工作人员对带电导线保持安全距离

8.3.2　遇有 5 级以上的大风时，禁止在同杆塔多回线路中进行部分线路停电检修工作及直流单极线路停电检修工作。

🔍 **释　义**　检修作业中，遇 5 级（10m/s）以上大风时，作业人员使用的牵引绳索、传递绳及其工器具和材料受风力影响摆幅较大，同时作业的导地线也会有较大摆动或弹跳，作业时不能保证作业人员及其工器具、材料等与带电导线保持有效的安全距离，因此，应禁止在同杆塔多回线路中进行部分线路停电检修工作及直流单极线路停电检修工作。

🔍 **案　例**　见案例库之案例 AQ-3-020。

案例 AQ-3-020 可扫描以下二维码观看。

同塔多回线路检修接近带电线路触电事故案例

AQ-3-020

8.3.3　工作票签发人和工作负责人对停电检修线路的称号应特别注意正确填写和检查。多回线路中的每回线路（直流线路每极）都应填写双重称号。

🔍 **释义**　1. 双重称号是指线路双重名称和位置称号，位置称号指上线、中线或下线和面向大号侧（线路杆塔号增加方向）的左线或右线，如 220kV 龙安 2845 线（双回线左线）、220kV 皖龙 4284 线（双回线上线）。

2. 输电线路作业的方向辨别，是以作业线路送电方向（线路杆塔编号增加方向）为基准，作业人员应在小号侧面向大号侧的方向来确定作业线路左线或右线。由于线路很少存在直线路径，所以在辨别线路方位时，不得使用东南西北方位来确定。

3. 对于同杆塔架设多回线路中部分线路停电的工作，为使工作票签发人和工作负责人准确判断作业现场工作条件，作业现场能正确无误地核对停电检修线路的双重称号，防止作业人员误登其他带电线路杆塔、进入同杆塔架设的带电线路，应注意以下事项：

1）工作票中对多回线路中的每回线路（直流线路极性）都应填写双重称号、正确绘制停电检修示意图；

2）工作票签发人在审批时，必须对工作负责人所填内容严格校核无误后，方可签发；

3）填写和签发工作票时，填写人和签发人均应依据现场勘察记录，仔细检查核对线路双重称号，确保其与现场实际相符；

4）对停电检修线路的双重称号有疑义时，应停止工作，重新组织现场勘查，核对确认。

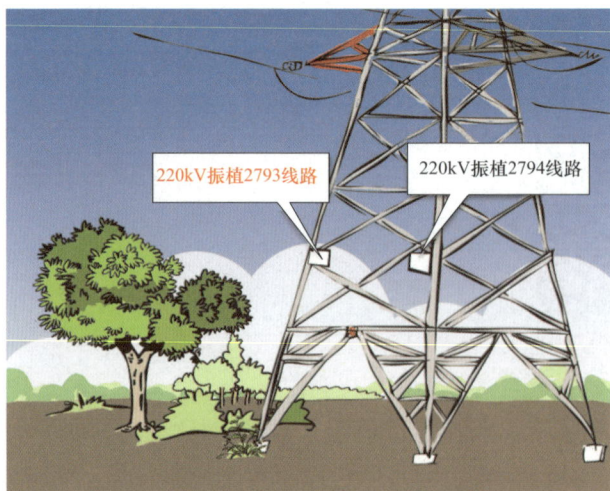

8.3.4 工作负责人在接受许可开始工作的命令时，应与工作许可人核对停电线路双重称号无误。如不符或有任何疑问时，不准开始工作。

🔍 **释 义**　1. 在线路停电检修的工作许可程序中，无论是采取电话许可还是当面许可，工作负责人在接受工作许可命令时，应与工作许可人采取复诵的方式，核对停电线路双重称号（线路名称及位置称号）并确认无误。

2. 如果工作负责人与工作许可人在工作许可命令中发现停电线路双重称号不符或有任何疑问时，不准下达开工命令。发现不符和疑问时，工作负责人必须与工作许可人再次核对确认，无疑问后方可下达开工命令。确实存在错误时，不得下达开工命令，需重新填写工作票。

3. 分小组工作，在工作任务单许可时，小组负责人（监护人）也应与工作负责人核对停电线路双重称号并确认无误。

> 500kV洛肥5301线两侧开关已拉开，并已合上接地开关，具备工作条件

工作负责人复诵许可工作线路

8.3.5 为了防止在同杆塔架设多回线路中误登有电线路及直流线路中误登有电极，还应采取以下措施：

8.3.5.1 每基杆塔应设识别标记（色标、判别标识等）和线路名称、杆号。

8.3.5.2 工作前应发给作业人员相对应线路的识别标记。

8.3.5.3 经核对停电检修线路的识别标记和线路名称、杆号无误，验明线路确已停电并挂好接地线后，工作负责人方可发令开始工作。

8.3.5.4 登杆塔和在杆塔上工作时，每基杆塔都应设专人监护。

8.3.5.5 作业人员登杆塔前应核对停电检修线路的识别标记和线路名称、杆号无误后，方可攀登。登杆塔至横担处时，应再次核对停电线路的识别标记与双重称号，确认无误后方可进入停电线路侧横担。

释义 1. 杆塔的识别标记是指在每基杆塔底部及横担处对每回线路设置对应的识别标记（色标、判别标识等）和双重称号，每回线路的识别标记颜色不得接近或相似，以便作业人员能正确辨识。

2. 运行或检修单位应根据杆塔上设置的识别标记（色标、判别标识等）和双重称号，制作对应检修线路的识别标记（色标卡、袖章等）。工作前由工作负责人将对应停电检修线路的识别标记（色标卡、袖章等）发给作业人员，使作业人员在作业现场能够对照识别。

3. 在同杆塔架设多回线路检修工作中，登杆塔和在杆塔上工作时，每基杆塔都应设专人专职全程监护，防止在登杆塔过程或作业移位时，误入带电线路侧横担。

4. 登杆塔至横担处时，由于爬梯位置、塔型设计等原因可能导致作业人员对方位判断出现错误，因此，作业人员在进入横担前，应与工作负责人（监护人）再次核对停电线路的识别标记与双重称号。

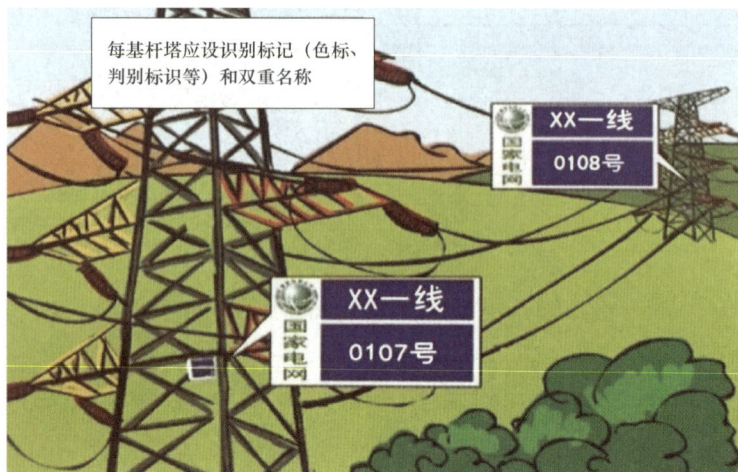

每基杆塔应设识别标记（色标、判别标识等）和双重名称

XX一线 0108号

XX一线 0107号

国家电网

案例　见案例库之案例 AQ-3-011。

8.3.6 在杆塔上进行工作时，不准进入带电侧的横担，或在该侧横担上放置任何物件。

释义　1.在同杆塔架设多回线路中部分线路停电工作时，受工具材料形状、塔型结构、天气等因素影响，如在带电线路侧横担上摆放工具和材料，可能因工具材料摆动、拖挂而接近带电导线危险距离以内，造成人身、设备事故，因此应禁止在带电线路侧横担上放置任何物件。

2. 在同杆塔架设多回线路中部分线路停电工作时，作业人员进入带电侧横担，可能导致作业人员与带电线路安全距离不足或误判带电线路为停电检修线路，造成人员触电，因此应禁止作业人员进入带电侧横担。

案例 见案例库之案例 AQ-3-001、AQ-2-001。

8.3.7 绑线要在下面绕成小盘再带上杆塔使用。禁止在杆塔上卷绕或放开绑线。

释义 在同杆塔架设双回线路中部分停电线路或带电线路杆塔上工作时，绑线应绕成小盘，控制展放长度，防止绑线过长而接近或碰触带电线路，造成人身触电或设备故障。

带电线路杆塔上作业绑线应绕成小盘使用

8.3.8 在停电线路一侧吊起或向下放落工具、材料等物体时，应使用绝缘无极绳圈传递，物件与带电导线的安全距离应符合表4的规定。

释义 1. 在停电线路一侧吊起或向下放落工具、材料等物体时，为防止传递绳接近同杆架设带电导线，造成人身触电或设备故障，应使用绝缘无极绳圈。

2. 传递过程中，作业人员应注意绝缘绳索走向，控制牵放速度，使传递物件保持与带电线路的距离符合《线路安规》表4规定（相较于"表3在带电线路杆塔上工作与带电导线最小安全距离"更为严格），避免因距离过近造成放电。

🔍 **案 例** 见案例库之案例 AQ-3-007。

8.3.9 放线或撤线、紧线时，应采取措施防止导线或架空地线由于摆（跳）动或其他原因而与带电导线接近至危险距离以内。

在同杆塔架设的多回线路上，下层线路带电，上层线路停电作业时，不准进行放、撤导线和地线的工作。

🔍 **释 义** 1.同杆塔架设多回线路，一般存在左右或上下排列等方式。下层线路带电，进行上层线路放、撤导线和地线的工作时，因人、物、环等因素不能有效控制导、地线的剧烈摆（跳）动甚至跑线、断线等风险，难以满足《线路安规》表3、表4、表19规定的安全距离要求，易直接触碰下层带电线路发生放电。为保证作业人员人身安全，不得在下层线路带电时进行上层停电线路的放、撤导线和地线的工作。

2.导、地线在放线或撤线、紧线时，由于展放张力和牵引力的不均衡而产生振幅较大的摆（跳）动，易接近或碰触带电线路，造成带电线路对其放电，危及作业人员安全。故应使用绝缘拉绳控制展放导、地线的摆（跳）动幅度，必要时还应加装压线滑车等装置，避免与带电导线接近至危险距离以内。同时，作业中应设专人监护、统一指挥、统一信号，应有防止导地线脱落、滑跑的后备保护措施。

采取措施防止导线或架空地线由于摆（跳）动或其他原因而与带电导线接近至危险距离以内

案例　见案例库之案例 AQ-3-019、AQ-3-020。

8.3.10　绞车等牵引工具应接地，放落和架设过程中的导线亦应接地，以防止产生感应电。

释义　1. 为防止操作不当引起的导地线、牵引绳的摆动、弹跳，接近有电线路危险距离以内，放落和架设过程中的导地线、牵引绳均应采取可靠接地措施。接地线应装设在压线、转向滑车前 3～5m 位置，且不得使用导线、铁丝等材料代替，接地线压线滑车应采取防脱措施。

2. 施工线路与带电线路平行、交叉或接近时，因工作范围大、架设距离长，作业的导地线、牵引绳都会产生一定的感应电压。为保证施工人员安全，作业用绞车、牵引绳、导地线应接地，以消除感应电压。

绞车等牵引工具应接地，放落和架设过程中的导线亦应接地

8.4 邻近高压线路感应电压的防护。

8.4.1　在 330kV 及以上电压等级的线路杆塔上及变电站构架上作业，应采取防静电感应措施，例如穿戴相应电压等级的全套屏蔽服（包括帽、上衣、裤子、手套、鞋等，下同）或静电感应防护服和导电鞋等（220kV 线路杆塔上作业时宜穿导电鞋）。在 ±400KV 及以上电压等级的直流线路单极停电侧进行工作时，应穿全套屏蔽服。

🔍 **释 义**　1. 静电感应的形成原因是在强交流电附近的导体由于电容效应会产生静电感应电压。其数值大小取决于带电设备的电压等级及停、带电设备平行交叉跨越距离的大小等因素。

2. 静电感应防护服与屏蔽服的原理和作用是相同的，但由于其使用环境不一样，故技术参数相对较低。静电感应防护服应具有一定的屏蔽性能、较低的电阻及较好的穿着性能，由金属纤维和棉或合成纤维混纺材料织成，整套静电感应防护服的屏蔽效率不得小于 26dB。

3. 静电感应电压会导致人体产生强烈的刺痛感，导致作业人员肢体动作和功能失常，伤及作业人员。因此，在 330kV 及以上电压等级的带电线路杆塔上或变电站构架上进行邻近带电作业时，作业人员应穿着全套屏蔽服或静电感应防护服、导电鞋进行防护。

4. 在 220kV 线路带电杆塔上工作时，作业人员需穿导电性能良好的导电鞋。工作票签发人和工作负责人，根据工作任务、环境特点、设备运行状况应对作业人员采取全套防护措施。

🔍 **案 例**　见案例库之案例 AQ-3-005。

8.4.2　在 ±400kV 及以上电压等级的直流线路单极停电侧进行工作时，应穿着全套屏蔽服。

🔍 **释 义**　1. 屏蔽服装具有较好的屏蔽性能、较低的电阻、适当的通流容量、一定的阻燃性及较好的穿着性能，采用金属纤维和阻燃混纺材料织成。整套屏蔽服装的屏蔽效率不得小于 30dB。屏蔽服装的应用原理及要求见《线路安规》13.3.2 的释义内容。

2. 在 ±400kV 及以上电压等级的直流线路单极停电侧进行工作时，由于直流线路输电距离长、极间距离较近、电场场强大等因素，在停电侧线路会产生较大感应电。为了能够有效分流人体的电容电流和屏蔽高压电场，使流过人体的电流控制在微安级水平，作业人员应穿全套屏蔽服。

8.4.3　带电更换架空地线或架设耦合地线时，应通过金属滑车可靠接地。

🔍 **释义**　1.耦合地线是指架设在架空电力线路导线下方的地线，用于增加避雷线与导线之间的耦合作用，降低绝缘子串上的过电压，是架空输电线路的防雷基本措施。

2.带电更换架空地线或架设耦合地线作业时，因操作不当，地线可能接近带电导线危险距离以内，从而造成作业人员触电。同时，地线上也会有较高的感应电压，为防止作业人员触电或感应电伤害，对更换和架设的架空地线或耦合地线，应在每基杆塔装设金属放线滑车以及地线展放处装设接地滑车。

地线通过金属滑车可靠接地

8.4.4 绝缘架空地线应视为带电体。作业人员与绝缘架空地线之间的距离不应小于0.4m（1000kV为0.6m）。如需在绝缘架空地线上作业时，应用接地线或个人保安线将其可靠接地或采用等电位方式进行。

🔍 **释义**　1.绝缘架空地线采用绝缘子与杆塔连接，经过放电间隙对地绝缘。一般兼作避雷线、通信线使用。

2.线路在运行状态下，绝缘架空地线会产生很高的感应电压。因此，在日常运维和检修工作时，绝缘架空地线应视为带电体，作业人员在塔头及绝缘架空地线附近工作时，应与绝缘架空地线保持不小于0.4m的安全距离（1000kV为0.6m）。

3.若采用接地线或个人保安线方式将其可靠接地时，应使用绝缘棒或绝缘绳装设接地线（个人保安线）。

4.采用等电位作业方式接触绝缘架空地线时，作业人员应穿着全套屏蔽服并使用相应电压等级的绝缘工具，保持不小于0.4m的作业间隙。

≥0.4m

8.4.5　用绝缘绳索传递大件金属物品（包括工具、材料等）时，杆塔或地面上作业人员应将金属物品接地后再接触，以防电击。

释义　在邻近带电线路使用绝缘绳索传递大件金属物品（包括工具、材料等）时，物件上会产生一定的感应电压。为了防止杆塔或地面作业人员接触时发生感应电击，作业人员接触前，需对传递的金属物品进行接地后才能接触。

绝缘绳索

先使物品接地再接触

9 线路施工

9.1 坑洞开挖与爆破。

9.1.1 挖坑前，应与有关地下管道、电缆等地下设施的主管单位取得联系，明确地下设施的确切位置，做好防护措施。组织外来人员施工时，应将安全注意事项交代清楚，并加强监护。

🔍 释 义 1.地下电力电缆和通信光缆，燃气、供水、供油、排污等管线，在地面上无法直接观察到，开挖过程中容易造成人员伤害及设备设施损失。因此，在施工前应与相关主管单位取得联系，了解地下设施分布情况和确切位置，制定相应的施工方案和作业人员防护措施，以防止人身伤害和地下设施受损。

2.外来施工人员对地下设施布置情况不了解、对现场应采取的措施不掌握，更容易发生危险。开工前应向施工单位交代地下管线分布情况、采取保护性开挖和人身防护措施，在工作中监督施工单位落实各项安全措施，防止意外的发生。

挖坑前明确地下设施的确切位置

9.1.2 挖坑时，应及时清除坑口附近浮土、石块，坑边禁止外人逗留。在超过1.5m深的基坑内作业时，向坑外抛掷土石应防止土石回落坑内，并做好防止土层塌方的临边防护措施。作业人员不准在坑内休息。

🔍 **释义** 1. 基坑开挖施工中，坑口附近堆放的浮土、石块、人员行走、向坑外抛掷土石会造成坑口周围压力过大引起塌方；非作业人员及地面作业人员移动工具、行走等过程中若不注意会将浮土、石块带入坑中；基坑周围有坡面时，受重力影响，浮土、石块滚落到坑内；当坑深超过 1.5m 时，坑内人员难以观察到坑边周围环境，向坑外抛扔土石时，难度加大，力度不够易使土石回落，力度过猛可能会伤及坑外人员。基于上述因素，禁止作业人员在坑内休息、非作业人员在坑边逗留，坑口附近堆放的浮土、石块应距坑口 1m 以外。

2. 除上述防土层塌方措施外，临边防护措施还包括：基坑开挖时应根据不同土质，留足适当的放坡系数，土质较软则坡度较缓，土质较硬则坡度较陡；设置高度不低于 1050mm、立柱间距不大于 2m 的硬质围栏，围栏周围悬挂"禁止翻越"等警告标志。

9.1.3 在土质松软处挖坑，应有防止塌方措施，如加挡板、撑木等。不准站在挡板、撑木上传递土石或放置传土工具。禁止由下部掏挖土层。

🔍 **释义** 1. 在土质松软处开挖基坑时极易塌方，应考虑采取分层开挖或加挡板、撑木等安全措施。加挡板时应注意坡度、梯级，并考虑挡板、撑木强度和密度，使用过程中，应随时检查挡土板变形、断裂情况，出现异常情况时应及时更换或补强。坑口放样时应增大放坡系数，坑上的堆土应距坑口

2m 以外,以减小坑壁的侧压力。

2. 采取挡板、撑木施工方式时,挡板、撑木构件受力一般是沿构件支撑方向形成作用力,当在构件支撑方向的垂直方向或横向上外加作用力,将打破挡板、撑木结构的受力平衡,使挡板、撑木结构断裂或滑脱而失去作用,造成塌方并伤人;人员站在挡板、撑木上易跌落滑倒。因此不得站在挡板、撑木上传递土石或放置传土工具。

3. 由下部掏挖时上部土层悬空,在重力的作用下易造成塌方,所以禁止由下部掏挖土层。

不准站在挡板、撑木上传递土石或放置传土工具

禁止由下部掏挖土层

案 例 见案例库之案例 BB-3-011。

9.1.4 在下水道、煤气管线、潮湿地、垃圾堆或有腐质物等附近挖坑时,应设监护人。在挖深超过 2m 的坑内工作时,应采取安全措施,如戴防毒面具、向坑中送风和持续检测等。监护人应密切注意挖坑人员,防止煤气、硫化氢等有毒气体中毒及沼气等可燃气体爆炸。

释 义 1. 下水道、煤气管线、潮湿地、垃圾堆或有腐质物等场所,容易产生易燃、易爆和有毒气体,作业风险较高,现场设置监护人主要是通过仪器检测能够及时发现和控制危险因素,并对现场危险点进行有效处置。如采取送风补氧、控制火源和坑内人员工作时间,使用防毒面具、矿灯或安全灯等安全措施。

2. 在坑深超过 2m 的坑内，容易出现在有害气体处挖坑，短时间施工可戴防毒面具；长时间施工应向坑内送风，提高基坑中氧气含量，减少有毒有害气体含量。同时应使用仪器定期检测，确认工作环境符合作业条件，即氧气含量不小于 18%，使有毒有害气体含量控制在标准范围内。同时，应注意控制火源，严禁明火，以防坑内可燃气体爆炸。

9.1.5　在居民区及交通道路附近开挖的基坑，应设坑盖或可靠遮栏，加挂警告标示牌，夜间挂红灯。

🔍 **释义**　在居民区及交通道路附近开挖的基坑，均有可能引起行人和车辆坠落造成伤害。因此，开挖面积较小的基坑应设置坑盖，面积较大的基坑应在其周围设置围栏，并设置警示牌和夜间挂红灯作为警示。

9.1.6 塔脚检查，在不影响铁塔稳定的情况下，可以在对角线的两个塔脚同时挖坑。

🔍 **释 义** 1. 开挖杆塔基础前应检查杆塔两侧受力和基础受力情况，对基础受力平衡且有稳定裕度的杆塔可在对角线的两个塔脚同时开挖。

2. 对受力不平衡的杆塔应在开挖的反方向加装临时拉线，在对角线上开挖，开挖基坑未回填时禁止拆除临时拉线。

3. 为避免造成杆塔倾倒，禁止在同侧开挖。

9.1.7 进行石坑、冻土坑打眼或打桩时，应检查锤把、锤头及钢钎。扶钎人应站在打锤人侧面。打锤人不准戴手套。钎头有开花现象时，应及时修理或更换。

🔍 **释 义** 1. 大锤使用前检查锤把安装牢固且用防脱楔子楔牢，锤头有歪斜、缺口、裂纹等时，严禁使用。

2. 作业人员应戴安全帽，以防施工中被飞出的锤头、铁屑等误伤。扶钎人应站在打锤人侧面并双手伸直扶钎，与钢钎保持足够的距离，防止打锤人误伤扶钎人。打锤人戴手套将减小手与锤把的摩擦力和控制力，易造成大锤滑脱，误伤他人。

3. 钢钎使用前应注意检查钎头，钎头开花易造成铁屑飞出伤人，因此钎头如有开花则应立即停止使用并予更换。

9.1.8 变压器台架的木杆打帮桩时，相邻两杆不准同时挖坑。承力杆打帮桩挖坑时，应采取防止倒杆的措施。使用铁钎时，注意上方导线。

释义　1. 变压器台架的木杆长期运行后，根部容易腐朽。相邻两杆同时挖坑，破坏杆根受力平衡，极易造成电杆自腐蚀处折断或引起倒杆。

2. 承力杆打帮桩挖坑时，应加装临时拉线防止破坏电杆的受力稳定性，防止倒杆。

3. 打帮桩中使用铁钎拧紧帮桩与主杆紧固铁丝时，应注意防止铁钎接触或接近导线造成触电伤害。

9.1.9 线路施工需要进行爆破作业应遵守《民用爆炸物品安全管理条例》等国家有关规定。

释义　1. 爆破作业属于国家特别管控的作业项目、需要由具备专门资质的单位和人员承担。

2.爆破作业应根据《民用爆炸物品安全管理条例》(中华人民共和国国务院令第466号)规定的生产、销售、购买、运输、爆破作业、储存和法律责任等要求进行。

9.2 杆塔上作业。

9.2.1 攀登杆塔作业前，应先检查根部、基础和拉线是否牢固。新立杆塔在杆基未完全牢固或做好临时拉线前，禁止攀登。遇有冲刷、起土、上拔或导地线、拉线松动的杆塔，应先培土加固，打好临时拉线或支好架杆后，再行登杆。

释 义　1.任何登杆作业，在登杆前应检查杆根是否有损伤、取土，铁塔是否缺少塔材、螺栓是否齐全和紧固，拉线是否齐全、松动或严重锈蚀等，以确定杆塔稳定性和安全性。防止作业人员登杆过程中，由于登杆行为改变杆塔受力，导致杆塔倾斜或倒杆，危及作业人员安全。

2.新立杆塔基础未完全牢固或安装临时拉线前，杆塔的稳定性极差，登杆的荷载和冲击力容易造成杆塔倾倒。

3.杆塔在山坡、河道等处，由于水流对杆塔基础的冲刷，或杆塔基础附近有起土现象时，将改变杆塔基础的抗倾覆力；受上拔力的杆塔周围的开挖对杆塔稳固的影响更加明显；杆塔上的导、地线或拉线松动既改变了杆塔的受力方式，对杆塔的稳固性也产生影响。因此，攀登这类杆塔前，应采取对根基进行培土，杆塔加装临时拉线、支架杆等安全措施。

4.水泥杆如出现较大、明显的纵向或横向裂纹时，未经鉴定或采取补强措施，禁止攀登。

检查根部
检查基础
检查拉线

🔍 **案 例**　见案例库之案例 AQ-3-010。

9.2.2　登杆塔前，应先检查登高工具、设施，如脚扣、升降板、安全带、梯子和脚钉、爬梯、防坠装置等是否完整牢靠。禁止携带器材登杆或在杆塔上移位。禁止利用绳索、拉线上下杆塔或顺杆下滑。攀登有覆冰、积雪的杆塔时，应采取防滑措施。

上横担进行工作前，应检查横担连接是否牢固和腐蚀情况，检查时安全带（绳）应系在主杆或牢固的构件上。

🔍 **释 义**　1. 登杆前检查登高工具的目的是防止作业人员登杆过程中，因工具缺陷而导致人员跌落，其检查内容包括：登高工器具的试验合格证；工器具受力部位、易磨损的部位磨损情况，如升降板的绳、板、钩的磨损情况等；脚扣防滑橡皮的磨损情况，金属组件是否存在裂纹和损伤；安全带缝制线、铆钉、金属钩和各部分带体的磨损情况；梯子的防滑垫是否完好、梯档和支柱磨损情况、是否有损伤或裂纹等；杆塔上安装的登高装置，如脚钉、爬梯和固定防坠装置等，在攀登之前和攀登过程中均应检查是否完整牢固。

2. 携带作业工器具和材料攀登杆塔过程中，由于人体的重心、作业人员与杆塔之间距离的改变，作业移位过程中极易失去平衡或与杆塔部件挂碰而导致高坠，因此禁止携带器材登杆或在杆塔上移位。

3. 利用绳索或拉线上下杆塔或顺电杆下滑时，由于人体无任何保护措施，绳索和拉线表面与作业人员之间的摩擦产生热量且下滑速度难以控制，易造成伤害或失手坠落，下滑接近地面时也容易被拉线金具挂碰或落地动作过猛而受伤，因此禁止利用绳索、拉线上下杆塔或顺杆下滑。

4. 杆塔积雪、覆冰或有其他情况导致攀登中打滑时，应采取防滑措施以增加登高工具与杆塔的摩擦力，如作业人员穿着具有防滑功能的软底鞋、使用双重保护措施、使用登高板攀登水泥杆等，攀登过程中不宜进行除冰、清雪工作。

5. 横担与杆塔主要是通过螺栓、抱箍等方式连接，横担及螺栓锈蚀、松动易造成横担断裂，因此上横担进行工作前，应检查横担连接是否牢固和腐蚀情况。检查时，安全带（绳）应系挂在主杆或牢固的构件上，防止发生人身高坠事故。

🔍 **案　例**　见案例库之案例 AQ-3-009。

9.2.3　作业人员攀登杆塔、杆塔上转位及杆塔上作业时，手扶的构件应牢固，不准失去安全保护，并防止安全带从杆顶脱出或被锋利物损坏。

🔍 **释　义**　1. 作业人员手扶的构件要承担作业人员重力，因此构件应牢固。使用脚扣攀登杆塔时应全过程中使用安全带，杆塔上作业和转位时应全过程使用安全带或后备保护绳，防止作业中失去安全保护。

作业人员在杆塔上移位时不得失去安全保护

2. 作业人员上下杆塔（构架）应沿脚钉或爬梯攀登，在间隔大的部位转移作业位置时，应增设临时扶手，不得沿单根构件上爬或下滑。攀登无爬梯或脚钉的电杆应使用登杆工具并采取防止坠落的安全措施。多人上下同一杆塔（构架）时应逐个进行。

3. 在杆塔上、电杆顶部或横担端部使用安全带时，应防止安全带在作业过程中被锋利物体刺割损坏导致断裂，同时防止安全带从固定部位脱出。

🔍 **案 例**　见案例库之案例 AQ-3-002、AQ-3-009、AQ-3-016。

9.2.4 在杆塔上作业时，应使用有后备保护绳或速差自锁器的双控背带式安全带，当后备保护绳超过 3m 时，应使用缓冲器。安全带和后备保护绳应分别挂在杆塔不同部位的牢固构件上。后备保护绳不准对接使用。

🔍 **释 义**　1. 依据 GB 6095—2009《安全带》中的相关规定，应使用"坠落悬挂安全带和围杆带组合"，即带后备保护绳或带速差自锁器的背带式安全带和围杆带组成双重保护。在杆塔上作业时，作业人员使用双重保护，在一重保护暂时拆除或失效的情况下，另一重保护仍能保护作业人员安全。根据此标准，在高处作业中使用的安全带应为坠落悬挂安全带，使用后备保护绳时其悬挂点应在后背、后腰或胸前。

2. 后备保护绳长度超过 3m、作业人员意外坠落时，冲击力对人体造成伤害，甚至可能造成后备保护绳断裂，所以应选用带有缓冲器的坠落悬挂安全带。后备保护绳对接使用，发生坠落时坠落高差增大冲击力，对人体伤害更大，即使有两个及以上的缓冲器同时释放增加了坠落距离，同样也造成人身伤害，故不准对接使用。

3. 速差自锁器固定悬挂在作业点上方，自锁器内的绳索和安全带的环套相连接，可自由跟随人体上、下，人体一旦快速下坠即自动锁止，防止人员高空坠落。工作完毕，人向上移动，绳索即自行收回自锁器内。

4. 后备保护绳与安全带挂在杆塔同一部位构件上，作业过程中悬挂构件出现异常会造成安全带和保护绳同时失去保护作用，失去双重保护意义，故应分别拴在杆塔不同部位的牢固构件上。

在杆塔上作业时，当后备保护绳超过3m时，应使用缓冲器

🔍 案 例　见案例库之案例 AQ-3-017、BB-3-010。

案例 AQ-3-017 可扫描以下二维码观看。

高处作业失去安全保护坠落伤亡事故案例

AQ-3-017

9.2.5　杆塔上作业应使用工具袋，较大的工具应固定在牢固的构件上，不准随便乱放。上下传递物件应用绳索拴牢传递，禁止上下抛掷。

在杆塔上作业，工作点下方应按坠落半径设围栏或其他保护措施。

杆塔上下无法避免垂直交叉作业时，应做好防落物伤人的措施，作业时要相互照应，密切配合。

🔍 释 义　1. 杆上作业使用工具袋，较大的工具固定在牢固的构件上，上下传递物件应用绳索拴牢传递，禁止上下抛掷。主要是防止作业过程中工具材料意外坠落伤人以及防止由于杆塔上作业人员为接抛掷物件意外失去平衡，发生高处坠落或未接住的物件坠落伤人。

2. 高处作业坠落半径是指可能坠落范围内最低处的水平面上，坠落着落点至坠落点垂线之间的距离。高处作业工作点下方应设遮栏或其他保护措施。安全遮栏应按照坠落范围半径设置。

不同高度的可能坠落范围半径（单位：m）

作业位置至其底部的垂直距离	$2 \leq h \leq 5$	$5 < h \leq 15$	$15 < h \leq 30$	>30
其可能坠落范围半径	3	4	5	6

注1：在作业位置可能坠落到的最低点称为该作业位置的最低坠落着落点。

注2：此表数据依据 GB/T 3608—2008《高处作业分级》附录 A 中的 A.1。

3.垂直交叉作业是指在施工现场的上下不同层次，于空间贯通状态下同时进行的高处作业。无法避免垂直交叉作业时，杆塔上下作业人员相互配合，上层物件未固定前，下层应暂停作业，杆下作业人员应避免处在杆上作业点的正下方，或在下方设置挡板，以防落物伤人。

上下传递物件应用绳索拴牢传递，禁止上下抛掷

9.2.6　在杆塔上水平使用梯子时，应使用特制的专用梯子。工作前应将梯子两端与固定物可靠连接，一般应由一人在梯子上工作。

释义　1.水平使用与正常使用的梯子的支柱受力不同，因此应使用特制的专用梯子。

2.杆塔上作业时，水平使用梯子时应将两端可靠固定，防止梯子在使用中滑落。梯子设计和试验时一般只考虑一个人及所携带的工具、材料和工作时的总重力，因此规定一般应由一人在梯上工作。

9.2.7　在相分裂导线上工作时，安全带（绳）应挂在同一根子导线上，后备保护绳应挂在整组相导线上。

🔍 释义　1.相分裂导线是由几根直径较小的分导线组成，各分导线间隔一定距离并按对称多角形排列，而且布置在正多边形的顶点。普通分裂导线的分裂根数一般为 2 根，超高压输电线路的分裂导线数一般为 4 根，特高压输电线路的分裂导线数一般为 6 根。

　　2.在相分裂导线上工作时安全带（绳）固定在其中一根子导线上，以便于作业人员工作和行走。将后备保护绳挂在整组相导线上，保证过间隔棒时不失去保护，避免因单根导线断裂发生坠落。

在相分裂导线上工作时，安全带、绳应挂在同一根子导线上，后备保护绳应挂在整组相导线上

9.2.8　雷电时，禁止线路杆塔上作业。

🔍 释义　电力线路杆塔一般在空旷处且比较高，同时导线、架空地线和杆塔都是良好的导体，在雷电天气下易遭受雷击，杆塔和导地线遭受雷击后将由杆塔向大地泄放雷电流，此时，杆塔上作业人员极易遭受雷电或触电伤害。

9.3 杆塔施工。

9.3.1　立、撤杆应设专人统一指挥。开工前，应交代施工方法、指挥信号和安全组织、技术措施，作业人员应明确分工、密切配合、服从指挥。在居民区和交通道路附近立、撤杆时，应具备相应的交通组织方案，并设警戒范围或警告标志，必要时派专人看守。

释 义 1. 立杆、撤杆工作需多人协作配合，因此应由专人指挥，避免因信息传达错误、协作不一致引发的倒杆或倾斜，造成人员伤害。开工前应向所有作业人员交代施工方案、安全交底，统一指挥信号，明确人员分工。

2. 在人流量密集的居民区和道路上工作时，应做好交通组织方案，在作业区域周围设遮栏或警告标志，必要时安排专人看守，避免引发车辆拥堵或影响交通。

在居民区附近工作，作业区域装设安全遮栏

案 例 见案例库之案例 BB-3-015。

9.3.2 立、撤杆应使用合格的起重设备，禁止过载使用。

释 义 1. 合格的起重设备是指使用的起重设备构件齐全、电气与控制系统、安全保护和防护装置（如制动和逆止装置）完好，经过定期试验合格。

2. 起重设备在使用时应安置平稳牢固，由专业的操作人员和指挥人员进行操作与指挥。在起吊过程中，吊臂、起吊物等的下方禁止人员逗留和通过。

3. 起吊电杆时应选择合理的吊点，并采取防止突然倾倒的措施。

4. 起重设备工作负荷不准超过铭牌规定，设备过载使用将会使构件变形损坏、制动控制失灵，造成人身、设备事故。

9.3.3 立、撤杆塔过程中基坑内禁止有人工作。除指挥人及指定人员外，其他人员应在处于杆塔高度的 1.2 倍距离以外。

释义 1.立、撤杆过程中由于电杆受力发生变化，电杆根部在基础中的位置不易固定，另外吊装预制和装配式杆塔基础时，基础吊装过程中由于起重设备故障和吊件系挂不牢等原因有发生坠落的危险，因此在立、撤杆过程中，基坑内禁止有人工作。

2.为防止立、撤杆过程中电杆受力不平衡或牵引绳、缆风绳发生损坏而倒杆，倒杆后杆塔与地面撞击移动和杆塔上的缆风绳飞出等伤及作业人员，因此规定作业人员应处于杆塔高度 1.2 倍的距离以外。

9.3.4 立杆及修整杆坑时，应有防止杆身倾斜、滚动的措施，如采用拉绳和叉杆控制等。

释义　立杆及修整杆坑时，由于杆塔尚未有效固定，杆身会因为受力不匀发生倾斜、滚动而造成倒杆、伤人。因此，应采取拉绳和叉杆控制等措施维持杆塔稳定。

9.3.5 顶杆及叉杆只能用于竖立 8m 以下的拔梢杆，不准用铁锹、桩柱等代用。立杆前，应开好"马道"。作业人员要均匀地分配在电杆的两侧。

释义　1. 顶杆是小型木质人工立杆工具；叉杆是小型木质人字抱杆。由于承重能力和长度都有一定限制，为保证作业过程中的安全，因此规定只能立 8m 以下较轻的拔梢杆。铁锹把细且短，承重力较小；桩柱顶杆时容易打滑或长度不够，因此不能代替顶杆和叉杆。

2. 在坑口开挖的与地平面成 45° 的杆根导向槽称为马道，立杆时开马道，便于竖立电杆时能够使杆根顺利进入杆坑。作业人员应均匀地分配在电杆两侧，以防止由于受力不均而导致电杆重力偏向一侧，发生人员伤害事故。

9.3.6 利用已有杆塔立、撤杆，应先检查杆塔根部及拉线和杆塔的强度，必要时增设临时拉线或其他补强措施。

释义　1. 杆塔在运行中，可能出现根部的紧固螺栓缺失、松动，杆身弯曲、杆件缺失和拉线松动等异常情况。利用已有的杆塔立、撤杆时，改变了旧杆塔的受力状况，因此，杆塔受力前应检查杆塔根部、拉线和杆塔强度，保证杆塔强度能够满足立、撤杆塔承载力要求。

利用已有杆塔立、撤杆，应先检查杆塔根部及拉线和杆塔的强度，必要时增设临时拉线或其他补强措施

2.当检查出旧杆塔不满足立、撤杆塔承载力要求时，应采取校紧杆塔拉线、补强杆根基础、增设临时拉线等安全措施。

9.3.7 使用吊车立、撤杆时，钢丝绳套应挂在电杆的适当位置以防止电杆突然倾倒。吊重和吊车位置应选择适当，吊钩口应封好，并应有防止吊车下沉、倾斜的措施。起、落时应注意周围环境。

撤杆时，应先检查有无卡盘或障碍物并试拔。

🔍 **释义** 　1.使用吊车立、撤杆时，吊点应放在电杆的重心以上适当高度，防止电杆吊起后突然倾倒。吊车应放置平稳，距水沟和地下管道边缘应大于其坑深度的1.2倍。吊钩口应封好防止钢丝绳滑出而造成被吊物脱钩。

2.吊物起、落时，应注意防止吊臂或吊物碰触周围的建筑物、电力线等设施，造成损害。在起吊过程中，吊臂、起吊物等的下方禁止人员逗留和通过。

3.撤杆时，先检查杆根有无卡盘或障碍物并试吊一次，防止由于卡盘或障碍物造成吊车异常受力、损坏吊车，甚至造成人员伤害和吊车倾覆等事故。

封好吊钩口

🔍 **案例** 　见案例库之案例BB-3-015。

9.3.8 使用倒落式抱杆立、撤杆时，主牵引绳、尾绳、杆塔中心及抱杆顶应在一条直线上。抱杆下部应固定牢固，抱杆顶部应设临时拉线控制，临时拉线应均匀调节并由有经验的人员控制。抱杆应受力均匀，两侧拉绳应拉好，不准左右倾斜。固定临时拉线时，不准固定在有可能移动的物体上，或其他不牢固的物体上。

使用固定式抱杆立、撤杆，抱杆基础应平整坚实，缆风绳应分布合理、受力均匀。

🔍 释义　　1. 使用倒落式抱杆立、撤杆时，主牵引绳、尾绳、杆塔中心及抱杆顶处在一条直线上，保证侧向临时拉线和抱杆受力均匀且较小，避免立、撤杆塔过程中杆塔歪斜，同时便于立、撤杆过程的控制；是指挥人员判断立杆正直与否的控制点之一。

2. 临时拉线在立、撤杆过程中用于控制杆塔稳定，若固定在可能移动物体（如汽车）和其他不牢固物体（如根系不发达、细小、脆弱的小树）上，临时拉线受力后，固定物移动或损坏而使临时拉线失去固定作用，将会导致杆塔受力不平衡而发生倒杆。

3. 固定抱杆的立杆过程中，抱杆承受杆塔的重力及牵引钢丝绳的拉力，通过抱杆传递至抱杆下部和缆风绳上。抱杆基础平整坚实和缆风绳合理分布，可防止起吊过程抱杆不均匀沉降或倾斜，避免造成抱杆倾倒及人员伤害。

9.3.9　整体立、撤杆塔前应进行全面检查，各受力、连接部位全部合格方可起吊。立、撤杆塔过程中，吊件垂直下方、受力钢丝绳的内角侧禁止有人。杆顶起立离地约 0.8m 时，应对杆塔进行一次冲击试验，对各受力点处做一次全面检查，确无问题，再继续起立；杆塔起立 70° 后，应减缓速度，注意各侧拉线；起立至 80° 时，停止牵引，用临时拉线调整杆塔。

🔍 释义　　1. 整体立、撤杆塔时，所有吊点和杆塔连接部位承受杆塔的全部重力，起吊前应检查、确认起吊点位置正确和各连接部位合格，开门滑车可靠封闭，主要受力工器具应符合国家技术检验标准。不合格者不得使用，不得以小代大，不得超载使用。

2. 各转角点处的钢丝绳受力后，转角处的钢丝绳受力方向在内角侧，如果转角处的转向滑车损坏或钢丝绳断裂，钢丝绳将会弹向转角点的内角侧，因此吊件受力钢丝绳内角侧禁止有人。此外，为防止倒杆塔及吊件坠落，吊件垂直下方禁止有人。

3. 整体立杆时，杆塔刚离开地面，各起吊受力点和杆塔的各连接部位已全面受力，通过冲击试验，检查各起吊受力点塔材和杆塔连接部位是否变形、钢丝绳是否有损伤，防止杆塔在起立过程中损坏或出现事故。

4. 为防止过牵引导致杆塔倒向牵引侧，杆塔起立至70°后，应减缓速度，注意各侧拉线；起立至80°时，停止牵引，用临时拉线调整杆塔。

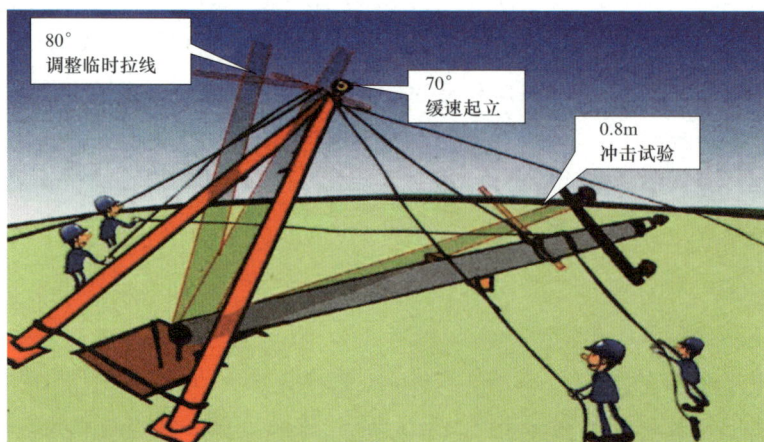

9.3.10 立、撤杆作业现场，不准利用树木或外露岩石作受力桩。一个锚桩上的临时拉线不准超过两根，临时拉线不准固定在有可能移动或其他不可靠的物体上。临时拉线绑扎工作应由有经验的人员担任。临时拉线应在永久拉线全部安装完毕承力后方可拆除。

🔍 **释义**　1. 立、撤杆中使用的临时锚桩承受主牵引绳和临时拉线的拉力。杆塔的临时拉线在立、撤杆过程中需要随时调整和改变使用角度，由于树木或外露岩石承力大小不明确，因此禁止用作受力桩。

2. 同一个锚桩上有两根及以上缆风绳调整时相互干扰，易造成误调整，而影响杆塔的稳定性。临时拉线固定在移动或不可靠物体上时，固定物受力移动，使杆塔失去平衡，易造成倒杆伤人事故。

3. 临时拉线在立、撤杆过程中，需要临时固定和调整，固定后临时拉线的承力拉力集中在固定点上。为防止临时拉线受力后滑跑，又能够在需要时迅速解开以便调整，应由从事过本项工作、具备绑扎经验的人员进行绑扎。

4. 在杆塔没有稳固前，依靠临时拉线保证杆塔的稳定，应在永久拉线全部安装完毕并承力后才能拆除临时拉线。

9.3.11 杆塔分段吊装时，上下段连接牢固后，方可继续进行吊装工作。分段分片吊装时，应将各主要受力材连接牢固后，方可继续施工。

🔍 **释 义** 1. 分段吊装的杆塔需先由作业人员将上下段杆塔连接牢固后才能完成下一步吊装作业。

2. 分段分片吊装时，主要受力构件连接后才能承担起组装过程中作业人员的重力和移动时的作用力；同时由于主受力材连接不牢固易发生构件松动或变形而无法组装，因此应将各主要受力材连接牢固后，方可继续施工。

分段吊装时，下段连接牢固后方可继续进行

9.3.12 杆塔分解组立时，塔片就位时应先低侧、后高侧。主材和侧面大斜材未全部连接牢固前，不准在吊件上作业。提升抱杆时应逐节提升，禁止提升过高。单面吊装时，抱杆倾斜不宜超过 15°；双面吊装时，抱杆两侧的荷重、提升速度及摇臂的变幅角度应基本一致。

🔍 **释 义** 1. 杆塔分解组立时，杆塔应从下往上逐片安装，下部连接牢固后作业人员才能逐段向上攀登继续往上连接。为保证作业人员的安全和杆塔组立，应先将主要受力的主材和大斜材连接牢固后，才能在吊件上继续作业。

2. 单面吊装时，抱杆倾斜角度过大，其承重力将明显下降，因此规定单面吊装时抱杆不宜倾斜超过 15°。为保证抱杆双面吊装过程中缆风绳的受力均匀和抱杆受力平衡，抱杆两则荷重和提升速度及摇臂的变幅角度应基本一致。

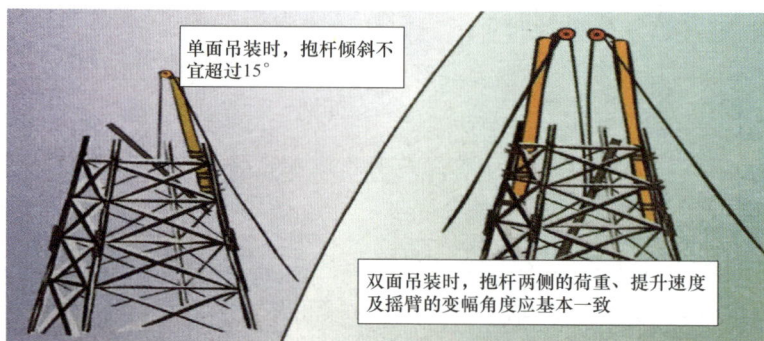

单面吊装时，抱杆倾斜不宜超过15°

双面吊装时，抱杆两侧的荷重、提升速度及摇臂的变幅角度应基本一致

9.3.13 在带电设备附近进行立撤杆工作，杆塔、拉线与临时拉线应与带电设备保持表19所列安全距离，且有防止立、撤杆过程中拉线跳动和杆塔倾斜接近带电导线的措施。

释义 1. 立、撤杆过程中，杆塔、使用的起重机械、牵引绳、临时拉线（缆风绳）在受力过程中，高度和角度随着杆塔起立高度发生变化。在带电设备附近进行立撤杆工作，为避免临时拉线控制不稳或张力突然释放而跳动接近带电导线，应采取匀速慢起慢放，及时固定临时拉线。

2. 在带电导线附近使用临时拉线时，应采取在临时拉线上加装下压限位滑车等措施，确保杆塔、临时拉线等与带电导线的距离符合《线路安规》表19所列的安全距离。

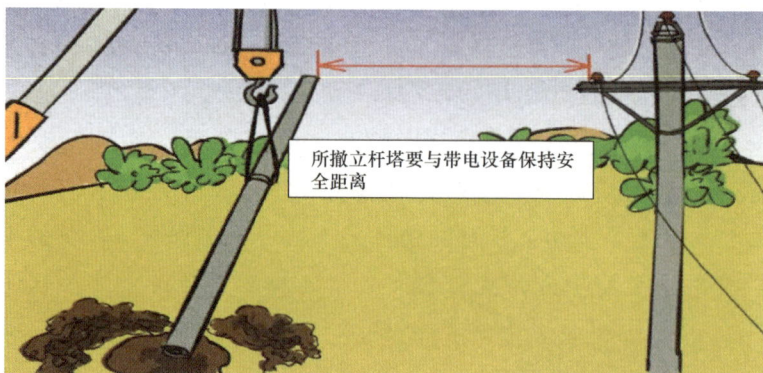

所撤立杆塔要与带电设备保持安全距离

案例 见案例库之案例 AQ-3-006。

9.3.14 已经立起的杆塔，回填夯实后方可撤去拉绳及叉杆。回填土块直径应不大于 30mm，回填应按规定分层夯实。基础未完全夯实牢固和拉线杆塔在拉线未制作完成前，禁止攀登。

杆塔施工中不宜用临时拉线过夜；需要过夜时，应对临时拉线采取加固措施。

🔍 **释义**　1.新立杆塔基础未回填夯实时杆塔不稳定，撤去拉绳和叉杆易造成倒杆。回填土块直径超过 30mm 和回填层过厚难以夯实，不能保证杆塔稳定。拉线杆塔在拉线未制作完成前不够稳定，在基础未夯实和拉线未制作完成前，攀登杆塔易引发杆塔倾斜或倒杆。

2.临时拉线在立、撤杆过程中一般采取绳扣进行固定，绳扣易松开、滑脱。因此，不宜用临时拉线过夜，需要过夜时应在绳扣的基础上再采取用铁丝缠绕绑扎或绳卡加固等加固措施。

等我把土夯实再撤去拉线

9.3.15 检修杆塔不准随意拆除受力构件，如需要拆除时，应事先做好补强措施。调整杆塔倾斜、弯曲、拉线受力不均或迈步、转向时，应根据需要设置临时拉线及其调节范围，并应有专人统一指挥。

杆塔上有人时，不准调整或拆除拉线。

🔍 **释义**　1.杆塔的受力部件是杆塔的主要结构件和承力件，拆除后对杆塔整体结构受力改变，从而导致杆塔受损甚至发生倒塔事故。因此，拆除前应做好补强措施。

2.调整杆塔倾斜、弯曲、拉线受力不均时，需要通过松紧拉线进行配合调整，超过拉线调节范围时应使用临时拉线。采取开挖基础和拆除原有拉线调整杆塔塔腿迈步，以及放松拉线调整杆塔转向时，为保证杆塔的稳固性，在拆除和松紧拉线前应事先设置临时拉线。由于以上作业需要多组人员协作配合施工应指定专人统一指挥。

3.杆塔上有人作业时，调整或拆除拉线会破坏杆塔的受力平衡，易引发意外倒杆伤人或人员坠落等事故。

9.4 放线、紧线与撤线。

9.4.1 放线、紧线与撤线工作均应有专人指挥、统一信号，并做到通信畅通、加强监护。工作前应检查放线、紧线与撤线工具及设备是否良好。

释义 1.放线、紧线与撤线是一项多人协作、相互配合的系统工作，由于工作始末端距离较远，所以工作开始前，应明确施工指挥人、指挥信号和传递指挥信号的工具并确保通信畅通。在工作地段交叉跨越电力线路、交通道路、建筑物等对作业安全有影响的各处，应指定人员监护。

2.为确保放线、紧线和撤线工作中的人身、设备安全，使用的牵引绳、牵引绳连接器、导线与牵引绳之间的连接应可靠；放线滑车、牵引机具、放线架、张力机等设备应检查运行正常、制动可靠，其强度应满足施工要求。

案例　见案例库之案例 AQ-3-010、BB-3-001。

9.4.2 交叉跨越各种线路、铁路、公路、河流等放、撤线时，应先取得主管部门同意，做好安全措施，如搭好可靠的跨越架、封航、封路、在路口设专人持信号旗看守等。

释义　1. 交叉跨越各种线路、铁路、公路、河流等进行放、撤线工作前，应与相关主管部门联系并取得同意，具备完备的施工方案并提供可靠的安全措施后方可工作。

2. 交叉跨越线路、铁路、公路、河流等作业时，放线、撤线过程中由于过牵引或导线松弛等原因接触、接近带电线路放电，易造成人员触电；铁路、公路上车辆和河流中船舶刮碰，易发生强拉导线造成事故。可采取搭跨越架、封航、封路、在路口设专人持信号器看守等安全措施。

案例　见案例库之案例 BB-3-004。

9.4.3 放线、紧线前，应检查导线有无障碍物挂住，导线与牵引绳的连接应可靠，线盘架应稳固可靠、转动灵活、制动可靠。放线、紧线时，应检查接线管或接线头以及过滑轮、横担、树枝、房屋等处有无卡住现象。如遇导、地线有卡、挂住现象，应松线后处理。处理时操作人员应站在卡线处外侧，采用工具、大绳等撬、拉导线。禁止用手直接拉、推导线。

🔍 **释义**　1. 导线如被障碍物挂住，将造成过牵引，同时杆塔受力增大，进一步牵引可能会导致导线意外脱落、弹跳，从而造成与带电导线交叉跨越距离不足，或杆塔横担弯曲变形甚至倒塔等风险。放线、紧线过程中导线与牵引绳之间的连接是关键受力点，其连接可靠可防止牵引过程中脱落。线盘架稳固可靠、转动灵活、制动可靠是保证导线顺畅展放作业的重要条件。

2. 放线、紧线过程中导线出现卡住现象时，应采取松线的方式释放导线张力。张力释放后，由于导线自重作用，还有一定的张力，因此在处理卡挂问题时，应在卡线点导线合力方向的外侧使用工具、大绳等撬、拉导线，防止处理过程中导线在卡线处的张力突然释放，发生弹起或冲击伤人。

导线卡住了，请松线处理

9.4.4 放线、紧线与撤线工作时，人员不准站在或跨在已受力的牵引绳、导线的内角侧和展放的导、地线圈内以及牵引绳或架空线的垂直下方，防止意外跑线时抽伤。

🔍 **释义**　放线、紧线与撤线时，导线与牵引绳之间有连接、转向滑车与转角点有连接，转向滑车和放线滑车一般都使用开门滑车。各连接部位如发生意外而脱离、断裂或开门滑车未封口，都可能造成导线因牵引力突然释放弹向转角点的内角侧，因此受力导线内角侧禁止站人。此外，展放的导、地线圈内以及牵引绳或架空线的垂直下方，禁止人员站立，防止被意外跑线抽伤。

案例 见案例库之案例 BB-3-013。

9.4.5 紧线、撤线前，应检查拉线、桩锚及杆塔。必要时，应加固桩锚或加设临时拉绳。拆除杆上导线前，应先检查杆根，做好防止倒杆措施，在挖坑前应先绑好拉绳。

释义 1. 由于紧线、撤线过程中会改变杆塔的受力。工作前，应对杆塔的拉线、桩锚、杆塔及拉线基础和杆塔螺栓紧固率进行检查，防止杆塔受力后变形或倒杆。当杆塔不平衡受力和杆塔稳固不符合要求时，在挂线、紧线前应加固锚桩或加装临时拉线进行补强。

2.拆除杆上导线时，由于改变了杆塔的平衡力，应先检查杆根并做好相应的加固措施。检查杆根需要开挖时，在开挖前要打好临时拉线，防止开挖过程中倒杆。

🔍 **案 例**　见案例库之案例 AQ-3-010、BB-3-016。

9.4.6 禁止采用突然剪断导、地线的做法松线。

🔍 **释 义**　1.突然剪断导、地线时，导致杆塔受力平衡遭到破坏，在导线断开时杆塔受到的冲击力会导致杆塔损坏，易引发倒杆和作业人员伤害。

2.剪断的导、地线也会因应力突变而弹跳、缠绕，伤及作业人员。

9.4.7 放线、撤线工作中使用的跨越架，应使用坚固、无伤、相对较直的木杆、竹竿、金属管等，且应具有能够承受跨越物重量的能力，否则可双杆合并或单杆加密使用。搭设跨越架应在专人监护下进行。

🔍 **释 义**　1.放线、撤线过程中使用的跨越架，需要承受搭设人员的重力，放、撤线时导线的重力以及跑线、断线的冲击荷载和大风造成的风压等。因此，搭设跨越架的材料应有一定的强度，结构应牢固。

2.跨越架搭设是高处作业，同时需要与跨越物保持足够的距离，特别是带电线路要严格执行安全距离要求，所以作业中应由有经验的人员监护。

放线、撤线工作中使用的跨越架，应使用坚固无伤相对较直的木杆、竹竿、金属管等

9.4.8 跨越架的中心应在线路中心线上，宽度应超出所施放或拆除线路的两边各 1.5m，架顶两侧应装设外伸羊角。跨越架与被跨电力线路应不小于表 4 规定的安全距离，否则应停电搭设。

🔍 **释 义** 　1. 为防止牵引过程中，导线由于摆动或风偏超出跨越架，搭设的跨越架中心应在准备放、拆线线路的中心线上，跨越架的宽度应超出准备放、拆线的线路的宽度且跨越架两端各放宽 1.5m，并在跨越架架顶两侧设外伸羊角。若施工线路与跨越物存在一定角度时，应增加跨越架宽度。

2. 依据 DL/T 5106—2017《跨越电力线路架线施工规程》的相关规定，跨越架架顶宽度一般按下列公式计算。

$$B \geqslant \frac{1}{\sin \gamma}[2(Z_x + 1.5) + b]$$

式中 B ——跨越架架顶宽度，m；

Z_x ——施工线路导线或地线等安装气象条件下在跨越点处的风偏距离，m；

b ——跨越架所遮护的施工线路最外侧导、地线间在横线路方向的水平距离，m；

γ ——跨越架交叉角，(°)。

3. 搭设跨越架是保证需要放线、撤线的线路与被跨越物跨越距离的措施。搭设中和完成后，跨越架均应与电力线路保持不小于《线路安规》表 4 规定的安全距离，无法保证时应采取停电措施。

9.4.9 各类交通道口的跨越架的拉线和路面上部封顶部分，应悬挂醒目的警告标志牌。

🔍 **释 义** 　交通道路上的跨越架及其拉线改变了道路的空间距离，需要在跨越架的主要部件上设置交通警告标志牌，以防止车辆、行人碰撞，造成人身伤害或跨越架倒塌。夜晚或光线较弱时，施工区域应设反光警告标志牌或红灯警示。

9.4.10 跨越架应经验收合格，每次使用前检查合格后方可使用。强风、暴雨过后应对跨越架进行检查，确认合格后方可使用。

🔍 **释 义** 1. 跨越架在放线、拆线过程中需要承力，搭设完成后应验收合格。使用前应对跨越架主体结构、承力部件和顶部封网进行检查，符合要求才能使用。

2. 强风和暴雨对跨越架稳定性会产生影响，例如跨越架变形，连接部分、拉线桩及拉线松动或松弛，暴雨冲刷后土质疏松导致地锚的埋深度不够、顶部封网脱落或松弛等。因此，强风、暴雨过后应对其进行检查，确认合格后方可使用。

对跨越架进行检查，确认合格后方可使用

9.4.11 借用已有线路做软跨放线时，使用的绳索应符合承重安全系数要求。跨越带电线路时应使用绝缘绳索。

🔍 **释 义** 1. 软跨是借助已有电力线路用绳索和放线滑车或在杆塔之间搭设封网的跨越形式，其主要承力部件是绳索。

2. 依据 DL/T 5106—2017《跨越电力线路架线施工规程》中的相关规定，软跨作业使用的绳索，其安全系数应不小于 3 倍。展放的导线与带电线路的安全距离应符合《线路安规》表 19 要求。

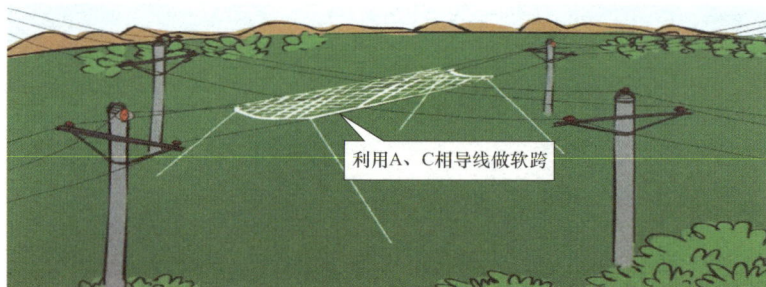

利用A、C相导线做软跨

3.跨越带电线路时应使用绝缘绳索，以防止放线中接触、接近带电线路导致人身触电。

9.4.12 在交通道口使用软跨时，施工地段两侧应设立交通警示标志牌，控制绳索人员应注意交通安全。

🔍 **释 义**　1.在交通道口使用软跨时，为保证作业人员安全，应按交通提示标志设置标准在作业区域设置相应的交通警示标志牌。

2.工作中除控制绳索人员外，还需要有专人指挥控制导线牵引张力和车辆通行，防止车辆刮碰导线。

9.4.13 张力放线。

9.4.13.1 在邻近或跨越带电线路采取张力放线时，牵引机、张力机本体、牵引绳、导地线滑车、被跨越电力线路两侧的放线滑车应接地。操作人员应站在干燥的绝缘垫上，并不得与未站在绝缘垫上的人员接触。

🔍 **释 义**　在邻近或跨越带电线路作业时，为避免感应电放电伤害，牵引机、牵引绳、放线滑车等设备、器具应接地。上述设备、器具的操作人员应站在干燥的绝缘垫上，并禁止与未站在绝缘垫上的人员接触，防止触电。

9.4.13.2　雷雨天不准进行放线作业。

释 义　雷雨天进行放线工作时，杆塔和展放的导、地线易遭受直击雷和感应雷而产生过电压，会造成人员重大伤害和设备严重损失。

9.4.13.3　在张力放线的全过程中，人员不准在牵引绳、导引绳、导线下方通过或逗留。

释 义　张力放线时牵引绳、导引绳、导线中都有一定张力存在，如意外发生导线与牵引绳连接脱离、导引绳断裂、跑线等情况，会对下方人员造成伤害。

9.4.13.4 放线作业前应检查导线与牵引绳连接可靠牢固。

释义　　放线前，应设专人检查导线与牵引绳之间的连接，特别是牵引绳与旋转连接器或抗弯连接器之间的连接，出现绳索损伤、销子变形及裂纹等情况时严禁使用。

10　高处作业

10.1 凡在坠落高度基准面 2m 及以上的高处进行的作业，都应视作高处作业。

🔍 **释　义**　1. GB/T 3608—2008《高处作业分级》规定的高处作业定义为"在距坠落高度基准面 2m 或 2m 以上有可能坠落的高处进行的作业。"输电线路高处作业坠落高度基准面一般是作业人员所处位置可能坠落范围内最低处的水平面或杆塔基础设计的基准面。

2. 依据 GB/T 3608—2008《高处作业分级》4.3 规定，高处作业可分为以下四个级别：作业高度在 2~5m 时，称为一级高处作业；作业高度在 5m 以上至 15m 时，称为二级高处作业；作业高度在 15m 以上至 30m 时，称为三级高处作业；作业高度在 30m 以上时，称为四级高处作业。输电线路杆塔、导地线、变电站构架、跨越架上及树木修剪等作业均属于高处作业范畴。

🔍 **案　例**　见案例库之案例 AQ-3-003。

10.2 凡参加高处作业的人员，应每年进行一次体检。

🔍 **释　义**　1.《线路安规》4.3.1 规定：作业人员须经医师鉴定，无妨碍工作的病症（体格检查每两年至少一次）。为及时掌握高处作业人员的身体状况，高处作业人员应每年进行一次体检。

2. 经县级以上医疗机构鉴定患有精神病、癫痫、高血压、心脏病、美尼尔氏综合征、眩晕症、抑郁症、视听障碍以及其他疾病和生理缺陷等人员，不准从事高处作业。

3.患有不宜从事高处作业病症的人员进行高处作业，作业过程中因意外发病或受作业环境、体力因素等诱发疾病，失去全部或部分自控能力，易导致高处坠落伤害，故不准此类人员进行高处作业。

10.3 高处作业均应先搭设脚手架、使用高空作业车、升降平台或采取其他防止坠落措施，方可进行。

🔍 **释义**　1.输电线路高处作业时，应采取相应的防坠措施。常见的防坠设备包括安全带、保护绳、防坠安全自锁装置、速差自控器、杆塔防坠装置、脚手架、高空作业车、升降平台等。

2.脚手架上应采取铺平脚手板（不准有探头板），绑扎防护栏杆，挂好安全网等防坠措施，与带电线路（设施）保持足够的安全距离。

3.高空作业车、升降平台的支撑设置应稳定可靠，采取防倾覆、防触电的安全措施后，作业人员安全带（绳）可系挂在车、台牢固的构件上进行登高作业，移动时，车斗、平台上不得有人。

4.高处作业时，不得使用吊车钩或挖掘机翻斗吊、抬作业人员。

10.4 在坝顶、陡坡、屋顶、悬崖、杆塔、吊桥以及其他危险的边沿进行工作，临空一面应装设安全网或防护栏杆，否则，作业人员应使用安全带。

释义 1. 在电力线路杆塔上进行工作，一般不装设安全网或防护栏杆，采用安全带、后备保护绳、防坠器等安全防护措施。

2. 在坝顶、陡坡、屋顶、悬崖、吊桥、基坑及其他危险的边沿进行工作时，临空一面应装设安全网或防护栏杆，防护栏杆要符合安装要求（应设1050mm～1200mm高的栏杆，在栏杆内侧设180mm高的侧板)，如安全网或防护栏杆安全设施可靠，没有发生高处坠落的可能，可不使用安全带。否则，工作人员应使用安全带。

3. 本条可参照《国家电网公司电力安全工作规程（电网建设部分）》（国家电网安质〔2016〕212号）第4章高处作业、第6章脚手架施工部分的要求。

10.5 峭壁、陡坡的场地或人行道上的冰雪、碎石、泥土应经常清理，靠外面一侧应设1050mm～1200mm高的栏杆。在栏杆内侧设180mm高的侧板，以防坠物伤人。

释义 1. 峭壁、陡坡的场地和人行道上的冰雪、碎石、泥土等可能造成作业人员滑倒坠落或落物伤及、掩埋下方作业人员，因此需及时清理，装设的栏杆和侧板应牢固、可靠，并经常检查。

2. 本条可参照《国家电网公司电力安全工作规程（电网建设部分）》（国家电网安质〔2016〕212号）第4章4.1.10高处作业的要求。

10.6 在没有脚手架或者在没有栏杆的脚手架上工作，高度超过1.5m时，应使用安全带，或采取其他可靠的安全措施。

释义 1. 在没有脚手架或者在没有栏杆的脚手架上工作，高度超过1.5m、小于2m虽不属于高处作业，但仍可能发生人员高处坠落事故，因此应正确使用安全带，或采取其他可靠的安全措施。

2. 本条可参照《国家电网公司电力安全工作规程（电网建设部分）》（国家电网安质〔2016〕212号）第6章6.3脚手架施工部分的要求。

10.7 安全带和专做固定安全带的绳索在使用前应进行外观检查。安全带应按附录 M 定期检验，不合格的不准使用。

<Q 释义>　1. 安全带使用前应对外观进行如下检查：组件完整、无短缺、无伤残破损；绳索、编带无脆裂、断股、扭结、霉变；金属配件无裂纹、焊接无缺陷、无严重锈蚀、组件完整无缺失；挂钩的钩舌咬口平整、无错位变形，保险装置完整可靠；铆钉无明显偏位，表面平整；合格证、编号清晰完整。经检查满足以上条件的才能使用。

2. 专做固定安全带的绳索使用前的外观检查主要包括：末端不应有散丝；绳体在构件上或使用过程中不应打结；所有零件顺滑，无尖角或锋利边缘等。

3. 安全带应每年进行一次静负荷试验，试验合格后方可使用。

10.8 在电焊作业或其他有火花、熔融源等的场所使用的安全带或安全绳应有隔热防磨套。

<Q 释义>　安全带和安全绳属于可燃性材料，电焊作业或其他火花、熔融源可能造成安全带、安全绳烧伤或意外熔断，因此，应装设隔热防磨套。

10.9 安全带的挂钩或绳子应挂在结实牢固的构件或专为挂安全带用的钢丝绳上，并应采用高挂低用的方式。禁止系挂在移动或不牢固的物件上〔如隔离开关（刀闸）支持绝缘子、瓷横担、未经固定的转动横担、线路支柱绝

缘子、避雷器支柱绝缘子等〕。

释 义 1. 安全带悬挂处必须牢固可靠。安全带和安全绳（速差器）应系挂在电杆、铁塔主材（封闭结构）及专用挂件上，安全带和安全绳不得系挂在金具上。如果悬挂处的构件不牢靠，则人员坠落时可能因承受不了作业人员的坠落冲击而断裂、脱落，造成安全带不能发挥保护作用，导致作业人员坠落伤害。

2. 高挂低用中高挂是指安全带系挂在构件上的位置处于作业人员腰部及以上的地方，低用是指作业人员在工作时处于安全带在构件上的系挂点以下。在安全带低挂高用的情况下发生坠落，安全带受坠落冲击力的作用，会对人体造成一定的损伤，所以禁止安全带低挂高用。

3. 由于隔离开关（刀闸）支持绝缘子、瓷横担、线路支柱绝缘子、避雷器支柱绝缘子塑性差、易脆裂，未经固定的转动横担受力时会移动，作业人员安全带如系挂在以上部件上易发生坠落事故。所以，安全带（绳）禁止系挂在以上部件上。

4. 更换绝缘子和在导地线上作业时，在没有对绝缘子、导地线采取保护措施的情况下，不得将安全带系挂在导线上。

案 例 见案例库之案例 BB-3-010、BB-3-014。

10.10 高处作业人员在作业过程中，应随时检查安全带是否拴牢。高处作业人员在转移作业位置时不准失去安全保护。钢管杆塔、30m 以上杆塔和 220kV 及以上线路杆塔宜设置作业人员上下杆塔和杆塔上水平移动的防坠安全保护装置。

释 义 1. 高处作业人员在攀登或移动过程中应随时检查安全带的挂扣、套锁及系挂位置是否牢靠，防止出现锁、扣脱落导致作业人员高处坠落。

2. 高处作业人员在杆塔上转移位置时，在不妨碍人员移位的前提下，可采用双保险安全带。双保险安全带是由围杆带（定位带）和安全绳组成，能够有效防止高坠事故发生。

3. 在输电线路上进行铁塔组装，补换塔材、导地线、绝缘子的工作时，应使用安全保护绳、速差自控器进行保护。

4. 输电线路杆塔防坠安全保护装置分为刚性和柔性两种结构形式。刚性防坠安全保护装置由导轨、固定器、转向器、自锁器、安全绳等组成，导轨采用钢管型材或工字钢型，也有铝型材或树脂材料。柔性防坠安全保护装置由导索、支撑环、抓绳器（自锁器）、安全绳等组成，导索材料采用钢绞线、钢丝绳、超高强聚乙烯纤维（杜邦丝）。目前，市场上输电线路杆塔防坠安全保护装置有钢管型材导轨防坠装置、工字型材导轨防坠装置、铝合金型材导轨防坠装置、钢绞线型防坠装置、钢缆型防坠装置、超高强聚乙烯纤维（杜邦丝）绳索型防坠装置。

🔍 **案例**　见案例库之案例 AQ-3-003、AQ-2-003、AQ-3-009、AQ-3-017。案例 AQ-3-009 可扫描以下二维码观看。

脚钉缺失下塔坠落死亡事故案例

AQ-3-009

10.11 高处作业使用的脚手架应经验收合格后方可使用。上下脚手架应走坡道或梯子，作业人员不准沿脚手杆或栏杆等攀爬。

🔍 **释义**　1. 高处作业使用的脚手架应符合国家、行业相关标准规范的要求，荷重超过 3kN/m² 或高度超过 24m 的脚手架应进行设计、计算，并经施工技术部门及安全管理部门审核、技术负责人批准后方可搭设。

2. 上下脚手架的坡道脚手板铺设应铺满、铺实、平坦、牢固，坡度适当。雨雪天应采取防滑措施。上下脚手架使用的梯子应防滑稳固，蹬档完整，角度不得超过60°。

3. 沿脚手杆或栏杆等部位攀爬，易发生人员脱手坠落事故，所以作业人员不准沿脚手杆或栏杆等攀爬。

10.12 高处作业应一律使用工具袋。较大的工具应用绳拴在牢固的构件上，工件、边角余料应放置在牢靠的地方或用铁丝扣牢并有防止坠落的措施，不准随便乱放，以防止从高空坠落发生事故。

🔍 **释 义** 1. 高处作业中，若工具随便放置，易发生高空坠物伤人事件，因此高处作业时一律使用专用工具袋。工具袋应结实、不易破损。工具袋内不得放置过多的工具，防止因过重导致工具袋破损、挂带断裂等造成的高空坠物。

2. 高处作业人员随身携带的工具应妥善保管，一般的小型工具都应放在工具袋中，使用时从工具袋取出，使用完毕后放回。若工具较大（如手锤、双钩紧线器、断线钳、验电器、接地线等）不方便装入工具袋，应放好并用绳索拴在牢固的构件上，做好防掉落措施。

3. 工件、余料应用铁丝等绑扎牢固，并做好防止高空坠落的安全措施。

4. 工器具、材料等不得通过上下抛掷的方式进行传递。

10.13 在进行高处作业时，除有关人员外，不准他人在工作地点的下面

通行或逗留，工作地点下面应有围栏或装设其他保护装置，防止落物伤人。如在格栅式的平台上工作，为了防止工具和器材掉落，应采取有效隔离措施，如铺设木板等。

释 义 1. 高处作业时，作业人员有可能将工具、材料或其他物件掉落，伤及下方人员。在工具、材料或其他物件使用完毕后，及时传递下塔或固定牢靠。

2. 不同高度的可能坠落范围半径引自《国家电网公司电力安全工作规程（电网建设部分）》（国家电网安质〔2016〕212号）第4章4.1.2中表4的规定，摘录如下。

不同高度的可能坠落范围半径

作业高度 h_w m	$2 \leqslant h_w \leqslant 5$	$5 < h_w \leqslant 15$	$15 < h_w \leqslant 30$	$h_w > 30$
可能坠落范围半径 m	3	4	5	6

注1：通过可能坠落范围内最低处的水平面称为坠落高度基准面；
注2：作业区各作业位置至相应坠落高度基准面的垂直距离中的最大值称为作业高度，用 h_w 表示；
注3：可能坠落范围半径内为确定可能坠落范围而规定的相对于作业位置的一段水平距离。

3. 高处作业下方应根据高处作业级别坠落半径要求设置隔离围栏或装设其他保护装置，且可靠有效，阻止无关人员通行或逗留，避免意外落物伤人。

4. 在格栅式的平台上工作时，为防止工具和器材从格栅空间跌落伤人，应采取铺设木板和竹编篱笆、安装防护网或在格栅式平台下方装设护栏等措施进行封堵。装设后应经常检查，发现损坏、缺失的要及时更换、补装。

10.14 当临时高处行走区域不能装设防护栏杆时，应设置 1050mm 高的安全水平扶绳，且每隔 2m 设一个固定支撑点。

释义 在坝顶、陡坡、屋顶、悬崖、杆塔、吊桥以及其他危险的边沿等临时高处行走区域工作，当不能装设防护栏杆时，应装设 1.05m 高的安全水平扶绳，并经校验有足够的强度，且扶绳悬挂不得松垮，扶绳上还要悬挂相应的安全警告标示牌。固定点支撑杆件应有足够的埋深，材质坚实，固定牢靠。

10.15 高处作业区周围的孔洞、沟道等应设盖板、安全网或围栏并有固定其位置的措施。同时，应设置安全标志，夜间还应设红灯示警。

释义 1. 为保障高处作业人员的安全，高处作业区周围的孔洞、沟道需要设置盖板、围栏、安全网等防护隔离设施，且防护隔离措施应稳固可靠，严禁擅自移动、拆除。工作需要移动时，工作结束后应恢复原状。

2. 工作人员在孔洞、沟道附近作业时，应划定作业区域，并采用安全带保护。工作时，不准在孔洞、沟道旁休息打闹或跨越洞口及从洞口盖板上行走。

3. 高处作业区周围的孔洞、沟道位置边缘应设置醒目的安全警示标志，夜间还应设红灯，以提醒作业人员切勿接近。

4. 孔洞、沟道的盖板材料强度应符合要求，不易断裂、变形，发现缺失、破损时应及时补装、更换。

10.16 低温或高温环境下进行高处作业，应采取保暖和防暑降温措施，作业时间不宜过长。

释义 1. 特殊气候环境下进行高处作业，应做好防止人员中暑和冻伤的安全措施，并加强监护，防止气候环境因素对人员造成伤害。

2. 气温低于 −10℃时，人员手脚灵活度降低不易控制，增大了作业的危险，不宜进行高处作业。确因工作需要进行作业时，上下杆塔或杆上移位时应做好防坠保护措施，并在作业现场设置取暖设施，取暖措施应由专人管理，注意防火。

3. 在高温天气，作业人员在高处作业可能发生疲劳、脱水、中暑等危险情况，为避免诱发人员坠落事件，可采用避高温时段作业。作业现场应配备足够的防暑降温药品和饮用水，并密切观察作业人员精神状态，发现作业人员有中暑迹象时应立即停止工作，并做好防坠措施。

10.17 在 5 级及以上的大风以及暴雨、雷电、冰雹、大雾、沙尘暴等恶劣天气下，应停止露天高处作业。特殊情况下，确需在恶劣天气进行抢修时，应组织人员充分讨论必要的安全措施，经本单位批准后方可进行。

🔍 **释义**　1. 在 5 级及以上的大风、雷电、暴雨、冰雹、大雾、沙尘暴等恶劣天气情况下，人员在空中作业受风力和暴雨的影响难以保持平衡、工具材料不易控制、安全距离不能保证；遇雷电冰雹天气，作业人员易遭雷击和被冰雹砸伤；大雾、暴雨、沙尘暴天气会使工作人员视力受阻，影响操作，增加作业风险，同时监护能见度也会变差。遇以上恶劣天气情况时，强行作业易对作业人员造成次生的高坠和触电伤害。

2. 遇以上恶劣天气时，现场工作负责人应及时停止露天高处作业，作业人员撤至地面进行避让。撤至地面前应做好作业的设备、机具、器具的补强措施。

3. 如遇到必须在恶劣天气进行抢修的特殊情况时，应组织技术人员、工作负责人、熟悉设备环境的运行人员及抢修人员进行充分讨论，制定可靠的抢修方案和安全措施，经本单位批准后才可进行。

🔍 **案例** 见案例库之案例 AQ-3-002。

10.18 梯子应坚固完整，有防滑措施。梯子的支柱应能承受作业人员及所携带的工具、材料攀登时的总重量。

🔍 **释义** 1. 使用中的梯子支柱、蹬档及相关附件等结构应完整、牢固。梯脚底部应坚实并装有防滑套，使用前应逐项检查。梯脚无护套时，使用时应在梯脚与地面接触部位采取防滑措施和由专人扶梯。

2. 在梯子上作业时，梯子的支柱一般只允许承受一名作业人员及其所携带少量的工具、材料等荷重。

10.19 硬质梯子的横档应嵌在支柱上，梯阶的距离不应大于 40cm，并在距梯顶 1m 处设限高标志。使用单梯工作时，梯与地面的斜角度为 60° 左右。

梯子不宜绑接使用。人字梯应有限制开度的措施。

人在梯子上时，禁止移动梯子。

🔍 **释义** 1. 作业人员站立梯顶处，易造成重心后倾失去平衡而坠落，因此，在距单梯顶部 1m 处设限高标志，作业人员不得越线工作。

2. 使用单梯工作时，梯与地面的斜角为 60° 左右的目的是保证人员作业时的平衡、稳定。梯子与地面的夹角太大，重心后倾，稳定性相对就差，人员作业时容易失去平衡而造成高处坠落事故。梯子与地面的斜角度太小，梯脚与地面的摩擦力将减小，同时梯子抗弯性能也减弱，人员作业时梯脚与地面产生滑动，梯顶沿支撑面下滑进而造成人员伤害事故。

3. 梯子不宜绑接使用。因为如果绑接的强度不够，将会造成梯子使用时变形、折断进而造成人员伤害事故。如果某种情况下需要梯子连接使用时，应用金属卡子接紧，或用铁丝绑接牢固。且接头不得超过 1 处，连接后梯梁的强度不应低于单梯梯梁的强度。

4. 人字梯应有限制开度的措施，即人字梯应具有坚固的铰链和限制开度的拉绳。

5. 人在梯子上时，禁止移动梯子。因为人在梯子上移动时，重力较重，平衡性也差，稍有偏差、晃动，将会造成人员坠落事故。

10.20 使用软梯、挂梯作业或用梯头进行移动作业时，软梯、挂梯或梯头上只准一人工作。作业人员到达梯头上进行工作和梯头开始移动前，应将梯头的封口可靠封闭，否则应使用保护绳防止梯头脱钩。

🔍 **释 义** 1.软梯、挂梯、水平梯结构简单、轻便、易于携带、使用灵活，适用于输电线路导地线、耐张绝缘子串、合成绝缘子上的工作。

2.使用软梯、挂梯、平梯或梯头进行作业时，因载荷、空间有限，只准一人在上面进行工作，如两人及以上人员进行梯上作业，会因荷载过大造成梯具不稳定甚至断裂，导致人员坠落事故。

3.挂梯作业前应检查钩头有无变形和磨损、扣环是否灵敏可靠。在导地线上使用梯头、挂梯作业，应采取可靠的防滑跑牵引措施；移动时，梯上人员应与牵引人员密切配合，保证梯头和挂梯移动平稳。作业人员在梯头移动前，应将其封口可靠封闭，并采取防脱钩的保护措施。

4.使用平梯作业时，挂钩应安装牢靠，横担侧挂钩还应采取防脱、防翘保护措施。

5.软梯、挂梯、梯头、水平梯应每年进行一次机械强度检测，经试验合格才能使用，确保其满足作业要求。

6.停电检修线路使用梯具作业时，作业人员、梯具应与平行、交叉带电

软梯上只准许一人工作

线路保持《线路安规》表4规定的安全距离，密切关注导线下垂的变化，防止作业人员触电或线路跳闸事故。

7.跨越公路、铁路时，作业人员、梯具、控制绳索与路面、铁轨之间的距离应满足相应限高要求，防止发生人、车次生事故。

8.在大跨越、杆塔呼高悬殊的导地线上工作时，载人的梯头、吊篮、高架车、滑板等梯具应采用防滑跑的双重保护措施，梯具的牵引绳、保护绳的机械强度应经校验符合要求并试验合格。梯头转移时，牵引绳和保护绳应同步缓慢匀速收放，尾绳及转向滑车均应固定可靠，转向滑车还应采取封口措施。

案 例 见案例库之案例AQ-3-016。

10.21 脚手架的安装、拆除和使用，应执行《国家电网公司电力安全工作规程火（水）电厂（动力部分）》中的有关规定及国家相关规程规定。

释 义 1.脚手架的安装、拆除和使用，应按照JGJ 166《建筑施工碗扣式钢管脚手架安全技术规范》、JGJ 128《建筑施工门式钢管脚手架安全技术规范》、JGJ 130《建筑施工扣件式钢管脚手架安全技术规范》、JGJ 164《建筑施工木脚手架安全技术规范》、Q/GDW 274—2009《变电工程落地式钢管脚手架搭设安全技术规范》等执行。

2.本条可参照《国家电网公司电力安全工作规程（电网建设部分）》（国家电网安质〔2016〕212号）第6章6.3脚手架施工部分的要求。

10.22 利用高空作业车、带电作业车、叉车、高处作业平台等进行高处作业，高处作业平台应处于稳定状态，需要移动车辆时，作业平台上不准载人。

释 义 1.为确保高处作业平台处于稳定状态，使用的高空作业车、带电作业车、叉车、高处作业平台等应合理选择平整、坚实的作业位置，支撑应平稳牢固。不得使用车辆轮胎替代支撑腿。

2.当人员在平台上作业时移动车辆，因车辆重心高、稳定性差，易造成车辆倾覆、人员坠落，还有可能造成人员误碰带电设备、撞击其他物体等事故。因此，需要移动车辆时，作业平台上不得载人。

11 起重与运输

11.1 一般注意事项。

11.1.1 起重设备经检验检测机构监督检验合格，并在特种设备安全监督管理部门登记。

释义 1.依据《特种设备安全监察条例》（中华人民共和国国务院令第549号）规定，起重设备的监督检验、定期检验、型式试验和无损检测应当由经核准的特种设备检验检测机构进行。

2.起重设备检验检测机构应经国家特种设备安全监督管理部门核准，具备从事起重设备检验检测工作的相关资质。公司生产用起重设备使用前应经有资质的机构进行检验检测，所有的检验检测结论应有书面记录，并在特种设备安全监督管理部门登记。

11.1.2 起重设备的操作人员和指挥人员应经专业技术培训，并经实际操作及有关安全规程考试合格、取得合格证后方可独立上岗作业，其合格证种类应与所操作（指挥）的起重机类型相符合。起重设备作业人员在作业中应严格执行起重设备的操作规程和有关的安全规章制度。

释义 1.依据《特种设备安全监察条例》（中华人民共和国国务院令第549号）《关于修改〈特种设备作业人员监督管理办法〉的决定》（国家质量监督检验检疫总局令第140号）规定，起重设备的操作人员和指挥人员应经相关专业技术培训，并通过地方政府特种设备安全监督管理部门考核，持证上岗，且其合格证种类应与所操作（指挥）的起重机类型相符合。

2.起重设备使用单位应制定相关安全规章制度，起重设备操作人员应熟悉设备性能和操作方法，在作业中须严格执行设备相关操作规程和作业相关安全规章制度。

11.1.3 起重设备、吊索具和其他起重工具的工作负荷，不准超过铭牌规定。

释义 1.铭牌一般标注制造厂家、生产日期、主要技术参数以及有关注意事项等。

2.起重设备、吊索具和其他起重工具超负荷使用，会产生过大应力，造成起重用吊索具拉断；或发生起重设备和其他起重工具传动部件损坏、电动机烧毁、制动力矩相对不够导致制动失效等情况，发生安全事故。所以起重工具的工作负荷，不准超过铭牌规定。

11.1.4 一切重大物件的起重、搬运工作应由有经验的专人负责，作业前应向参加工作的全体人员进行技术交底，使全体人员均熟悉起重搬运方案和安全措施。起重搬运时只能由一人统一指挥，必要时可设置中间指挥人员传递信号。起重指挥信号应简明、统一、畅通，分工明确。

🔍 **释义** 1.电力线路起重作业技术交底应包含现场环境及措施、工程概况及施工工艺、起重机械的选型、起重扒杆、地锚、钢丝绳、索具选用、土壤强度及道路的要求、构件堆放就位图等内容。安全措施主要包含起重作业前，要严格检查各种设备、工具、索具是否安全可靠；多根钢丝绳吊运时，其夹角不得超过60°；锐利棱角应用软物衬垫，以防割断钢丝绳或链条等。

2.起重搬运一般由多人进行，有司机、挂钩工、辅助工等，起重操作人员在工作中只服从一个指挥人员的指挥。如发现指挥信号不清，应询问清楚，确认指挥信号与指挥意图一致时才能操作。避免多人指挥使作业无法进行及可能造成的设备、人身伤害。

3.起重指挥信号应简明、统一、畅通，分工明确。这是对起重指挥人员的基本要求，更是确保起重工作安全的必备条件。起重工作现场的工作人员均应掌握起重指挥信号，特别是停止信号，当出现危及人身和设备安全的情况时，所有人员都可发出停止信号。起重工作中指挥人员站位应合理，保证自己对起重设备、吊物和障碍物视线清楚，与操作人员能清楚、准确地交流。指挥人员不能同时看清司机和负载时，应设置中间指挥人员传递信号，从而确保起重工作安全、顺利地进行。

4.吊运重物时，严禁人员在重物下站立或行走，重物也不得长时间悬在空中；翻转大型物件时，应事先放好枕木，操作人员应站在与重物倾斜方向相反的地方，注意观察吊物重心是否平衡，确认松钩不致倾倒时方可松钩等。在起重过程中，如有不正常现象或听到异常声响应立即停止起重。

11.1.5 雷雨天时，应停止野外起重作业。

🔍 **释　义**　电力线路起重设备多为大型施工机械，雷雨天进行野外起重作业，因野外空旷，起重设备"尖端"遭受直击雷和感应雷的概率较高，雷电过电压会对设备和人员造成危害。因此，遇雷雨天，应立即停止野外起重作业。

停止起重作业

11.1.6 移动式起重设备应安置平稳牢固，并应设有制动和逆止装置。禁止使用制动装置失灵或不灵敏的起重机械。

🔍 **释　义**　1.移动式起重设备吊起重物前应安放平稳牢固，防止承力后引起倾斜导致事故。制动和逆止装置功能完好，是保证起重设备可靠运行的必备条件，制动和逆止装置失灵或不灵敏时应禁止使用起重设备。

2.起重机行驶和工作的场地应保持平坦坚实，并应与沟渠、基坑保持安全距离，工作前应支好全部支腿，作业中严禁扳动支腿操纵阀；调整支腿必须在无载荷时进行，且应将起重臂转至正前或正后方位。作业中发现起重机倾斜、支腿不稳等异常现象时，应立即使重物下降，落在安全的地方，下降中严禁制动。

3.起吊作业应在起重机的侧向和后向进行；变幅角度或回转半径应与起重量相适应。起重机带载回转时，回转速度要均匀，重物未停稳前，不准反向操作。向前回转时，臂杆中心线不得越过支腿中心。

4.移动式起重机均不得吊物行驶。行驶时，严禁人员在底盘走台上站立或蹲坐，并在底盘走台上不得堆放物件。

11.1.7 起吊物件应绑扎牢固，若物件有棱角或特别光滑的部位时，在棱角和滑面与绳索（吊带）接触处应加以包垫。起重吊钩应挂在物件的重心线上。起吊电杆等长物件应选择合理的吊点，并采取防止突然倾倒的措施。

释义 1.起吊物件有棱角时加包垫是防止棱角割伤起重绳索。特别光滑部位加包垫是防止吊索在受力过程和受力后滑脱。

2.起吊重物时，重物重心与吊钩中心应在同一垂线上，防止起吊受力后重物倾斜滑脱。荷载由多根钢丝绳支承时，宜设置能有效地保证各根钢丝绳受力均衡的装置。

3.起吊电杆等长物件时应根据起吊目的选择合理的吊点位置，并使用绳索加以控制以防止电杆突然倾斜。

棱角与绳索（吊带）接触处应加以包垫

案例 见案例库之案例 BB-3-013。

案例 BB-3-013 可扫描以下二维码观看。

紧线作业转向滑车钢丝绳断裂击中站位不当人员死亡事故案例

BB-3-013

11.1.8 在起吊、牵引过程中，受力钢丝绳的周围、上下方、转向滑车内角侧、吊臂和起吊物的下面，禁止有人逗留和通过。

释义 1. 在起吊和牵引过程中，由于转向千斤绳索具受力后可能会出现断裂和转向开门滑车失控等原因，导致钢丝绳受力后弹起。为防止造成人身伤害，受力钢丝绳的周围、上下方、转向滑车内角侧、吊臂和起吊物的下面，禁止有人逗留和通过。

2. 起吊工作完毕后，为防止造成人身伤害，应先将臂杆放在支架上，后支起支腿；吊钩应用专用钢丝绳挂牢或固定于规定位置。停机时，必须先将重物落地，不得将重物悬在空中停机。

吊运物下不许通过

案例 见案例库之案例 BB-3-015。

11.1.9 更换绝缘子串和移动导线的作业，当采用单吊（拉）线装置时，应采取防止导线脱落时的后备保护措施。

🔍 **释 义** 1.更换采用单吊（拉）线装置的绝缘子串或移动导线时，应采用增设高强度绝缘绳套（带）或钢丝绳套做导线的后备保护，以防导线意外脱落。

2.绝缘绳套（带）或钢丝绳套长度应与现场实际匹配，不宜过长，额定使用荷载不得小于现场最大荷载，并留有防止冲击的裕度。

保护绳

🔍 **案 例** 见案例库之案例 BB-3-014。

11.1.10 吊物上不许站人，禁止作业人员利用吊钩来上升或下降。

🔍 **释 义** 1.为避免吊物晃动造成意外伤害，吊物上不许站人。吊钩是用来起吊起重物件的，它没有任何保证作业人员安全的设施、保险装置，因此禁止作业人员利用吊钩来上升或下降。

吊物上不许站人

2.当吊钩处于工作位置最低点时，卷筒上缠绕的钢丝绳，除固定绳尾的圈数外，不应少于2圈；当吊钩处于工作位置最高点时，卷筒上还宜留有至少1整圈的绕绳余量。

11.2 起重设备一般规定。

11.2.1 没有得到起重机司机的同意，任何人不准登上起重机。

🔍 **释 义** 1.起重机移动时，没有得到起重机司机的同意，任何人不准登上起重机。因起重机司机在驾驶行走时，其注意力在行驶的道路上，登上起重机任何部位都有可能因未被驾驶人员发现而导致伤害。

2.起重作业过程中，没有得到起重机司机的同意，任何人不准进入起重机操作室。因作业时起重机司机注意力在吊件和起重指挥的操作指令上，进入操作室会分散起重机司机注意力，导致误操作。

11.2.2 起重机上应备有灭火装置，驾驶室内应铺橡胶绝缘垫，禁止存放易燃物品。

🔍 **释 义** 1.起重机驾驶室内禁止堆放有碍操作的物品，禁止存放易燃易爆物品，防止火灾事故的发生。

2.起重机驾驶室内应备有灭火装置，遇火情时便于起重司机及时灭火；应铺设阻燃的橡胶绝缘垫，遇火情时能有效阻隔火势蔓延，同时防止意外触电。

3.非操作人员禁止进入操作室。

11.2.3 在用起重机械，应当在每次使用前进行一次常规性检查，并做好记录。起重机械每年至少应做一次全面技术检查。

🔍 释 义 1. 起重机械每次使用前的检查包括电气设备外观、所有的限制装置或保险装置以及固定手柄或操纵杆操作状态、超载限制器、气动控制系统中的气压是否正常、报警装置能否正常操作、吊钩和钢丝绳外观等。

2. 起重机械的定期检验和全面技术检查的原则、目的、性质、适用范围、检验周期、检验条件、仪器设备、检验项目、内容、方法、记录等方面依据TSG Q7015—2016《起重机械定期检验规则》的相关规定执行。

11.2.4 起吊重物前，应由工作负责人检查悬吊情况及所吊物件的捆绑情况，认为可靠后方准试行起吊。起吊重物稍一离地（或支持物），应再检查悬吊及捆绑，认为可靠后方准继续起吊。

1.检查起吊重物悬吊情况及所吊物件的捆绑情况，是正式起吊重物前的重要安全措施。

2.起吊重物前和起吊重物离地后，应分别检查一次所吊重物的悬吊及捆绑情况。只有捆绑牢固、正确以及悬吊情况良好，方能继续起吊。

11.2.5 禁止与工作无关人员在起重工作区域内行走或停留。

与工作无关人员在起重工作区域内行走或停留非常危险，一旦发生高空落物或被起重设备与被吊物件碰撞，易发生人身伤害事故。

见案例库之案例 BB-3-015。

11.2.6 各式起重机应该根据需要安设过卷扬限制器、过负荷限制器、起重臂俯仰限制器、行程限制器、联锁开关等安全装置；其起升、变幅、运行、旋转机构都应装设制动器，其中起升和变幅机构的制动器应是常闭式的。臂架式起重机应设有力矩限制器和幅度指示器。铁路起重机应安有夹轨钳。

释义 1.起重机械上的限制器和联锁开关是必要的安全装置，用于防止起重机超参数运行。力矩限制器和幅度指示器限制、标示起重机械的起重极限，以便起重机司机在操作过程中掌握起重机所处的状况，避免超载造成起重机倾覆。铁路起重机（即轨道式起重机）应安有夹轨钳，防止溜车。

2.电力线路起重机械上的限制器和联锁开关等安全装置的其他具体要求，依据 GB 26164.1—2010《电业安全工作规程 第 1 部分：热力和机械》16.2.3，并参照 GB 6067.1—2010《起重机械安全规程 第 1 部分：总则》等规定中的相关内容执行。

11.3 人工搬运

11.3.1 搬运的过道应平坦畅通，如在夜间搬运，应有足够的照明。如需经过山地陡坡或凹凸不平之处，应预先制定运输方案，采取必要的安全措施。

释义 1.平坦畅通的过道保证人员行走方便，搬运物受力均匀、平稳。充足的照明方便夜间搬运人员了解路况，避免发生意外。

2.山地陡坡或凹凸不平之处，地面起伏变化大，易导致搬运人员受力不均，部分人员承重过大，造成设备摔坏或人身伤害，故要预先制定相应的运输方案和安全措施。

小心，路上有石头

11.3.2 装运电杆、变压器和线盘应绑扎牢固，并用绳索绞紧。水泥杆、线盘的周围应塞牢，防止滚动、移动伤人。运载超长、超高或重大物件时，物件重心应与车厢承重中心基本一致，超长物件尾部应设标志。禁止客货混装。

🔍 **释义**　1.使用车辆装运电杆、变压器和线盘时，须绑扎牢固。易滚动的物件应使用木楔等掩牢，并用绳索绞紧。防止车辆行驶过程中突遇状况紧急刹车时，物体由于惯性挤压驾驶室或从车辆上脱落。

2.运载超长、超高或重大物件时，物体重心需与车厢承重中心保持一致，以防车辆因重心过高或偏移过多而导致车辆在行驶中出现翘头、摇摆现象，造成车辆失控、倾覆，发生交通和人身事故。

3.运载超长物件时，车辆尾部应设置警告标志，避免后方车辆追尾。

4.运输途中，严禁随车人员乘坐货厢，避免车辆失稳造成的次生伤害。

线盘的周围应塞牢，防止滚动

线盘应绑扎牢固，并用绳索绞紧

11.3.3 装卸电杆等笨重物件应采取措施，防止散堆伤人。分散卸车时，每卸一根之前，应防止其余杆件滚动；每卸完一处，应将车上其余的杆件绑扎牢固后，方可继续运送。

🔍 **释 义**　1. 装卸成堆电杆等笨重物体时，由于物体的滚动和重力挤压易导致散堆，因此应有防止滚动或翻倒的措施。

　　2. 电杆等管状构件应分层起吊，每次起吊前，剩余电杆应用木楔掩牢，起吊后应将车上余杆绑扎牢固，以防杆件滚动、脱落或散堆伤人。

将车上其余的杆件绑扎牢固后，再继续运送

11.3.4　使用机械牵引杆件上山时，应将杆身绑牢，钢丝绳不准触磨岩石或坚硬地面，牵引路线两侧5m以内，不准有人逗留或通过。

🔍 **释 义**　1. 机械牵引杆件上山时，应将杆件绑牢，如使用的钢丝绳触磨岩石或坚硬地面，容易造成钢丝绳损伤、断裂，导致被牵引杆件滚落伤人。

　　2. 牵引上山过程中杆件受力异常或突遇障碍物时，为防止钢丝绳突然摆动甚至脱落伤人，牵引路线沿下坡方向的杆件两侧通道5m以内不得有人停留或通过。

使用机械牵引，应将杆身绑牢

钢丝绳不准触磨岩石

11.3.5 多人抬杠，应同肩，步调一致，起放电杆时应相互呼应协调。重大物件不准直接用肩扛运，雨、雪后抬运物件时应有防滑措施。

释义　1.多人抬杠时要求同肩，口令步伐一致，同起同落。

2.重大物件若直接用肩扛运，肩高者受力大，其他人受力小，不能形成重力平衡，易发生人身伤害事故。

3.雨、雪天气后抬运物件，因路面湿滑，人员在抬运时易滑倒，进而导致被抬运物件掉落，对抬运人员造成二次伤害。因此应有相应的防滑措施。

12　配电设备上的工作

12.1 配电设备上工作的一般规定。

12.1.1 配电设备 [包括 高压配电室、箱式变电站、配电变压器台架、低压配电室（箱）、环网柜、电缆分支箱] 停电检修时，应使用第一种工作票；同一天内几处高压配电室、箱式变电站、配电变压器台架进行同一类型工作，可使用一张工作票。高压线路不停电时，工作负责人应向全体人员说明线路上有电，并加强监护。

释　义　1. 在各类配电设备、高压线路上工作时，均应按规定执行工作票，具体工作票执行要求参照《国网安徽省电力公司配电工作票管理规定》(皖电企协〔2014〕265 号)。

2. 高压线路不停电工作时，也应执行工作票。同时由于停电设备与带电线路之间的距离相对比较小，为防止人身触电，工作前工作负责人应向工作班成员说明作业现场带电部位，并加强监护。

12.1.2 在高压配电室、箱式变电站、配电变压器台架上进行工作，不论线路是否停电，应先拉开低压侧刀闸，后拉开高压侧隔离开关（刀闸）或跌落式熔断器，在停电的高、低压引线上验电、接地。以上操作可不使用操作票，在工作负责人监护下进行。

释　义　1. 高压配电室、箱式变电站、配电变压器台架都是向用户供电的设备，均带有一定的负荷。操作时，切除低压侧各回路负荷，以减轻高压弧光短路的危害，即先操作负荷侧（低压侧），再操作电源侧（高压侧）。

2. 为防止突然来电和反送电，应在已停电的高、低压引线上验电、接地。由于这些项目的操作步骤简单，可不使用操作票，但操作项目应填入工作票中，并在工作负责人的监护下操作。

12.1.3 作业前检查双电源和有自备电源的用户已采取机械或电气联锁等防反送电的强制性技术措施。

在双电源和有自备电源的用户线路的高压系统接入点，应有明显断开点，以防止停电作业时用户设备反送电。

🔍 **释义**　1.多电源用户电源接入处采取机械或电气联锁，是为了防止在用户侧将多路电源合环和向停电区域反送电，所设置的联锁装置安装在用户的设备上并由用户维护。因此，停电作业时应前往用户侧检查其是否能够可靠联锁，以防止向停电区域送电。另外，供电企业应督促用户执行该强制性技术措施。

2.为防止配电网停电作业时，所供电用户存在多电源和自备电源可能向停电区域反送电，在有双电源和有自备电源的用户线路的高压系统接入点设置明显断开点。明显断开点可以是断路器（开关）、隔离开关（刀闸）和跌落式熔断器。

12.1.4 环网柜、电缆分支箱等箱式设备宜设置验电、接地装置。

🔍 **释义**　1.配电网中环网柜、电缆分支箱等箱式设备一般采取电缆进线，设备停电检修时该类设备无法直接进行验电和装设接地线。因此，在该类设备的线路侧应设置验电、接地装置，以保证设备检修时，作业人员能在接地线保护下开展工作。新投入的箱式设备中的验电、接地装置应做到同时设计、同时施工、同时投运。

2.未设置验电、接地装置的箱式设备由于无法验电和接地，不得作为停电检修的断开点。此类工作时，应断开上一级电源，并采取验电、接地措施。

12.1.5 进行配电设备停电作业前，应断开可能送电到待检修设备、配电变压器各侧的所有线路（包括用户线路）断路器（开关）、隔离开关（刀闸）和熔断器，并验电、接地后，才能进行工作。

🔍 **释义**　1.本条释义可参照《线路安规》第6章6.2释义内容。

2.配电设备停电作业中，用户线路可能因双电源和自备电源对停电作业区域形成反送电，危及作业人员人身安全。因此，也应对用户线路形成明显断开点、验电、接地并悬挂相应的标示牌。

12.1.6 两台及以上配电变压器低压侧共用一个接地引下线时，其中任一台配电变压器停电检修，其他配电变压器也应停电。

释义 配电变压器的三相负荷不平衡，配电变压器中性点漂移，低压侧的中性线（零线）即带电。由于配电变压器中性线与变压器的接地引下线直接相连，多台变压器共用同一个接地体时，为防止停电检修时变压器中性线带电危及作业人员人身安全，应将共用接地体的变压器同时停电。

12.1.7 配电设备验电时，应戴绝缘手套。如无法直接验电，可以按 6.3.3 条的规定进行间接验电。

释义 1. 验电操作时，因不能确认电力线路是否停电，此时应视同电力线路带电。验电人员应戴绝缘手套、设专人监护，防止发生人员触电或电弧灼伤等事故。

2. 对于不具备直接验电条件的配电设备，停电操作后可以通过间接验电方式进行验电。

12.1.8 进行电容器停电工作时，应先断开电源，将电容器充分放电、接地后才能进行工作。

释义 电容器与电源断开后，仍存有大量残余电荷。因此，装设接地线前必须逐相充分放电后再短路接地。如不充分放电并接地，会造成工作人员触电伤害。

12.1.9 配电设备接地电阻不合格时，应戴绝缘手套方可接触箱体。

释义 1. 配电设备是非中性点接地系统（小电流接地方式），接地电阻不合格时，配电设备外壳会出现感应电压。当配电线路出现单相接地故障时，会造成配电箱体带有电压，作业人员接触时会发生触电事故，因此须戴绝缘手套才能接触箱体。

2. 配电设备接地装置应定期检测，确保接地电阻符合标准、接地装置连接良好。

12.1.10 配电设备应有防误闭锁装置，防误闭锁装置不准随意退出运行。倒闸操作过程中禁止解锁。如需解锁，应履行批准手续。解锁工具（钥匙）使用后应及时封存。

🔍 **释 义** 1.高压配电站、开闭所、箱式变电站、环网柜等高压配电设备应有防误闭锁装置。防误闭锁装置应做到同时设计、同时施工、同时投运；各类配电柜的进线侧与出线侧应有可靠的"有电，禁止开启！"标志的闭锁装置和"有电，禁止合接地开关！"标志的闭锁装置；箱式变压器的变压器室、干式变压器门应与上一级开关具有闭锁逻辑关系（即开门断电功能），也可安装具有开门报警功能的装置，防止工作人员误碰有电设备。

2.配电设备的防误闭锁装置不得随意退出运行，停用防误闭锁装置应经工区批准；短时间退出防误闭锁装置，由配电运维班班长批准，并应按程序尽快投入。

3.解锁工具（钥匙）应封存保管，所有操作人员和检修人员禁止擅自使用解锁工具（钥匙）。解锁应履行的批准手续，参照《国家电网公司电力安全工作规程 配电部分（试行）》（国家电网安质〔2014〕265号）第5章5.2.6.8执行。

4.防误闭锁装置退出运行和解锁工具（钥匙）管理及使用，应遵守《国家电网公司防止电气误操作安全管理规定》（国家电网安监〔2006〕904号）的要求。

12.1.11 配电设备中使用的普通型电缆接头，禁止带电插拔。可带电插拔的肘型电缆接头，不宜带负荷操作。

🔍 **释 义** 普通电缆接头不具备灭弧能力，因此禁止带电插拔。可带电插拔的肘型电缆头采取全绝缘、全密封设计，有一定的灭弧能力，无负载带电插拔时，肘型电缆头自身灭弧能力可以防止电弧造成的人身伤害。

12.1.12 杆塔上带电核相时，作业人员与带电部位保持表3的安全距离。核相工作应逐相进行。

🔍 **释 义**　1. 杆塔上带电核相时，作业人员在地电位用绝缘工具接触带电设备。因此，操作中作业人员应与带电导线和核相棒中所有带电部位之间的距离，均不得小于《线路安规》表3规定的安全距离。

2. 由于10kV线路相间距离比较小，为防止因核相器之间安全距离不足引起相间短路，核相工作应逐相进行。高压侧核相宜采用无线核相器。

12.2 架空绝缘导线作业。

12.2.1 架空绝缘导线不应视为绝缘设备，作业人员不准直接接触或接近。架空绝缘线路与裸导线线路停电作业的安全要求相同。

🔍 **释 义**　架空绝缘导线与电缆相比，无屏蔽层、无外护套、平时不做试验、长期露天运行或过负荷等原因可能造成绝缘损坏，绝缘水平无法保障且存在表面感应电。所以，作业人员不准直接接触或接近。线路停电作业时应与裸导线线路停电作业的安全要求相同。

12.2.2 架空绝缘导线应在线路的适当位置设立验电接地环或其他验电接地装置，以满足运行、检修工作的需要。

🔍 **释 义**　为满足运行、检修人员验电、接地的需要和减少停电范围，架空绝缘导线至少应在各分支线接入点、分段断路器（开关）两侧设置验电、接地装置。柱上断路器（开关）两侧的验电、接地装置可采取在相邻杆设置的方式，耐张杆处的验电接地环应在两侧相邻杆设置。

12.2.3 在停电检修作业中，开断或接入绝缘导线前，应做好防感应电的安全措施。

🔍 **释 义**　1. 停电开断或接入绝缘导线前，应在工作地段两侧的接地装置上装设接地线。必要时，在开断或接入部位还应增设接地线。

2. 开断绝缘导线时，作业人员应戴绝缘手套。

12.3 装表接电。

12.3.1 带电装表接电工作时，应采取防止短路和电弧灼伤的安全措施。

释义 1. 低压装表接电工作，因低压设备相间距离较小，操作不当容易发生短路并产生电弧，为防止短路和作业人员被电弧灼伤，作业人员应采取戴护目镜、穿长袖全棉工作服、使用的工器具采取绝缘包裹等措施。

2. 低压装表接电时，应先安装计量装置后接电。

3. 在电压互感器二次侧工作时，应做好防止电压互感器二次侧短路的措施。在电流互感器二次侧工作时，应做好防止电流互感器二次侧开路的措施。

12.3.2 电能表与电流互感器、电压互感器配合安装时，宜停电进行。带电工作时应有防止电流互感器二次开路和电压互感器二次短路的安全措施。

释义 1. 安装或拆除电流互感器、电压互感器的工作，应停电进行。

2. 分裂式电流互感器安装或拆除时，可带电进行。带电作业时，须戴绝缘手套。

3. 在电流互感器和电压互感器二次侧工作时，可在带电情况下工作。禁止将回路的安全接地点断开，并应使用绝缘工具，戴手套。在电流互感器二次侧工作时，禁止将电流互感器二次侧开路（光电流互感器除外）。短路电流互感器二次绕组，应使用短路片或短路线，禁止用导线缠绕。工作中禁止将回路的永久接地点断开。在电压互感器二次侧工作时，使用工具的金属部分应采用绝缘包裹措施，防止短路或接地。

12.3.3 所有配电箱、电表箱均应可靠接地且接地电阻应满足要求。作业人员在接触运用中的配电箱、电表箱前，应检查接地装置是否良好，并用验电笔确认其确无电压后，方可接触。

释义 配电箱、电表箱接地电阻不合格时，配电设备外壳会出现感应电压。当单相接地时，因接地电阻过大或开关拒动，会造成配电箱体带有电压，作业人员接触时会发生触电事故。

12.3.4 当发现配电箱、电表箱箱体带电时，应断开上一级电源将其停电，查明带电原因，并作相应处理。

> **释义** 配电箱和电表箱体带电时，应断开上一级电源，防止由于内部绝缘损坏造成配电箱或表箱带电，处理中造成人员触电。若上级电源断开后仍然有电，应再查负荷侧，防止反送电。

12.3.5 带电接电时作业人员应戴手套。

> **释义** 1. 0.4kV 及以下带电接电时，作业人员应戴手套，防止作业人员触电。
> 2. 10（20）kV 带电接电时，须按带电作业要求执行。

12.4 低压带电工作。
12.4.1 不填用工作票的低压电气工作可单人进行。

> **释义** 根据《国网安徽省电力公司配电工作票管理规定》（皖电企协〔2014〕265 号）的规定，凡是不需要填写工作票的低压电气工作，可以由单人进行。单独作业人员应具备相应的安全生产技能、电气安全知识和工作经验，各单位应公布可以单独工作的人员名单。

12.4.2 使用有绝缘柄的工具，其外裸的导电部位应采取绝缘措施，防止操作时相间或相对地短路。低压电气带电工作应戴手套、护目镜，并保持对地绝缘。禁止使用锉刀、金属尺和带有金属物的毛刷、毛掸等工具。

> **释义** 1. 在不停电的低压设备上工作时，作业人员使用有绝缘柄的工具，且其外裸的导电部分采取绑扎、缠绕绝缘材料等措施，以防止发生相间或相对地短路。
> 2. 作业人员穿全棉长袖工作服、戴手套和护目镜，可以避免被弧光灼伤。
> 3. 作业人员保持对地绝缘，可以防止操作过程中，人体意外碰触带电体，电流通过人体接地而发生触电事故。

4.使用金属类的工具，容易发生相间、相对地短路，故应禁止使用。

12.4.3 高、低压同杆架设，在低压带电线路上工作时，应先检查与高压线的距离，采取防止误碰带电高压设备的措施。在下层低压带电导线未采取绝缘措施或未停电时，作业人员不准穿越。在带电的低压配电装置上工作时，应采取防止相间短路和单相接地的绝缘隔离措施。

释义 　1.在高低压同杆架设的低压带电线路上进行作业时，应检查低压作业处与高压线之间的安全距离；还应检查是否存在作业杆塔档内由于高低压导线弛度不平衡，从而因安全距离不足而造成高、低压线路之间放电、短路，并应考虑作业过程中是否会发生高低压碰线短路。如无法满足低压线路带电作业时，应根据现场实际情况采取高压线停电、对高压线进行绝缘隔离等措施，以免误碰高压线而发生人员触电及高低压短路。

2.作业人员如需穿越带电低压线进行工作时，应对低压带电导线采取绝缘隔离措施或将低压线路停电后，方可穿越。

3.在带电的低压配电装置上工作时，为防止作业过程中发生相间短路和单相接地，对作业相的邻相以及人员作业过程中可能碰触的所有接地部位均应采取安装绝缘隔板、绝缘护套等措施进行隔离。

12.4.4 上杆前，应先分清相、零线，选好工作位置。断开导线时，应先断开相线，后断开零线。搭接导线时，顺序应相反。

人体不准同时接触两根线头。

释义 　1.作业人员上杆前，应核对相、零线，并根据作业任务和方法，选好杆上的作业位置和角度，避免人员因动作不当造成触电和坠落。

2.因三相四线制线路的相线、用电设备与零线构成的回路都带电，如果先断开零线，后断开相线，将造成二次带电断线，增加触电危险。为确保作业人员的安全，断开导线时，应先断开相线，后断开零线。搭接导线时，顺序相反。

3.人体不准同时接触两根线头，以免被串入电路中而发生触电。

13 带电作业

13.1 一般规定。

13.1.1 本规程适用于在海拔 1000m 及以下交流 10kV ~ 1000kV、直流 ±500kV ~ ±800kV（750kV 为海拔 2000m 及以下值）的高压架空电力线路、变电站（发电厂）电气设备上，采用等电位、中间电位和地电位方式进行的带电作业。

在海拔 1000m 以上（750kV 为海拔 2000m 以上）带电作业时，应根据作业区不同海拔高度，修正各类空气与固体绝缘的安全距离和长度、绝缘子片数等，并编制带电作业现场安全规程，经本单位批准后执行。

🔍 **释义** 1. 根据 GB/T 2900.55—2016《电工术语 带电作业》、DL/T 966—2005《送电线路带电作业技术导则》中定义：带电作业是指作业人员接触带电部分的作业或作业人员用操作工具、设备或装备在带电作业区域的作业；等电位作业是指作业人员对大地绝缘后，人体与带电体处于同一电位时进行的作业；中间电位作业是指作业人员对接地构件绝缘，并与带电体保持一定的距离对带电体开展的作业，作业人员的人体电位为悬浮的中间电位，包括配电带电作业的绝缘隔离法；地电位作业是指作业人员在接地构件上采用绝缘工具对带电体开展的作业，作业人员的人体电位为地电位。

2. 等电位、中间电位和地电位方式进行的带电作业均属于带电作业范畴，低压带电作业不属于带电作业范畴。

3. 有关安全距离、有效绝缘长度、良好绝缘子最少片数、最小组合间隙、绝缘工具的试验项目及标准等数据，按照电压等级不同参照不同的标准。交流 10kV ~ 500kV 依据 DL 409—91《电业安全工作规程（电力线路部分）》；交流 500kV 紧凑型依据 DL/T 400—2010《500kV 紧凑型交流输电线路带电作业技术导则》；交流 750kV 依据 DL/T 1060—2007《750kV 交流输电线路带电作业技术导则》；交流 1000kV 依据 DL/T 392—2015《1000kV 交流输电线路带电作业技术导则》；直流 500kV 依据 DL/T 881—2019《±500kV 直流输电线路带电作业技术导则》；直流 800kV 依据 Q/GDW 302—2009《±800kV 直流输电线路带电作业技术导则》；直流 400kV 依据《关于印发〈±400kV 青藏直流输电工程生产运行安全距离规定（试行）〉的通知》（生输电〔2012〕

16号）；直流±660kV依据《±660kV直流输电线路带电作业技术导则（征求意见稿）》及《±660kV同塔双回直流线路带电作业及试验研究》项目的验收意见。

在海拔1000m以上应修正各种参数，并编制带电作业现场安全规程，经本单位分管生产领导总工程师批准后执行

1000m

《线路安规》带电作业的规定适用于在海拔1000m及以下

13.1.2 带电作业应在良好天气下进行。如遇雷电（听见雷声、看见闪电）、雪、雹、雨、雾等，禁止进行带电作业。风力大于5级，或湿度大于80%时，不宜进行带电作业。

在特殊情况下，必须在恶劣天气进行带电抢修时，应组织有关人员充分讨论并编制必要的安全措施，经本单位批准后方可进行。

释义 1.带电作业本身存在一定的作业风险，受天气因素影响较大，易出现放电、触电等危险情况。因此，带电作业应在良好天气下进行。

2.在恶劣天气下作业时，因雷电引起的过电压会使设备和带电作业工具受到破坏，威胁人身安全；雪、雹、雨、雾等天气易引起绝缘工具表面受潮，影响绝缘性能，作业风险较大。

3.依据GB/T 3608—2008《高处作业分级》4.2规定："在阵风5级时应停止露天高处作业"，大风使高处作业人员的平衡性大大降低，容易造成高处坠落；当湿度大于80%时，绝缘绳索的绝缘强度下降较为明显，放电电压降低，泄漏电流增大，易引起发热甚至造成设备闪络跳闸，危及作业人员人身安全。

4.在特殊情况下，如必须在恶劣天气进行带电抢修时，应在保证人身和设备安全的前提下进行。应组织有关人员充分讨论并编制必要的安全措施，经本单位批准后方可进行。

带电作业应在良好天气下进行

闪电、打雷、冰雹、雨雾、5级以上大风禁止作业

13.1.3 对于比较复杂、难度较大的带电作业新项目和研制的新工具，应进行科学试验，确认安全可靠，编出操作工艺方案和安全措施，并经本单位批准后，方可进行和使用。

释义 1. 比较复杂、难度较大的带电作业新项目（包括引进的带电作业项目），即首次开展、作业方法和操作流程较为复杂、需控制的各类安全距离较多或需较为复杂的计算校验的带电作业项目。工序复杂的项目主要包括：作业量大的项目，如杆塔移位、更换杆塔、更换导线或架空地线等；从未开展过的新项目；自行研制的新工具。

对于比较复杂、难度较大的带电作业新项目和研制的新工具，应进行科学试验

操作工艺方案和安全措施

XXX批准

带电作业

分管生产领导（总工程师）

2.带电作业新项目在实施前，需经有关专家进行技术论证和鉴定，通过在模拟设备上操作，确认切实可行。新研制的工具投入使用前，需经有资质的权威试验机构进行电气和机械性能等方面的试验和认证，确认其安全可靠。制定出相应的操作程序和安全技术措施，经本单位批准后方可实施。

13.1.4 参加带电作业的人员，应经专门培训，并经考试合格取得资格、单位批准后，方能参加相应的作业。带电作业工作票签发人和工作负责人、专责监护人应由具有带电作业资格、带电作业实践经验的人员担任。

🔍 **释义** 　1.因带电作业具有技术要求高、危险性较高、工艺复杂等特点，参加带电作业的人员应了解和掌握工具的构造、性能、规格、用途、使用范围和操作方法等基本知识，并按照培训项目要求在停电设备或模拟设备上进行操作训练。同时应进行相关安全规程、现场操作规程和专业技术理论的学习，经理论和操作技能考试合格，取得相应资格证书，并由本单位批准下文后，方能参加相应的作业。

2.带电作业工作票签发人和工作负责人、专责监护人同样应取得相应带电作业资格，并应具有一定的带电作业实践经验，每年由本单位进行安全规程和专业技能考试合格后，由本单位下文公布。

3. 参加带电作业人员的书面批准内容应包括：工作票签发人、工作负责人、带电作业班组成员等带电作业中的工作资质；参加人员可以从事的带电作业工作项目，以及在工作中能胜任的角色；从事带电作业的人员因故间断工作一年以上者，应重新进行专门培训，并经考试合格后方能恢复带电作业工作。

13.1.5 带电作业应设专责监护人。监护人不准直接操作。监护的范围不准超过一个作业点。复杂或高杆塔作业必要时应增设（塔上）监护人。

释义 　1. 因带电作业过程中需严格控制各类安全距离，作业人员要集中精力去完成某项任务。作业方式不同，工作负责人和操作人员对其作业过程中的上、下、左、右存在着的人体与带电体的安全距离，等电位人员对相邻导线的最小距离，等电位作业中的最小组合间隙等可能兼顾不全。为避免发生意外，应设专责监护人。为使监护人能专心监护，监护人不准直接操作，监护的范围也不准超过一个作业点。

2. 进行复杂的带电作业时，因控制的环节较多，特别是紧凑型杆塔或需顾及较多项安全距离的作业，需增设监护人。在高杆塔作业时，若地面人员不易看清作业人员的行为、对作业人员与带电体的安全距离不能进行有效的控制，需增设塔上监护人。

案例 　见案例库之案例 BB-3-019、BB-3-022。

13.1.6 带电作业工作票签发人或工作负责人认为有必要时，应组织有经验的人员到现场勘察，根据勘察结果作出能否进行带电作业的判断，并确定作业方法和所需工具以及应采取的措施。

释义 　1. 工作票签发人或工作负责人任何一方认为有必要时，应组织有经验的安全、技术人员进行现场勘察，以确认作业现场是否能满足带电作业的需要。勘察内容包括：作业环境、作业场地等，周围邻近或交叉跨越的带电线路、其他弱电线路、缺陷部位、严重程度以及建筑物等，杆塔型号、导地线型号、绝缘子片数、金具连接等实际情况是否与图纸相符，各类间隙和距离等。

2. 根据勘察结果做出能否进行带电作业的判断，编制相应的作业方案，并确定作业方法、所需工具以及应采取的安全措施。

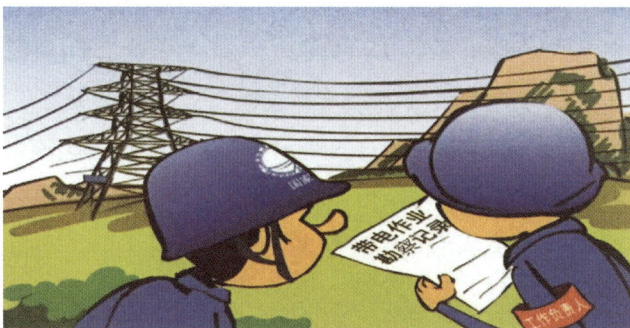

🔍 **案　例**　见案例库之案例 BB-3-020。

13.1.7　带电作业有下列情况之一者，应停用重合闸或直流线路再启动功能，并不准强送电，禁止约时停用或恢复重合闸及直流线路再启动功能：

a）中性点有效接地的系统中有可能引起单相接地的作业。

b）中性点非有效接地的系统中有可能引起相间短路的作业。

c）直流线路中有可能引起单极接地或极间短路的作业。

d）工作票签发人或工作负责人认为需要停用重合闸或直流线路再启动功能的作业。

🔍 **释　义**　1. 重合闸和直流线路再启动功能是继电保护的一种，它是防止系统故障点扩大、消除瞬时故障、减少事故停电的一种后备措施。退出重合闸装置和直流线路再启动功能的目的如下：

（1）减少内过电压出现的概率。作业中遇到系统故障，断路器跳闸后不再重合、启动，减少了过电压的机会。

（2）带电作业时发生事故，退出重合闸装置和直流线路再启动功能，可以保证事故不再扩大，保护作业人员免遭第二次电压的伤害。

（3）退出重合闸装置和直流线路再启动功能，可以避免因过电压而引起对地放电的严重后果。

2. 为确保作业人员的人身安全，在带电作业中若有本条规定的四类情况之一者，应严格执行停用重合闸或直流线路再启动功能的规定，同时在带电作业时因系统原因或作业过程引起线路跳闸后，不得强行对线路送电。

3. 带电作业实际作业时间与计划时间可能会有出入，约时停用或恢复极易造成触电伤害或使电网安全受到影响。因此，禁止约时停用或恢复重合闸或直流线路再启动功能。

13.1.8　带电作业工作负责人在带电作业工作开始前，应与值班调控人员联系。需要停用重合闸或直流线路再启动功能的作业和带电断、接引线应由值班调控人员履行许可手续。带电作业结束后应及时向值班调控人员汇报。

🔍 **释　义**　　1. 带电作业工作开始前，为能够让值班调控人员掌握线路上有人工作的情况，工作负责人应与值班调控人员联系，以便发生意外情况时，值班调控人员可迅速采取相应的对策应对，确保作业人员及电网的安全。需要停用重合闸或直流线路再启动功能的带电作业或带电断、接引线作业时，为避免意外危及作业人员及电网的安全，工作负责人只有得到值班调控人员许可后，方可下令开始工作。

2. 带电作业结束后，工作负责人应及时向值班调控人员汇报，以便值班调控人员及时恢复重合闸或直流线路再启动功能。

3. 进行不需停用重合闸或直流线路再启动功能的作业前，也应告知值班调控人员线路上有人工作。当发生异常情况时，值班调控人员可以从保护人身安全角度出发，采取应急处置措施。

13.1.9　在带电作业过程中如设备突然停电，作业人员应视设备仍然带电。工作负责人应尽快与调控人员联系，值班调控人员未与工作负责人取得联系前不准强送电。

🔍 释　义　　1. 在带电作业过程中如设备突然停电，设备存在随时来电的可能，故作业人员应视设备仍然带电。作业人员仍应按照带电作业方法和流程，保持安全距离，采取安全措施。工作负责人应尽快与值班调控人员联系，说明现场情况。

2. 电力系统故障跳闸时，一般重合闸都能够自动恢复开关至合闸状态，如果故障没有消除则开关又会再次跳闸。在此基础上，如果调控人员重新命令变电值班员进行手动合闸送电，则这种送电行为被称作"强送电"。

3. 值班调控人员未与工作负责人取得联系，对现场作业的线路和人员情况并不了解，强送电易造成人员触电或设备损坏。

13.2 一般安全技术措施。

13.2.1 进行地电位带电作业时，人身与带电体间的安全距离不准小于表5的规定。35kV及以下的带电设备不能满足表5规定的最小安全距离时，应采取可靠的绝缘隔离措施。

表5　　　　　　　　　　　带电作业时人身与带电体的安全距离

电压等级 kV	10	35	66	110	220	330	500	750	1000	±400	±500	±660	±800
距离 m	0.4	0.6	0.7	1.0	1.8 (1.6)[a]	2.6	3.4 (3.2)[b]	5.2 (5.6)[c]	6.8 (6.0)[d]	3.8[e]	3.4	4.5[f]	6.8

注：表中数据是根据线路带电作业安全要求提出的。

[a]　220kV带电作业安全距离因受设备限制达不到1.8m时，经单位批准，并采取必要的措施后，可采用括号内1.6m的数值。

[b]　海拔500m以下，500kV取值为3.2m，但不适用于500kV紧凑型线路。海拔在500m~1000m时，500kV取值为3.4。

[c]　直线塔边相或中相值。5.2m为海拔1000m以下值，5.6m为海拔2000m以下的距离。

[d]　此为单回输电线路数据，括号中数据6.0m为边相值，6.8m为中相值。表中数值不包括人体占位间隙，作业中需考虑人体占位间隙不得小于0.5m。

[e]　±400kV数据是按海拔3000m校正的，海拔为3500m、4000m、4500m、5000m、5300m时最小安全距离依次为3.90m、4.10m、4.30m、4.40m、4.50m。

[f]　±660kV数据是按海拔500m~1000m校正的，海拔1000m~1500m、1500m~2000m时最小安全距离依次为4.7m、5.0m。

🔍 **释　义**　　1.进行地电位带电作业时，人处于地电位状态，为防止出现放电现象，人身的各部位与带电体间的安全距离不准小于《线路安规》表5的规定。

2.35kV及以下的带电设备，因线对地及线间距离小，在不能满足《线路安规》表5规定的最小安全距离时，应采取安装绝缘挡板等可靠的绝缘隔离措施。绝缘挡板的绝缘强度应满足相应电压等级要求。作业人员在安装绝缘隔离措施时，应借助其他绝缘工具进行可靠安装。

进行地电位带电作业时，人身与带电体间的安全距离不得小于规定

案例　见案例库之案例 BB-3-019。

13.2.2 绝缘操作杆、绝缘承力工具和绝缘绳索的有效绝缘长度不准小于表 6 的规定。

表 6　　　　　　　　　　　　绝缘工具最小有效绝缘长度

电压等级 kV	有效绝缘长度 m	
	绝缘操作杆	绝缘承力工具、绝缘绳索
10	0.7	0.4
35	0.9	0.6
66	1.0	0.7
110	1.3	1.0
220	2.1	1.8
330	3.1	2.8
500	4.0	3.7
750	5.3	5.3

电压等级 kV	有效绝缘长度 m	
	绝缘操作杆	绝缘承力工具、绝缘绳索
1000	6.8	
±400	3.75ª	
±500	3.7	
±660	5.3	
±800	6.8	

ª ±400kV 数据是按海拔 3000m 校正的，海拔为 3500m、4000m、4500m、5000m、5300m 时最小安全距离依次为 3.90m、4.10m、4.25m、4.40m、4.50m。

🔍 **释义**　　1. 绝缘工具不可能完全由绝缘部件构成。如绝缘操作杆的端部及中部往往都有金属部件，其前部是金属工具座，中部是金属活接头，尾部是金属挂环。绝缘工具从接触带电体一端起，别除非绝缘部件长度后的主绝缘长度称作有效绝缘长度。有效绝缘长度与作业距离的概念相似，是通过测量、计算得来的。每件绝缘工具的有效绝缘长度不可能完全相同，因此需要用一种安全尺度——安全有效绝缘长度来限定它的安全水准。安全有效绝缘长度在《线路安规》中简称为有效绝缘长度。

2. 在《线路安规》中，10kV ~ 220kV 绝缘承力工具（不含绝缘操作杆）的有效绝缘长度与带电作业时人身对带电体的安全距离采用相同数值，主要是受到设备净空距离的限制。330kV ~ 500kV 设备的净空距离比较宽裕，其对承力工具的有效绝缘长度与带电作业时人身对带电体的安全距离要长。

3. 绝缘操作杆是手持工具，在操作中有相当大的活动范围。其前端在使用中有可能越过带电体而失去一段绝缘，且经常与导线摩擦、磕碰，易产生绝缘损伤。承力绝缘工具是安装在设备上使用的固定工具，活动范围较小。因此，确定它们有效绝缘长度是有区别的，前者比后者统一加长了 0.3m。为确保作业人员的人身安全，《线路安规》对绝缘操作杆、绝缘承力工具和绝缘绳索的有效绝缘长度要求不小于《线路安规》表 6 的规定。同时当等电位作业与地电位作业时，应使用绝缘工具或绝缘绳索传递工具和材料，其有效绝缘长度不准小于《线路安规》表 6 的规定。

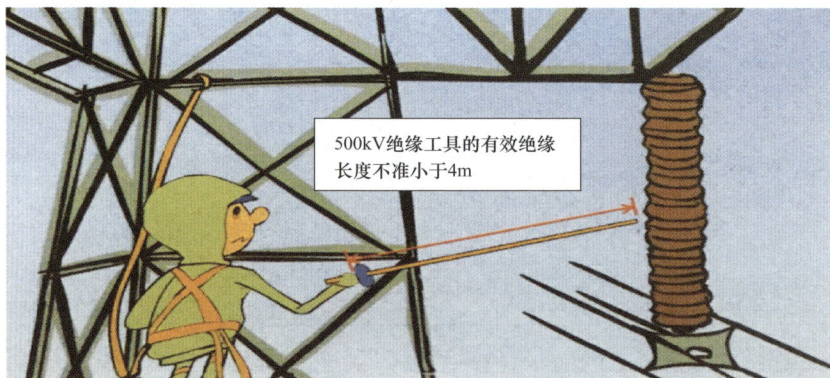

500kV绝缘工具的有效绝缘长度不准小于4m

13.2.3 带电作业不准使用非绝缘绳索（如棉纱绳、白棕绳、钢丝绳）。

🔍 **释义**　非绝缘绳索若在带电作业中使用易引起作业人员触电伤害，因此不准使用。带电作业中常用的绝缘绳索主要是蚕丝绳、锦纶长丝绝缘绳及其他材料制作成的高强度绝缘绳等。

13.2.4 带电更换绝缘子或在绝缘子串上作业，应保证作业中良好绝缘子片数不少于表7的规定。

表7　　　　　　　　　　　　良好绝缘子最少片数

电压等级 kV	35	66	110	220	330	500	750	1000	± 500	± 660	± 800
片数	2	3	5	9	16	23	25[a]	37[b]	22[c]	25[d]	32[e]

a　海拔2000m以下时，750kV良好绝缘子最少片数，应根据单片绝缘子高度按照良好绝缘子总长度不小于4.9m确定，由此确定xwp300绝缘子（单片高度为195mm），良好绝缘子最少片数为25片。

b　海拔1000m以下时，1000kV良好绝缘子最少片数，应根据单片绝缘子高度按照良好绝缘子总长度不小于7.2m确定，由此确定（单片高度为195mm）良好绝缘子最少片数为37片。表中数值不包括人体占位间隙，作业中需考虑人体占位间隙不得小于0.5m。

c　单片高度170mm。

d　海拔500m～1000m以下时，± 660kV良好绝缘子最少片数，应根据单片绝缘子高度按照良好绝缘子总长度不小于4.7m确定，由此确定（单片绝缘子高度为195mm），良好绝缘子最少片数为25片。

e　海拔1000m以下时，± 800kV良好绝缘子最少片数，应根据单片绝缘子高度按照良好绝缘子总长度不小于6.2m确定，由此确定（单片绝缘子高度为195mm），良好绝缘子最少片数为32片。

🔍 **释 义**　1. 带电更换绝缘子或在绝缘子串上作业时，绝缘子串闪络电压应满足系统最大操作过电压的要求。在整串绝缘子良好的情况下，其放电电压有一定的裕度；若失效的绝缘子片数过多，在操作过电压下可能产生放电。因此，良好绝缘子串的片数不得少于本条规定的数量。

2. 作业人员在开始作业前，应先对绝缘子串进行逐片检测，确认良好绝缘子片数满足上述要求后，方可开始工作。作业人员在沿耐张绝缘子串进入等电位或在绝缘串上作业时，短接后剩余的良好绝缘子片数仍应满足本条规定的最少片数要求。

3. xwp300 绝缘子是耐污盘型悬式瓷绝缘子的一种，300 指额定机电破坏负荷，单位为 kN。

13.2.5 在绝缘子串未脱离导线前，拆、装靠近横担的第一片绝缘子时，应采用专用短接线或穿屏蔽服方可直接进行操作。

🔍 **释 义**　1. 当绝缘子串尚未脱离导线前，绝缘子上都有一定的分布电压，并通过一定的泄漏电流。若作业人员未采取任何措施直接拆、装靠近横担的第一片绝缘子时，绝缘子串上的泄漏电流将从人体流过，造成作业人员触电。因此，在绝缘子串未脱离导线前，拆、装靠近横担的第一片绝缘子时，应采用专用短接线或穿屏蔽服方可直接进行操作。

2. 采用专用短接线作业时，应先接接地端，再短接横担侧第二片绝缘子的钢帽；拆除时的顺序相反，短接线的长度应适宜。

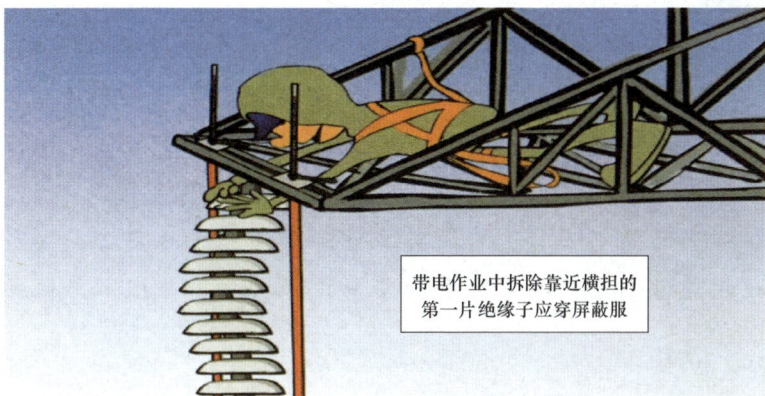

带电作业中拆除靠近横担的
第一片绝缘子应穿屏蔽服

3. 作业人员穿着全套屏蔽服直接进行操作时，可不采用专用短接线，但应确保屏蔽服的各个部件连接可靠。

13.2.6 在市区或人口稠密的地区进行带电作业时，工作现场应设置围栏，派专人监护，禁止非工作人员入内。

🔍 **释 义** 在市区或人口密集地区进行带电作业时，工作现场应设置围栏，派专人进行监护，以免非工作人员进入作业区域而影响正常工作以及发生高空落物等意外而危及人身安全。

13.2.7 非特殊需要，不应在跨越处下方或邻近有电力线路或其他弱电线路的档内进行带电架、拆线的工作。如需进行，则应制定可靠的安全技术措施，经本单位批准后方可进行。

🔍 **释 义** 1. 若在跨越处下方或邻近有电力线路或其他弱电线路的档内进行带电架、拆线的工作，可能发生牵引过程中弛度控制不好而造成安全距离不足甚至碰线、意外跑线等情况，危及其他电力线路或弱电线路及作业线路的安全运行。因此，在上述档内一般不应进行带电架、拆线的工作。

2. 在特殊情况下如需进行该类工作时，则应组织安全、技术等人员进行全面的现场勘察，制定可靠的安全技术措施，并经本单位批准后方可进行。

13.3 等电位作业。

13.3.1 等电位作业一般在 66kV、±125kV 及以上电压等级的电力线路和电气设备上进行。若需在 35kV 电压等级进行等电位作业时，应采取可靠的绝缘隔离措施。20kV 及以下电压等级的电力线路和电气设备上不准进行等电位作业。

释义 1. 66kV、±125kV 及以上电压等级的电力线路和电气设备的相间间隙和对地电气间隙相对较大，故等电位作业一般在 66kV、±125kV 及以上电压等级的电力线路和电气设备上进行。

2. 35kV 电压等级的线路及设备相间间隙和对地的电气间隙较小。若需在 35kV 电压等级进行等电位作业时，应采取可靠的绝缘隔离措施。如使用合格的绝缘隔离装置对作业点附近的邻相导线及接地部分进行可靠的绝缘隔离、采用绝缘支撑杆将邻相导线拉（撑）开进行边相作业等。

3. 20kV及以下电压等级的电力线路和电气设备的各类电气间隙过小，作业人员很难保证安全距离，不准进行等电位作业。

13.3.2 等电位作业人员应在衣服外面穿合格的全套屏蔽服（包括帽、衣裤、手套、袜和鞋，750kV、1000kV 等电位作业人员还应戴面罩），且各部分应连接良好。屏蔽服内还应穿着阻燃内衣。

禁止通过屏蔽服断、接接地电流、空载线路和耦合电容器的电容电流。

释义　1. 屏蔽服的主要作用为电场屏蔽保护、分流电容电流、均压。等电位作业人员应穿合格的全套屏蔽服（包括帽、衣裤、手套、袜和鞋，750kV、1000kV 等电位作业人员还应戴面罩），全套屏蔽服不得穿在其他衣服内，否则在电场中将可能引起外层衣服燃烧而危及人员安全。全套屏蔽服应符合 GB/T 6568—2008《带电作业用屏蔽服》规定的要求。等电位作业人员穿好后，应安排专人对连接情况进行检查和测试，确保各部分连接可靠、良好。

2. 屏蔽服内还应穿着阻燃内衣。阻燃内衣衣料具有一定的耐电火花的能力，在充电电容产生的高频火花放电时而不烧损，无明火蔓延；衣料与明火接触时，应能够阻止明火的蔓延。若等电位人员在电位转移过程中产生电弧，也不会因衣服原因而发生着火伤及作业人员。

3. 屏蔽服的整体通流容量有限，禁止作业人员通过屏蔽服断、接接地电流或空载线路和耦合电容器的电容电流。

13.3.3 等电位作业人员对接地体的距离应不小于表5的规定，对相邻导线的距离应不小于表8的规定。

表8　　　　　　　　　　等电位作业人员对邻相导线的最小距离

电压等级 kV	35	66	110	220	330	500	750
距离 m	0.8	0.9	1.4	2.5	3.5	5.0	6.9（7.2）[a]

[a]　6.9m 为边相值，7.2m 为中相值。表中数值不包括人体活动范围，作业中需考虑人体活动范围不得小于 0.5m。

释义　1. 等电位作业人员对接地体的距离与地电位作业时人身与带电体的安全距离是一致的，为确保等电位作业人员在最大（内）过电压状态下对地不发生击穿，等电位作业人员对接地体的距离应不小于《线路安规》表5的规定。

2. 由于线电压高于相电压，故等电位作业人员对相邻导线的安全距离（《线路安规》表8）要大于对地的安全距离（《线路安规》表5）。

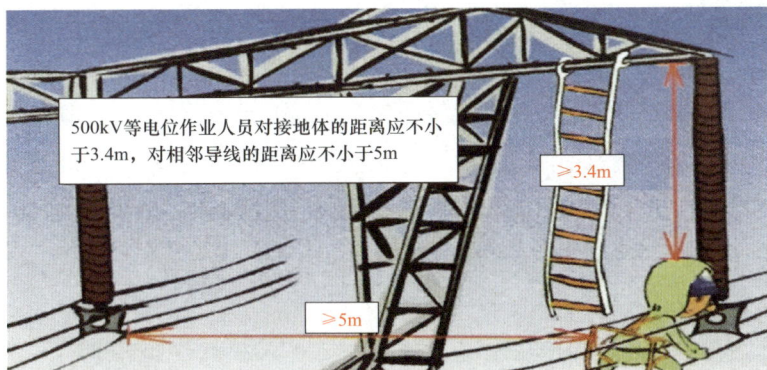

500kV等电位作业人员对接地体的距离应不小于3.4m，对相邻导线的距离应不小于5m

≥3.4m

≥5m

13.3.4　等电位作业人员在绝缘梯上作业或者沿绝缘梯进入强电场时，其与接地体和带电体两部分间隙所组成的组合间隙不准小于表9的规定。

表9　　　　　　　　　　等电位作业中的最小组合间隙

电压等级 kV	66	110	220	330	500	750	1000	±400	±500	±660	±800
距离 m	0.8	1.2	2.1	3.1	3.9	4.9[a]	6.9（6.7）[b]	3.9[c]	3.8	4.3[d]	6.6

[a]　4.9m为直线塔中相值。表中数值不包括人体占位间隙，作业中需考虑人体占位间隙不得小于0.5m。

[b]　6.9m为中相值，6.7m为边相值。表中数值不包括人体占位间隙，作业中需考虑人体占位间隙不得小于0.5m。

[c]　±400kV数据是按海拔3000m校正的，海拔为3500m、4000m、4500m、5000m、5300m时最小组合间隙依次为4.15m、4.35m、4.55m、4.80m、4.90m。

[d]　海拔500m以下，±660kV取4.3m值；海拔500m~1000m、1000m~1500m、1500m~2000m时最小组合间隙依次为4.6m、4.8m、5.1m。

释义　1. 依据GB/T 14286—2008《带电作业工具设备术语》的相关规定，组合间隙是指由两个及以上绝缘（空气）间隙串联组合的总间隙，其作用是计算人体与带电体、接地体之间的绝缘（空气）距离，以确保其各项要求满足相应规定，避免发生对人体及地的闪络。

2.组合间隙是人体任何部位及绝缘件与接地体的最小距离和人体任何部位及绝缘件与带电体的最近距离之和。计算作业现场组合间隙时，应减除作业人员动态活动的距离，可取 0.5m。

🔍 **案 例**　见案例库之案例 BB-3-020。

13.3.5 等电位作业人员沿绝缘子串进入强电场的作业，一般在 220kV 及以上电压等级的绝缘子串上进行。其组合间隙不准小于表 9 的规定。若不满足表 9 的规定，应加装保护间隙。扣除人体短接的和零值的绝缘子片数后，良好绝缘子片数不准小于表 7 的规定。

🔍 **释 义**　1.等电位作业人员沿绝缘子串进入强电场的作业，一般在水平设置的耐张绝缘子串上进行。因 220kV 及以上电压等级设备的绝缘子片数较多，其串长能够满足最小组合间隙的要求。故等电位作业人员沿绝缘子串进入强电场的作业，一般在 220kV 及以上电压等级的绝缘子串上进行。若 110kV 设备的绝缘子串串长能够满足上述要求，也可进行上述作业。

2.等电位作业人员沿绝缘子串进入强电场作业时，其组合间隙不准小于《线路安规》表 9 的规定。为确保其组合间隙满足规定值，良好绝缘子片数不准小于《线路安规》表 7 的规定（即确保有效绝缘长度）。作业前应对绝缘子

500kV带电作业时，人身与带电体间组合间隙不得小于4m，良好绝缘子片数不得小于23片

进行检测，以确保足够的良好绝缘子片数。在计算组合间隙时，应扣除人体短接的长度和零值的绝缘子片数的长度，并应考虑扣除作业人员动态活动的距离。

3. 组合间隙若不满足《线路安规》表 9 的规定，应加装保护间隙，具体要求见《线路安规》13.8。

13.3.6 等电位作业人员在电位转移前，应得到工作负责人的许可。转移电位时，人体裸露部分与带电体的距离不应小于表 10 的规定。750kV、1000kV 等电位作业应使用电位转移棒进行电位转移。

表 10　　　　等电位作业转移电位时人体裸露部分与带电体的最小距离

电压等级 kV	35、66	110、220	330、500	±400、±500	750、1000
距离 m	0.2	0.3	0.4	0.4	0.5

注：750kV、1000kV 等电位作业同时执行 13.3.2。

🔍 **释　义**　1. 依据 GB/T 14286—2008《带电作业工具设备术语》的相关规定，电位转移是指带电作业时，作业人员由某一电位转移到另一电位。

2. 等电位作业人员在进入和脱离电位前，均应得到工作负责人的许可。其目的是提醒工作负责人加强监护并检查等电位人员的各项安全距离是否符合规定。在确认无异常情况后，工作负责人方可下令等电位作业人员进行电位转移。

3. 等电位作业人员在电位转移时，人体裸露部分与带电体的距离不应小于《线路安规》表 10 的规定，以防止人体裸露部分与带电体放电而造成意外。

4. 由于 750kV、1000kV 电场强度非常大，在电位转移时充放电电流较大，故等电位作业应使用电位转移棒进行电位转移。电位转移棒是等电位作业人员进出等电位转移时使用的金属工具，用来减小放电电弧对人体的影响及避免脉冲电流对屏蔽服装可能造成的损伤。等电位作业人员进行电位转移时，电位转移棒应与屏蔽服装电气连接。进行电位转移时，等电位作业人员动作应平稳、准确、快速。

转移电位时，人体裸露部位与带电体的距离不应小于《安规》规定

13.3.7 等电位作业人员与地电位作业人员传递工具和材料时，应使用绝缘工具或绝缘绳索进行，其有效长度不准小于表 6 的规定。

🔍 **释 义** 本条同 13.2.2 释义。

500kV绝缘绳索有效绝缘长度不准小于3.7m

13.3.8 沿导、地线上悬挂的软、硬梯或飞车进入强电场的作业应遵守下列规定：

13.3.8.1 在连续档距的导、地线上挂梯（或飞车）时，其导、地线的截面积不准小于：钢芯铝绞线和铝合金绞线 120mm^2；钢绞线 50mm^2（等同 OPGW 光缆和配套的 LGJ–70/40 导线）。

🔍 **释 义** 在连续档距的 OPGW 光缆上挂梯（或飞车）时，OPGW 光缆的强度应与 LGJ–70/40 及以上导线配套设计的光缆强度相同。但部分将已投入运行线路的地线改造成的光缆，由于设计时考虑原塔头的受力等因素，其强度可能达不到计算截面积为 50mm² 及以上钢绞线的强度。在光缆上进行挂梯（或飞车）作业时，应对光缆强度进行验算，符合要求后方可进行。

钢绞线截面积不准
小于50mm²

13.3.8.2 有下列情况之一者，应经验算合格，并经本单位批准后才能进行：

a）在孤立档的导、地线上的作业。

b）在有断股的导、地线和锈蚀的地线上的作业。

c）在 13.3.8.1 条以外的其他型号导、地线上的作业。

d）两人以上在同档同一根导、地线上的作业。

🔍 **释义**　在孤立档的导、地线上的作业，具体验算方法［验算公式摘自《输电线路基础》(中国电力出版社，2009)］：

第一步：根据式（13-1）计算出 σ_2

$$\sigma_2 - \frac{El_0^2 g^2}{24\sigma_2^2} - \frac{l_x Q(Q + l_x gA)E}{8A^2 \sigma_2^2 \sum l_i} = \sigma_1 - \frac{El_0^2 g^2}{24\sigma_1^2} - \alpha E(t_2 - t_1) \quad （13-1）$$

式中　σ_1、σ_2——分别为集中荷载作用前和作用后的导线应力，MPa；

t_1、t_2——分别为集中荷载作用前和作用后的气温，℃，一般取 $t_1 = t_2$；

Q——集中荷载，N，取工器具及人员总重的 1.3 倍，1.3 为冲击系数；

l_0——耐张段的代表档距，m，孤立档时即为孤立档档距；

l_x——集中荷载作用档的档距，m，孤立档时即为孤立档档距；

$\sum l_i$——耐张段长度，m，孤立档时即为孤立档档距；

g——导线的比载，N/（m·mm²）；

A——导线截面积，mm²；

E——导线的弹性系数，MPa；

α——导线的热膨胀系数，1/℃。

第二步：计算导（地）线最大允许应力 $[\sigma_m]$

$$[\sigma_m] = \frac{\sigma_p}{K}$$ （13-2）

式中　$[\sigma_m]$——导线最低点的最大允许应力，MPa；

　　　σ_p——导线瞬时破坏应力，MPa；

　　　K——导线强度安全系数。

若 $\sigma_2 > [\sigma_m]$ 时，挂梯不安全；若 $\sigma_2 < [\sigma_m]$ 时，挂梯安全。

当需验算集中荷载作用点对地或交叉跨越物的垂直距离时，集中荷载作用点的弧垂可按下式计算：

$$f_x = \frac{g}{2\sigma_2} l_a l_b + \frac{Q}{l_x \sigma_2 A} l_a l_b$$ （13-3）

式中　f_x——集中荷载作用点的导线弧垂，m；

　l_a、l_b——分别为集中荷载作用点距两侧导线悬点的水平距离，m；

　　　Q——集中荷载，N，取工器具及人员总重的 1.3 倍，1.3 为冲击系数；

　　　σ_2——集中荷载作用后的导线应力，MPa；

　　　l_x——集中荷载作用档的档距，m，孤立档时即为孤立档档距；

　　　g——导线的比载，N/（m·mm^2）；

　　　A——导线截面积，mm^2。

在有断股的导、地线和锈蚀的地线上的作业。作业前一定要全面掌握导、地线的断股情况和锈蚀情况，再进行严格的验算，并应留有一定的裕度。因导、地线的断股情况和锈蚀情况很难确定，一般情况下作业人员不要直接在断股或锈蚀的导、地线上挂梯、飞车作业。

在 13.3.8.1 条以外的其他型号导、地线上的作业。按照式（13-1）~式（13-3）验算。如耐张段中各档均需上人作业时，可取档距最大的一档验算，此档安全则其他各档也安全。若需在某一档上人作业，则可取档距中点验算，如验算符合要求则档中其他各点也符合要求。

两人以上在同档同一根导、地线上的作业，因导、地线上存在至少两个受力点，导线应力增大，作业过程中两人的动作很难保持一致，会使导、地线应力不平衡，扩大作业安全风险。如确需两人以上在同档同一根导、地线上作业，应按照式（13-1）~式（13-3）验算，验算合格且经本单位批准后才能进行。

上述计算公式是按照导、地线完好无损来考虑的。如遇挂梯作业档导、地线有损伤时，应根据导、地线损伤程度慎重考虑，或选择其他方法进行作业。

在有断股的地线上作业，应经验算合格并经本单位分管生产领导批准后才能进行

13.3.8.3 在导、地线上悬挂梯子、飞车进行等电位作业前，应检查本档两端杆塔处导、地线的紧固情况。挂梯载荷后，应保持地线及人体对下方带电导线的安全间距比表 5 中的数值增大 0.5m；带电导线及人体对被跨越的电力线路、通信线路和其他建筑物的安全距离应比表 5 中的数值增大 1m。

🔍 释义　1. 在导线和地线上悬挂梯子、飞车等电位作业前，应检查挂梯档两端杆塔处导线和地线的横担、金具紧固和绝缘子串的连接情况，防止导、地线脱落，确认无异常后方可进行挂梯作业。

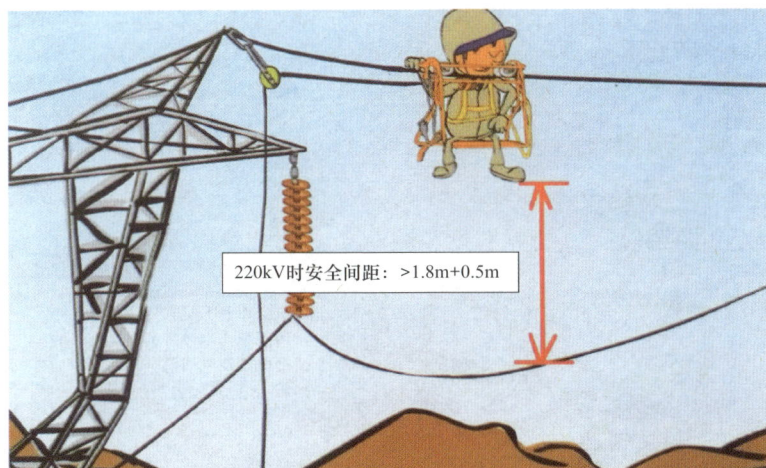

220kV时安全间距：>1.8m+0.5m

2. 挂梯载荷后，地线及人体与下方带电导线的安全间距应大于《线路安规》表 5 中的规定值加 0.5m 的值；带电导线及人体对被跨越的电力线路、通

信线路和其他建筑物的安全距离应大于《线路安规》表 5 中的规定值加 1m 的值。挂梯载荷后导、地线弧垂计算按 13.3.8.2 的式（13-3）验算。

13.3.8.4 在瓷横担线路上禁止挂梯作业，在转动横担的线路上挂梯前应将横担固定。

释义 1. 瓷横担机械强度较低，如在瓷横担线路上挂梯作业可能会引起横担断裂，造成人员高坠或设备受损。

2. 在转动横担的线路上挂梯前，应先将横担固定好，避免挂梯作业时横担转动造成安全距离不够，引发意外事故。

在瓷横担线路上禁止挂梯作业，在转动横担的线路上挂梯前应将横担固定

瓷横担

13.3.9 等电位作业人员在作业中禁止用酒精、汽油等易燃品擦拭带电体及绝缘部分，防止起火。

释义 等电位作业中，人员在操作或电位转移时会产生电弧，容易引燃酒精、汽油等易燃品，危及作业人员和设备安全。因此，等电位作业人员在作业中禁止用酒精、汽油等易燃品擦拭带电体及绝缘部分。

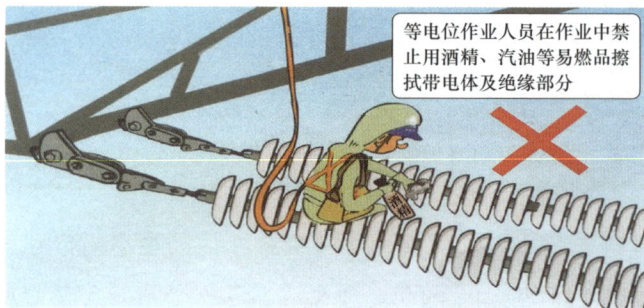

等电位作业人员在作业中禁止用酒精、汽油等易燃品擦拭带电体及绝缘部分

13.4 带电断、接引线。

13.4.1 带电断、接空载线路，应遵守下列规定：

a）带电断、接空载线路时，应确认线路的另一端断路器（开关）和隔离开关（刀闸）确已断开，接入线路侧的变压器、电压互感器确已退出运行后，方可进行。

禁止带负荷断、接引线。

🔍 **释义**　1.带电断、接空载线路时，如线路的另一端断路器（开关）和隔离开关（刀闸）未断开，会造成断、接负荷电流，从而产生电弧，引发事故；如接入线路侧的变压器、电压互感器未退出运行，相当于切、接小电感电流而产生过电压电弧，易引发事故或损坏设备。因此，应确认线路的另一端断路器（开关）和隔离开关（刀闸）确已断开，接入线路侧的变压器、电压互感器确已退出运行后，方可进行带电断、接空载线路。

2.在线路带负荷电流情况下断、接引线，相当于带负荷拉合闸，无法切断负荷较大的电流。因此，禁止带负荷断、接引线。

b）带电断、接空载线路时，作业人员应戴护目镜，并应采取消弧措施。消弧工具的断流能力应与被断、接的空载线路电压等级及电容电流相适应。如使用消弧绳，则其断、接空载线路的长度不应大于表11规定，且作业人员与断开点应保持4m以上的距离。

表 11   使用消弧绳断、接空载线路的最大长度

电压等级 kV	10	35	66	110	220
长度 km	50	30	20	10	3

注：线路长度包括分支在内，但不包括电缆线路。

释义　1. 带电断、接空载线路时，在断、接过程中因存在电容电流而将产生电弧。因此，作业人员应戴护目镜，并采取消弧措施。

2. 断、接空载线路应根据线路电压等级、线路长短及其电容电流选择断接工具。如使用消弧绳，则其断、接的空载线路的长度不应大于《线路安规》表 11 的规定，且作业人员与断开点应保持 4m 以上的距离，以免危及作业人员人身安全。

3. 依据 DL/T 966—2005《送电线路带电作业技术导则》相关规定，消弧绳断、接空载线路的电容电流以 3A 为限，超过此值时，应选用消弧能力与空载线路电容电流相适应的断接工具。

c）在查明线路确无接地、绝缘良好、线路上无人工作且相位确定无误后，方可进行带电断、接引线。

释义　1. 在带电断、接引线时，如被接引的空载线路绝缘不良或存在接地，对中性点直接接地的系统将形成单相对地短路，在空载电压冲击下，绝缘薄弱环节将容易被击穿发生故障；对中性点不接地或经消弧线圈接地的系统，接地虽然不至于形成短路并能维持带电运行，但设备绝缘将受到线电压的作用。如出现电容电流很大的接地，而断接所使用的消弧管容量有限，就会使其超容而爆炸，以上情况都将给人身和设备带来严重威胁。

2.带电接引线前，必须核实线路相位。未经定相核实相位即开始接引线，如果相位错误，将会产生严重后果。如待接引的线路空载，则会在受端变电站操作加入电网时发生相间短路；而如果直接接引两端带电设备，则会立即发生相间短路，造成人身、设备重大故障。

d）带电接引线时未接通相的导线及带电断引线时已断开相的导线将因感应而带电。为防止电击，应采取措施后才能触及。

🔍 释 义　带电接引线时，未接通相的导线、带电断引线时已断开相的导线上都会因感应而带电，为防止作业人员遭电击，应对其导线充分放电后才能触及。

带电接引线时未接通相的导线及带电断引线时已断开相的导线将因感应而带电。为防止电击，应采取措施后人员才能触及

e）禁止同时接触未接通的或已断开的导线两个断头，以防人体串入电路。

🔍 释 义　未接通的或已断开的导线两个断头有电位差，作业人员同时接触这两个断头，易引发人体串入电路，对人体造成电流伤害。

禁止同时接触未接通的或已断开的导线两个断头

13.4.2 禁止用断、接空载线路的方法使两电源解列或并列。

释义 采用断空载线路方法使两电源解列，会在断口处产生电弧，对作业人员造成伤害。采用接空载线路使两电源并列，会引起电流分布改变，并列瞬间同样会在连接处产生电弧，对作业人员造成伤害。

禁止用断、接空载线路的方法使两电源解列或并列

13.4.3 带电断、接耦合电容器时，应将其接地刀闸合上、停用高频保护和信号回路。被断开的电容器应立即对地放电。

释义 在带电断、接耦合电容器时，将会有脉冲信号输入高频保护装置，造成装置损坏或误动。因此，工作前应合上接地开关、停用高频保护和信号回路。被断开的电容器储有电荷，具有电位，应立即对地放电。

将电容器接地开关合上，并停用高频保护和信号回路

13.4.4 带电断、接空载线路、耦合电容器、避雷器、阻波器等设备引线时，应采取防止引流线摆动的措施。

释义 带电断、接空载线路、耦合电容器、避雷器、阻波器等设备引线时，应使用绝缘绳或绝缘支撑杆等将引流线可靠固定，以防止其摆动而造成接地、相间短路或人身触电。

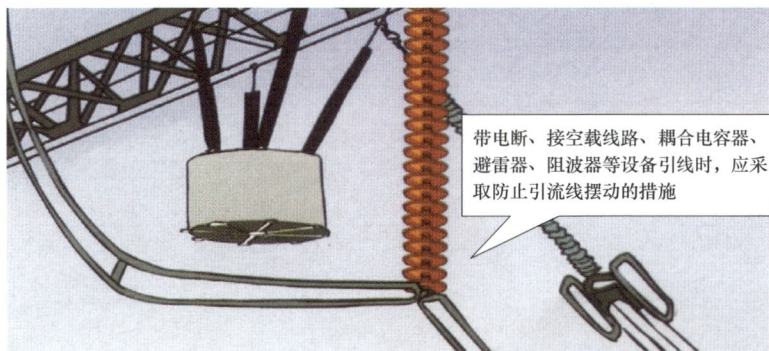

13.5 带电短接设备。

13.5.1 用分流线短接断路器（开关）、隔离开关（刀闸）、跌落式熔断器等载流设备，应遵守下列规定：

a）短接前一定要核对相位。

释义 用分流线短接断路器（开关）、隔离开关（刀闸）、跌落式熔断器等载流设备，如相位不一致，会造成相间短路，导致设备损坏，影响电网安全。因此，短接前一定要核对相位。

b）组装分流线的导线处应清除氧化层，且线夹接触应牢固可靠。

释义 组装分流线的导线处清除氧化层，且与线夹接触牢固，可以增加分流线与线夹有效接触面积，减小接触电阻，避免线夹发热。

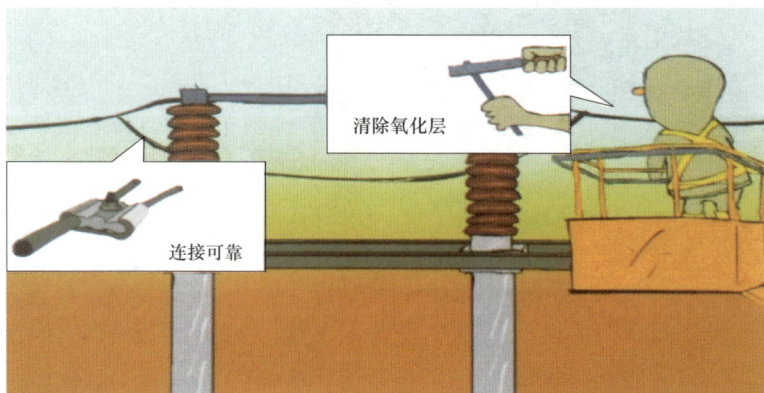

清除氧化层

连接可靠

c）35kV 及以下设备使用的绝缘分流线的绝缘水平应符合表 15 的规定。

释义 35kV 及以下设备间隙较小，应使用有绝缘层的分流线，分流线的绝缘水平应满足《线路安规》表 15（见 13.11.3.2）的规定。

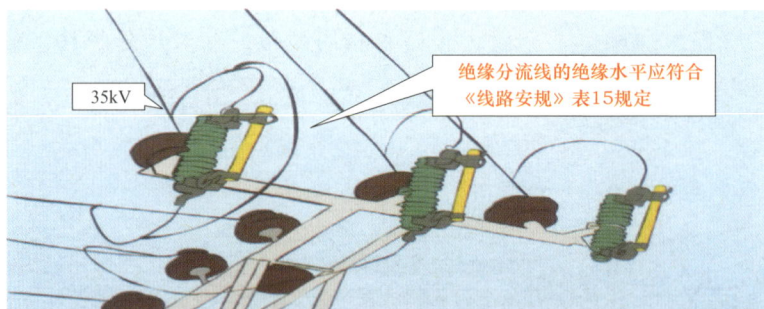

35kV

绝缘分流线的绝缘水平应符合《线路安规》表15规定

d）断路器（开关）应处于合闸位置，并取下跳闸回路熔断器，锁死跳闸机构后，方可短接。

释义 在短接断路器（开关）过程中，如发生断路器（开关）跳闸，相电压加在等电位作业的断开点开口端，可能产生强烈的电弧而危及人身安全。因此，短接前断路器（开关）应处于合闸位置，并取下跳闸回路熔断器、锁住跳闸机构后，方可短接。

e）分流线应支撑好，以防摆动造成接地或短路。

🔍 **释 义**   分流线如固定不牢，摆动落地可能造成接地或短路。

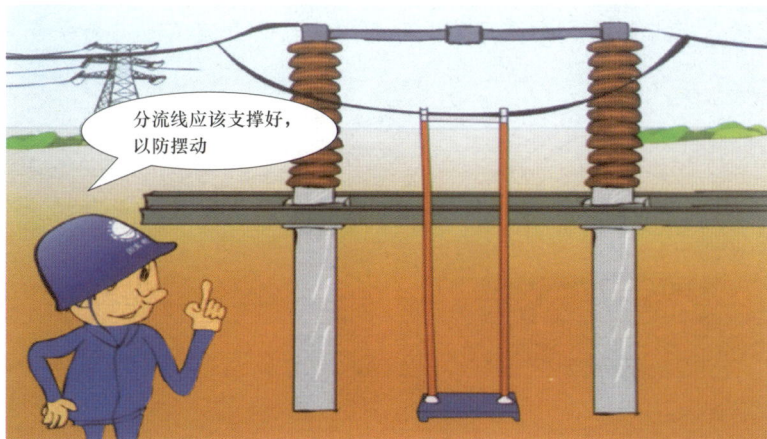

13.5.2 阻波器被短接前，严防等电位作业人员人体短接阻波器。

🔍 **释 义**   如人体短接阻波器，相当于人体与阻波器并联，会有部分负荷电流通过作业人员的屏蔽服，此时将会瞬间出现电弧，造成人身伤害。因此，等电位作业在短接阻波器前，要防止作业人员人体短接阻波器。

13.5.3 短接开关设备或阻波器的分流线截面和两端线夹的载流容量，应满足最大负荷电流的要求。

🔍 **释 义**　短接开关设备或阻波器的分流线应具备降低流经开关设备或阻波器电流的作用。在阻抗较大的载流设备附近等电位作业，都要采取防止过大旁路电流流经屏蔽服的措施。截面积和两端线夹的载流容量不满足最大负荷电流的要求时，有可能造成流经开关设备或阻波器的电流不能完全分流，影响作业安全。

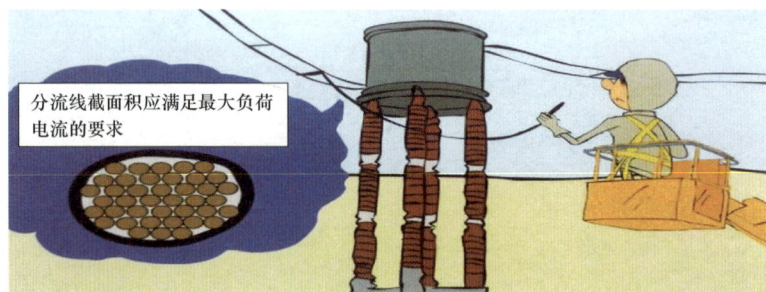

13.6 带电清扫机械作业。

13.6.1 进行带电清扫工作时，绝缘操作杆的有效长度不准小于表6的规定。

🔍 **释 义**　进行带电清扫工作时，应保证绝缘操作杆的有效长度满足《线路安规》表6的规定，确保人身安全。

进行带电清扫工作时，绝缘操作杆应保持足够有效长度

13.6.2 在使用带电清扫机械进行清扫前，应确认：清扫机械工况（电机及控制部分、软轴及传动部分等）完好，绝缘部件无变形、脏污和损伤，毛刷转向正确，清扫机械已可靠接地。

释义 带电清扫机械在使用前，应对清扫机械的机械部分进行全面的检查和测试，避免机械部件损坏引发事故。检查绝缘部件是否变形、脏污和损伤，并对其进行绝缘检测，防止绝缘降低，对作业人员造成伤害；测试毛刷转向是否正确。确保其各项性能完好、合格后，方可使用。开始清扫作业前，应将清扫机械可靠接地。

进行清扫前应确认：清扫机械工况完好，绝缘部件无变形、脏污和损伤，毛刷转向正确、清扫机械已可靠接地

13.6.3 带电清扫作业人员应站在上风侧位置作业，应戴口罩、护目镜。

释义 带电清扫作业人员应戴口罩、护目镜，避免清扫下来的灰尘吹入作业人员的眼睛和进入呼吸系统。

带电清扫作业人员应站在上风侧位置作业，应戴口罩、护目镜

13.6.4 作业时，作业人的双手应始终握持绝缘杆保护环以下部位，并保持带电清扫有关绝缘部件的清洁和干燥。

释义 作业人的双手应始终握持绝缘杆保护环以下部位，以确保绝缘操作杆的有效绝缘长度。作业过程中，清扫下来的大量灰尘会堆积在绝缘部件上、降低绝缘性能，作业人应及时对绝缘部件进行清扫，确保其清洁和干燥。

作业时，作业人的双手应始终握持绝缘杆保护环以下部位，并保持带电清扫有关绝缘部件的清洁和干燥

13.7 高架绝缘斗臂车作业。

13.7.1 高架绝缘斗臂车应经检验合格。斗臂车操作人员应熟悉带电作业的有关规定，并经专门培训，考试合格、持证上岗。

释义 1.高架绝缘斗臂车应经检验机构检验合格，各项试验和检查应符合 DL/T 854—2017《带电作业用绝缘斗臂车使用导则》的相关规定。

2.高架绝缘斗臂车属于特种设备，结构和操作较为复杂，且作业时将作业人员升至高空进行带电作业。因此，对作业人员和斗臂车的操作应有严格的要求。

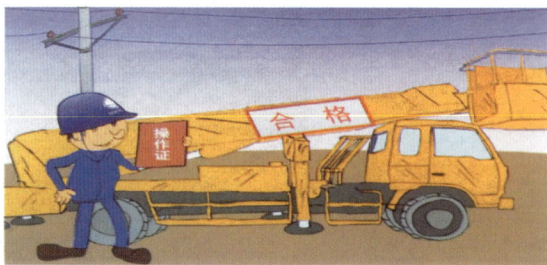

13.7.2　高架绝缘斗臂车的工作位置应选择适当，支撑应稳固可靠，并有防倾覆措施。使用前应在预定位置空斗试操作一次，确认液压传动、回转、升降、伸缩系统工作正常、操作灵活，制动装置可靠。

🔍 **释义**　　1. 高架绝缘斗臂车的工作位置应选择适当，支撑应稳固可靠，并采取在四只支撑脚下方垫枕木或钢板等防倾覆措施。

2. 每次使用前，应在预定位置空斗试操作一次，以确认液压传动、回转、升降、伸缩系统工作正常、操作灵活，制动装置可靠。如有异常现象，禁止使用。

13.7.3　绝缘斗中的作业人员应正确使用安全带和绝缘工具。

🔍 **释义**　　在绝缘斗中的作业属于高空作业，人员的安全带应系在绝缘斗的牢固构件上，并正确使用检测合格的绝缘工具，作业过程中保证绝缘工具的有效绝缘长度。

13.7.4 高架绝缘斗臂车操作人员应服从工作负责人的指挥，作业时应注意周围环境及操作速度。在工作过程中，高架绝缘斗臂车的发动机不准熄火。接近和离开带电部位时，应由斗臂中人员操作，但下部操作人员不准离开操作台。

🔍 **释义**　1.高架绝缘斗臂车操作人员作业时，由于所处位置、角度关系，无法顾及周边情况，故应服从工作负责人的指挥。斗臂车在道路边、人员密集等区域作业时，应正确设置交通警告标志和安全围栏。斗臂车在工作过程中，发动机不准熄火，以备意外情况发生时能及时处理。

2.在车斗接近和离开带电部位时，应由斗中人员操作，以便保持安全距离、保证带电作业的安全进行。为保障在上部操作失效时能及时进行应对，下部操作人员不准离开操作台。

3.如绝缘斗臂由斗中人员操作时，应由专人操作。即一人操作斗臂，一人进行带电作业。工作负责人应加强对下部操作台的监护，以免其他人员进入下部操作台发生误操作。

13.7.5 绝缘臂的有效绝缘长度应大于表12的规定。且应在下端装设泄漏电流监视装置。

表12　　　　　　　　　　绝缘臂的最小有效绝缘长度

电压等级 kV	10	35	66	110	220	330
长度 m	1.0	1.5	1.5	2.0	3.0	3.8

<table>
<tr><td>🔍 **释 义**</td></tr>
</table>

　　释义 绝缘臂伸出作业时，其有效绝缘长度应大于《线路安规》表12的规定，且应在下端装设泄漏电流监视装置。工作负责人应派人对泄漏电流情况进行监视，泄漏电流应满足《线路安规》附录 K 的规定。

　　13.7.6 绝缘臂下节的金属部分，在仰起回转过程中，对带电体的距离应按表 5 的规定值增加 0.5m。工作中车体应良好接地。

　　释义 1. 由于设备及作业环境，在作业过程中操作人员很难控制绝缘臂下节的金属部分与带电体的安全距离。因此，在仰起回转等过程中对带电体的距离应按《线路安规》表 5 的规定值增加 0.5m。斗臂的升降、仰起回转由斗中人员进行操作时，工作负责人（监护人）应严格监护，确保绝缘臂下节的金属部分与带电体的距离满足本规程要求。

　　2. 工作中车体应始终良好接地，以防感应电伤人。

　　13.8 保护间隙。

　　13.8.1 保护间隙的接地线应用多股软铜线。其截面应满足接地短路容量的要求，但不准小于 25mm^2。

　　释义 间隙放电时，继电保护动作较快、接地线截面积不小于 25mm^2，可保证在跳闸的短时间内接地线不被烧断。

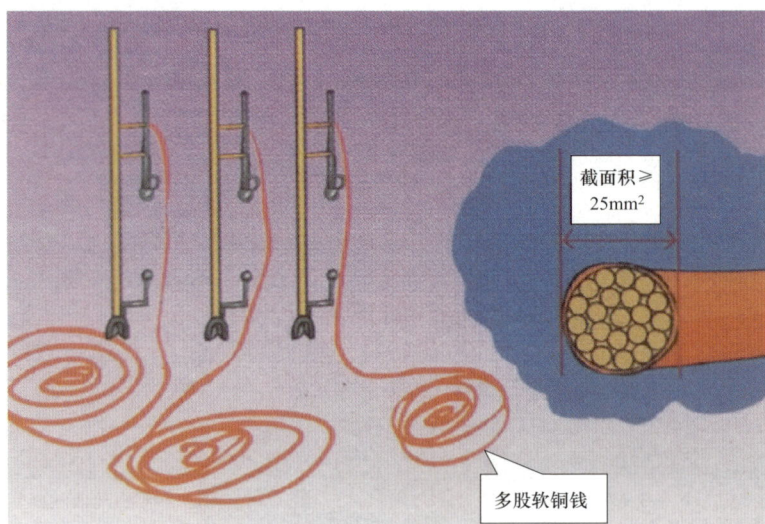

截面积≥
25mm²

多股软铜钱

13.8.2 保护间隙的距离应按表 13 的规定进行整定。

表 13　　　　　　　　　　　　　　保护间隙整定值

电压等级 kV	220	330	500	750	1000
间隙距离 m	0.7~0.8	1.0~1.1	1.3	2.3	3.6

注：330kV 及以下保护间隙提供的数据是圆弧形，500kV 及以上保护间隙提供的数据是球形。

🔍 **释　义**　　为保证带电作业安全进行，保护间隙的距离应满足《线路安规》表 13 的规定。

13.8.3 使用保护间隙时，应遵守下列规定：

a) 悬挂保护间隙前，应与调控人员联系停用重合闸或直流线路再启动功能。

🔍 **释　义**　　悬挂保护间隙前，工作负责人应向调控人员申请停用重合闸或直流线路再启动功能，防止保护间隙在安装、调节过程中引发线路接地跳闸重合或直流线路再启动，对作业人员造成二次伤害。保护间隙悬挂后，工作负责人应及时向调控人员汇报。

b) 悬挂保护间隙应先将其与接地网可靠接地，再将保护间隙挂在导线上，并使其接触良好。拆除的程序与其相反。

1.悬挂保护间隙的顺序与挂接地线的顺序一样，先挂接地端，后挂导线端，连接应可靠。保护间隙具有可调节的性能时，悬挂前先将保护间隙调大，与导线挂接牢固后再调至整定值；拆除时，也应先将保护间隙调大后再脱离导线。

2.拆除保护间隙的顺序与悬挂相反，先拆导线端，后拆接地端。

悬挂保护间隙应先将其与接地网可靠接地，再将保护间隙挂在导线上，并使其接触良好，拆除的程序与其相反

c）保护间隙应挂在相邻杆塔的导线上，悬挂后，应派专人看守，在有人、畜通过的地区，还应增设围栏。

1.依据 DL/T 966—2005《送电线路带电作业技术导则》，为防止保护间隙放电时电弧伤及作业人员，保护间隙应挂在相邻杆塔的导线上。

2.由于保护间隙悬挂点离作业点有一定距离，应派专人看守，在有人、畜通过的地区，应增设围栏，防止误入。

保护间隙应挂在相邻杆塔的导线上，悬挂后，应派专人看守

　　d）装、拆保护间隙的人员应穿全套屏蔽服。

🔍 **释义**　　为防止装、拆保护间隙时，间隙放电对作业人员造成伤害，作业人员应穿全套屏蔽服进行作业。

拆装保护间隙的人员应穿全套屏蔽服

13.9 带电检测绝缘子。

使用火花间隙检测器检测绝缘子时，应遵守下列规定：

　　a）检测前，应对检测器进行检测，保证操作灵活，测量准确。

🔍 **释义**　　1.使用火花间隙检测器检测绝缘子时，因良好绝缘子两端存在数千伏的电位差，能使空气间隙击穿而产生火花放电，发出放电声；而老化的或零值的绝缘子两端的电位差很小或等于零，不能击穿空气间隙，不会产生火花放电。带电作业用火花间隙检测装置分为普通型和带蜂鸣型两类，装置的型式为固定间隙型，但其间隙距离可按适用的电压等级，依据 DL/T 415—2009《带电作业用火花间隙检测装置》的相关规定进行调整。

　　2.在检测前，要先检查间隙距离是否满足出厂规定值。间隙过大，会把良好绝缘子误判为低值或零值；如间隙过小，会将低值绝缘子误判为良好。

b）针式绝缘子及少于3片的悬式绝缘子不准使用火花间隙检测器进行检测。

🔍 **释义**　如使用火花间隙检测器对针式绝缘子进行测零，将造成线路直接接地故障。少于3片的悬式绝缘子，如果其中1片零值，在使用火花间隙检测器检测另1片时，也将造成线路接地故障。故针式绝缘子及少于3片的悬式绝缘子不准使用火花间隙检测器进行检测。

c）检测35kV及以上电压等级的绝缘子串时，当发现同一串中的零值绝缘子片数达到表14的规定时，应立即停止检测。

表 14　　　　　　　　　　一串中允许零值绝缘子片数

电压等级 kV	35	66	110	220	330	500	750	1000	±500	±660	±800
绝缘子串片数	3	5	7	13	19	28	29	54	37	50	58
零值片数	1	2	3	5	4	6	5	18	16	26	27

注：如绝缘子串的片数超过表中规定时，零值绝缘子允许片数可相应增加。

🔍 **释义**　检测35kV及以上电压等级的绝缘子串时，当发现同一串中的零值绝缘子片数达到《线路安规》表14的规定时，如继续测试将可能造成绝缘子串闪络而引起线路跳闸。因此，检测中发现零值的片数达到《线路安规》表14规定时，应立即停止检测。

d）直流线路不采用带电检测绝缘子的检测方法。

🔍 **释 义** 　在检测直流线路的绝缘子时，受绝缘子周围空间离子流和表面电阻的影响很大，为保证作业人员的人身和设备安全，直流线路不采用带电检测绝缘子的检测方法。

e）应在干燥天气进行。

🔍 **释 义** 　当空气湿度太大时，由于空气绝缘的下降及空气分子在电场下电离现象的不同，绝缘子本身泄漏电流增大使火花放电现象减弱，将造成误判。同时，绝缘操作杆的绝缘性能也将降低，甚至发生绝缘击穿。故应在干燥天气进行。

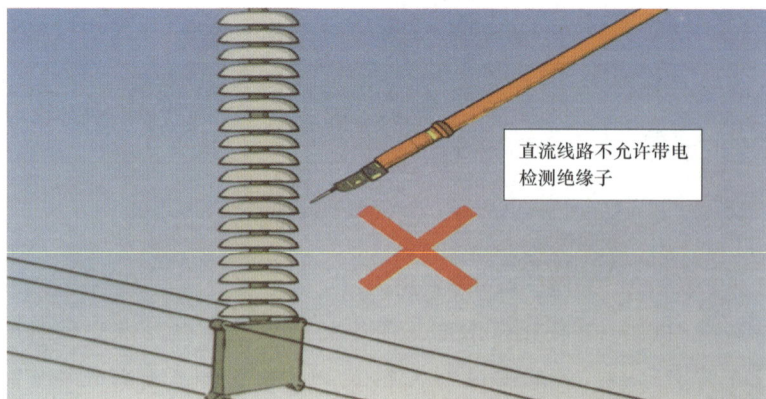

13.10 配电带电作业。

13.10.1 进行直接接触 20kV 及以下电压等级带电设备的作业时，应穿着合格的绝缘防护用具（绝缘服或绝缘披肩、绝缘手套、绝缘鞋）；使用的安全带、安全帽应有良好的绝缘性能，必要时戴护目镜。使用前应对绝缘防护用具进行外观检查。作业过程中禁止摘下绝缘防护用具。

🔍 **释 义**　在配电线路的带电作业中，由于配电线路相间的距离小，配电设施密集，作业范围小，作业人员在作业过程中很容易触及邻相及不同电压的带电导线和设备。故进行直接接触 20kV 及以下电压等级带电设备的作业时，应注意事项包括但不限于以下方面：

1）作业人员应正确穿着绝缘服或绝缘披肩、绝缘手套、绝缘鞋等绝缘防护用具，应使用绝缘安全带和安全帽。

2）在作业过程中，人体裸露部分与带电体的最小安全距离、绝缘绳索工具最小有效绝缘长度等均应满足《线路安规》的相关规定。

3）为防止作业人员误碰带电设备，禁止在作业过程中摘下绝缘防护用具。为防止作业人员在作业过程中由于电弧而灼伤眼睛，必要时应戴护目镜。

4）各类绝缘防护用具使用前应对其进行外观检查和绝缘检测，作业过程中不得摘下绝缘防护用具。

13.10.2 作业时，作业区域带电导线、绝缘子等应采取相间、相对地的绝缘隔离措施。绝缘隔离措施的范围应比作业人员活动范围增加 0.4m 以上。实施绝缘隔离措施时，应按先近后远、先下后上的顺序进行，拆除时顺序相反。装、拆绝缘隔离措施时应逐相进行。

禁止同时拆除带电导线和地电位的绝缘隔离措施；禁止同时接触两个非连通的带电导体或带电导体与接地导体。

释义 1. 作业时，因配电线路作业区域内带电导线相间、相对地距离较小，为确保作业人员的人身和设备安全，应对作业区域带电导线、绝缘子等采取相间、相对地的绝缘隔离措施。通常绝缘隔离措施有安装绝缘遮蔽、绝缘隔板等。

2. 为方便作业人员作业，避免意外发生人员触电，绝缘隔离措施的范围应比作业人员活动范围扩大 0.4m 以上。

3. 为避免意外碰触有电部位，在实施绝缘隔离措施时，应按先近后远、先下后上的顺序进行，拆除时顺序相反。在实施过程中，人体裸露部分与带电体的最小安全距离应满足《线路安规》表 5 的规定。

4. 装、拆绝缘隔离措施时应逐相进行，应按顺序依次拆除带电导线和地电位的绝缘隔离措施。

5. 禁止同时拆除带电导线和地电位的绝缘隔离措施，禁止同时接触两个非连通的带电导体或带电导体与接地导体，以防人体串入其中发生短路触电。

实施绝缘隔离措施时，应按先近后远、先下后上的顺序进行，拆除时顺序相反

13.10.3 作业人员进行换相工作转移前，应得到工作监护人的同意。

释义 因相间及相对地距离小，作业人员在进行换相转移作业中，人体易碰触相邻带电导线或接地造成触电伤害。因此，作业人员进行换相工作转移前，应得到工作监护人的同意，在其监护下方可开始转移。

13.11 带电作业工具的保管、使用和试验。

13.11.1 带电作业工具的保管。

13.11.1.1 带电作业工具应存放于通风良好，清洁干燥的专用工具房内。工具房门窗应密闭严实，地面、墙面及顶面应采用不起尘、阻燃材料制作。室内的相对湿度应保持在50%～70%。室内温度应略高于室外，且不宜低于0℃。

🔍 **释义**　电气和机械性能良好与否，直接影响带电作业时的人身及设备安全。绝缘工具的电气和机械性能受到空气温度、湿度、表面清洁程度的影响较大，需做好带电作业工具的维护和保管。带电作业工具房设计、温度及湿度的控制应符合 DL/T 974—2018《带电作业用工具库房》的相关规定。

13.11.1.2 带电作业工具房进行室内通风时，应在干燥的天气进行，并且室外的相对湿度不准高于75%。通风结束后，应立即检查室内的相对湿度，并加以调控。

🔍 **释义**　1.在对带电作业工具房进行室内通风时，应在天气干燥时进行，且室外的相对湿度不准高于75%，以免造成室内的湿度提高。

2.通风结束后，应立即检测室内的相对湿度。如不能满足本规范要求时，应立即打开抽湿机、加热器进行除湿，直至满足要求为止。

13.11.1.3 带电作业工具房应配备湿度计，温度计，抽湿机（数量以满足要求为准），辐射均匀的加热器，足够的工具摆放架、吊架和灭火器等。

🔍 **释　义** 带电作业工具房的湿度计、温度计、抽湿机、加热器、工具摆放架、吊架和灭火器等应符合 DL/T 974—2018《带电作业用工具库房》中关于设备配备的相关规定。

13.11.1.4 带电作业工具应统一编号、专人保管、登记造册，并建立试验、检修、使用记录。

🔍 **释　义** 带电作业工具是保障带电作业安全的基础，为便于带电作业工具的使用和管理，依据 DL/T 974—2018《带电作业用工具库房》的相关规定，应对带电作业工具进行统一编号、专人保管、登记造册，并建立试验、检修、使用记录。

带电作业工具应统一编号、专人保管、登记造册，并建立试验、检修、使用记录

13.11.1.5 有缺陷的带电作业工具应及时修复，不合格的应予报废，禁止继续使用。

🔍 **释　义** 发现带电作业工具有缺陷后，不得继续使用并应及时进行修复。修复后经重新试验合格后，方可使用；试验不合格的禁止继续使用，并不准与合格工具混放，应贴报废标签予以报废。

手套已破损，应报废

13.11.1.6 高架绝缘斗臂车应存放在干燥通风的车库内，其绝缘部分应有防潮措施。

释义 高架绝缘斗臂车的存放应符合DL/T 974—2018《带电作业用工具库房》和DL/T 854—2017《带电作业用绝缘斗臂车的保养维护及在使用中的试验》的相关规定。

高架绝缘斗臂车应存放在干燥通风的车库内，其绝缘部分应有防潮措施

13.11.2 带电作业工具的使用。

13.11.2.1 带电作业工具应绝缘良好、连接牢固、转动灵活，并按厂家使用说明书、现场操作规程正确使用。

🔍 **释义** 带电作业工具的电气和机械性能直接影响带电作业安全，应满足绝缘良好、连接牢固、转动灵活的要求。在使用中作业人员应严格按厂家使用说明书、现场操作规程正确使用，不得违规操作。

13.11.2.2 带电作业工具使用前应根据工作负荷校核机械强度，并满足规定的安全系数。

🔍 **释义** 带电作业工具机械强度应按以下方法校核：

（1）机械强度应满足实际工作中的负荷乘以安全系数倍数的要求。

（2）安全系数依据 DL/T 966—2005《送电线路带电作业技术导则》的相关规定选取。

带电作业工具使用前应根据工作负荷校核机械强度，并满足规定的安全系数

13.11.2.3 带电作业工具在运输过程中，带电绝缘工具应装在专用工具袋、工具箱或专用工具车内，以防受潮和损伤。发现绝缘工具受潮或表面损伤、脏污时，应及时处理并经试验或检测合格后方可使用。

🔍 **释义** 1. 为防带电作业工具在运输过程中发生受潮和损伤，应将其装在相应的专用工具袋、工具箱或专用工具车内。

2. 发现绝缘工具受潮、脏污时，应采用干净的棉布进行擦拭或烘干处理，并重新按照《线路安规》13.11.2.5 的规定进行绝缘检测合格后方可使用；如果绝缘工具受潮、脏污较为严重及表面损伤，应送回厂家进行处理，并应经有资质的试验单位试验合格后方可继续使用。

带电作业工具在运输过程中，带电绝缘工具应装在专用工具袋、工具箱或专用工具车内，以防受潮和损伤

13.11.2.4 进入作业现场应将使用的带电作业工具放置在防潮的帆布或绝缘垫上，防止绝缘工具在使用中脏污和受潮。

释义　进入作业现场的绝缘工具，在检查、检测、使用过程中，应始终确保其在防潮的帆布或绝缘垫上。特别要注意防止绝缘绳索落到防潮的帆布或绝缘垫之外区域。绝缘绳索在转位或移动作业时，应将其装入专用的工具袋内，以免脏污和受潮。

安全围栏

防潮绝缘垫

13.11.2.5 带电作业工具使用前，仔细检查确认没有损坏、受潮、变形、失灵，否则禁止使用。并使用2500V及以上绝缘电阻表或绝缘检测仪进行分段绝缘检测（电极宽2cm，极间宽2cm），阻值应不低于700MΩ。操作绝缘工具时应戴清洁、干燥的手套。

🔍 **释义**　1. 带电作业工具使用前，应仔细检查确认是否损坏、受潮、变形、失灵，发现异常禁止使用。

2. 使用2500V及以上绝缘电阻表或绝缘检测仪进行分段绝缘检测时，检测的电极宽为2cm、极间宽为2cm。如果电极与绝缘工具接触面积小，将影响绝缘电阻的测量结果，可能会将绝缘电阻不符合要求的工具判断为合格，故不得采用电极宽和极间宽小于上述规定的电极进行测试。

3. 操作绝缘工具时，操作人员应戴清洁、干燥的手套，以免绝缘工具脏污、受潮。

13.11.3 带电作业工具的试验。

13.11.3.1 带电作业工具应定期进行电气试验及机械试验，其试验周期为：
电气试验：预防性试验每年一次，检查性试验每年一次，两次试验间隔半年。
机械试验：绝缘工具每年一次，金属工具两年一次。

🔍 **释义**　为保证带电作业工具满足其电气及机械性能要求，应定期进行试验，试验标准和周期等相关要求依据DL/T 976—2017《带电作业工具、装置和设备预防性试验规程》、DL/T 878—2004《带电作业用绝缘工具试验导则》的相关规定执行。

13.11.3.2 绝缘工具电气预防性试验项目及标准见表 15。

表 15 绝缘工具的试验项目及标准

额定电压 kV	试验长度 m	1min 工频耐压 kV		3min 工频耐压 kV		15 次操作冲击耐压 kV	
		出厂及型式试验	预防性试验	出厂及型式试验	预防性试验	出厂及型式试验	预防性试验
10	0.4	100	45	—	—	—	—
35	0.6	150	95	—	—	—	—
66	0.7	175	175	—	—	—	—
110	1.0	250	220	—	—	—	—
220	1.8	450	440	—	—	—	—
330	2.8	—	—	420	380	900	800
500	3.7	—	—	640	580	1175	1050
750	4.7	—	—	—	780	—	1300
1000	6.3	—	—	1270	1150	1865	1695
±500	3.2	—	—	—	565	—	970
±660	4.8	—	—	820	745	1480	1345
±800	6.6	—	—	985	895	1685	1530

注：±500kV、±600kV、±800kV 预防性试验采用 3min 直流耐压。

操作冲击耐压试验宜采用 250/2500μs 的标准波，以无一次击穿、闪络为合格。

工频耐压试验以无击穿、无闪络及过热为合格。

高压电极应使用直径不小于 30mm 的金属管，被试品应垂直悬挂，接地极的对地距离为 1.0m～1.2m。接地极及接高压的电极（无金具时）处，以 50mm 宽金属铂缠绕。试品间距不小于 500mm，单导线两侧均压球直径不小于 200mm，均压球距试品不小于 1.5m。

试品应整根进行试验，不准分段。

🔍 释义 绝缘工具电气预防性试验项目及标准依据 DL/T 976—2017《带电作业工具、装置和设备预防性试验规程》的相关规定执行。

13.11.3.3　绝缘工具的检查性试验条件是：将绝缘工具分成若干段进行工频耐压试验，每300mm耐压75kV，时间为1min，以无击穿、闪络及过热为合格。

释义　绝缘工具的检查性试验条件依据DL/T 878—2004《带电作业用绝缘工具试验导则》的相关规定执行。

13.11.3.4　带电作业高架绝缘斗臂车电气试验标准见附录K。

释义　带电作业高架绝缘斗臂车电气试验项目应根据电压等级和设备进行交接试验和预防性试验，具体试验标准内容见《线路安规》附录K。

13.11.3.5 整套屏蔽服装各最远端点之间的电阻值均不得大于 20Ω。

🔍 **释 义**　屏蔽服的主要作用为电场屏蔽保护、分流电容电流、均压。屏蔽服的电阻过大会影响其屏蔽保护效果，并导致流经人体的电流增大，对作业人员造成伤害。依据 GB/T 6568—2008《带电作业用屏蔽服装》的规定，整套屏蔽服的各最远端点之间的电阻均不得大于 20Ω。

13.11.3.6 带电作业工具的机械预防性试验标准。

静荷重试验：1.2 倍额定工作负荷下持续 1min，工具无变形及损伤者为合格。

动荷重试验：1.0 倍额定工作负荷下操作 3 次，工具灵活、轻便、无卡住现象为合格。

🔍 **释 义**　带电作业工具的机械预防性试验标准及方法，应依据 DL/T 976—2017《带电作业工具、装置和设备预防性试验规程》、DL/T 878—2004《带电作业用绝缘工具试验导则》的相关规定执行。

14 施工机具和安全工器具的使用、保管、检查和试验

14.1 一般规定。

14.1.1 施工机具和安全工器具应统一编号，专人保管。入库、出库、使用前应进行检查。禁止使用损坏、变形、有故障等不合格的施工机具和安全工器具。机具的各种监测仪表以及制动器、限位器、安全阀、闭锁机构等安全装置应齐全、完好。

释 义　　1.施工机具是指辅助施工的机械设备和工器具两部分。输电线路施工的汽车吊车、挖掘机、机动绞磨、液压机、发电机、电焊机等属机械设备。人力绞磨、抱杆、双钩紧线器、卡线器、链条葫芦、钢丝绳、地锚、铁桩、导线连接网套、滑车、油锯、钳压机等属工器具。

2.安全工器具是指防止触电、灼伤、坠落、摔跌等事故发生，保障工作人员人身安全的各种专用工具和器具。安全工器具分为绝缘安全工器具和一般防护安全工器具两大类。绝缘安全工器具通常又分为基本绝缘安全工器具和辅助绝缘安全工器具。常见的安全工器具有电容型验电器、携带型短路接地线、个人保安线、绝缘杆、核相器、绝缘罩、绝缘隔板、绝缘胶垫、绝缘靴、绝缘手套、导电鞋、绝缘夹钳、绝缘绳、安全带、安全帽、安全保护绳、防坠自锁器、速差自控器、静电防护服等。

3.施工机具和安全工器具的管理应建立完善的规章制度，各类施工机具和安全工器具应分类统一编号，按账、卡、物一致的原则建立管理台账，在专用库房内由专人负责保管。对工器具的试验、维护、检查、领用进行全过程管理，确保作业现场使用的施工机具和安全工器具完好、可靠。

4.施工机具和安全工器具出现结构变形、部件磨损严重、指示装置失灵、功能失效时，禁止使用。对损坏、变形、故障等不合格的施工机具和安全工器具，不得进出库，需单独存放修理，不能修复的应报废更换。施工机具和安全工器具使用前均应进行相应的电气、机械试验，合格后才能使用。

5.各种监测仪表以及制动器、限位器、安全阀、闭锁机构等安全装置，属于机具组成的重要部件，应定期检查保养，不得损坏和失灵。

6.架空输电线路施工机具和安全工器具在选用时，应留有一定的安全裕度。

14.1.2 自制或改装和主要部件更换或检修后的机具，应按 DL/T 875 的规定进行试验，经鉴定合格后方可使用。

🔍 **释义** 　1. 本规范中的 DL/T 875 是指 DL/T 875—2004《输电线路施工机具设计、试验基本要求》，现 DL/T 875—2016《架空输电线路施工机具基本技术要求》已代替 DL/T 875—2004《输电线路施工机具设计、试验基本要求》执行。该国家行业标准规定了输电线路施工机具设计、试验的基本要求，适用于输电线路施工机具的设计、研制、改进、制造及试验。

2. 自制、改装、主要部件更换或检修后的机具，需经具备资格的鉴定机构按相关电气、机械标准进行功能性试验鉴定，以确保机具符合使用要求。鉴定内容主要有空载、负载、过载试验，压力耐压试验，制动试验等，鉴定试验合格后才能使用。自制、改装、主要部件更换的机具鉴定还包括型式试验。

14.1.3 机具应由了解其性能并熟悉使用知识的人员操作和使用。机具应按出厂说明书和铭牌的规定使用，不准超负荷使用。

释义 1. 机具铭牌一般标注机具制造厂家、生产日期、主要技术参数以及有关注意事项等。

2. 操作人员应经培训考试合格后方能上岗，应熟悉机具性能和注意事项，且操作熟练。不懂机具性能的人员禁止操作和使用。

3. 人员在操作、使用机具时，应根据机具出厂说明书、铭牌或使用手册的规定进行使用，不得超出机具铭牌规定的电气额定电压、额定功率、额定载荷。

14.1.4 起重机械的操作和维护应遵守 GB 6067 的规定。

释义 1. 各类起重机械的管理和使用，应依据国家标准 GB/T 6067.1—2010《起重机械安全规程　第 1 部分：导则》的规定执行。

2. GB/T 6067.1—2010《起重机械安全规程　第 1 部分：导则》规定的起重机械类型有流动式起重机、塔式起重机、臂架起重机、桥式和门式起重机、缆索起重机、轻小型起重设备。

3. 输电线路上常用的起重机械包括流动式起重机械和轻小型起重设备。

4. 现场起重作业时，应针对工作任务、设备状况、现场环境等因素，依据 GB/T 6067.1—2010《起重机械安全规程　第 1 部分：导则》的规定，编制三措一案（组织措施、技术措施、安全措施，施工方案），选择合适的起重机械，制定正确的起重方法，以确保起重作业时的人身、机械、设备安全。

14.2 施工机具的使用要求。

14.2.1 各类绞磨和卷扬机。

🔍 **释 义**　1. 绞磨是输电线路起重作业的主要施工机具。绞磨有人力绞磨和机动绞磨，机动绞磨按动力划分为汽油机动绞磨、柴油机动绞磨、拖拉机绞磨，传动方式有带传动式和轴传动式。在输电线路上进行装拆杆塔、撒放线等起重或牵引工作一般使用汽油机动绞磨、柴油机动绞磨、人力绞磨。

2. 绞磨属于轻小型起重设备，具有结构合理、体积小、质量较轻、功率大、操作灵活、搬运方便等优点，适合野外作业。常见的机动绞磨型号有3T、5T、8T。

3. 卷扬机可以垂直提升、水平或倾斜拽引重物，由电源提供动力。受输电线路野外工作环境限制，一般起重工作不使用卷扬机。

14.2.1.1 绞磨应放置平稳，锚固可靠，受力前方不准有人。锚固绳应有防滑动措施。在必要时宜搭设防护工作棚，操作位置应有良好的视野。

🔍 **释 义**　1. 绞磨摆放地点应选择地势平坦、土质坚硬的地面，并距离杆塔高度1.5倍以外。主牵引绳、卷筒、桩锚受力应保持在同一平面和直线上，控制绞磨左右滑动或上下摆动。

2. 绞磨受力后，为防止牵引绳破断或绞磨跑脱伤人，受力前方禁止人员逗留。

3. 固定绞磨的地锚、地钻、铁桩应有足够的埋深，抗拔强度应经校验，满足最大起重牵引荷载要求，地钻和铁桩可采用群桩增加抗拔力。

4. 绞磨与桩锚之间应采用专用钢丝绳进行连接，钢丝绳破断力应经校验，其机械强度不得小于绞磨的额定起重荷载。

5. 绞磨位置应选择开阔地形，保证操作人员有良好的视野，能够清楚地观察到起重物移动、作业人员行为、与邻近带电线路的距离等状况。搭设的绞磨防护工作棚应采用刚性结构，有防飞物、坠物伤人及避暑作用，同时不能影响操作人员视线。

绞磨受力前方禁止人员逗留

14.2.1.2 牵引绳应从卷筒下方卷入，排列整齐，并与卷筒垂直，在卷筒上不准少于5圈（卷扬机：不准少于3圈）。钢绞线不准进入卷筒。导向滑车应对正卷筒中心。滑车与卷筒的距离：光面卷筒不应小于卷筒长度的20倍，有槽卷筒不应小于卷筒长度的15倍。

🔍 **释义** 1.根据绞磨的设计原理及牵引绳的受力情况，牵引绳应采取从卷筒下方向上穿入的方式，即面对卷筒，进绳在下，反时针绕。该方法可以减小牵引绳对绞磨的受力力矩，若绞磨的牵引绳采取从卷筒上方穿入的方式，起重牵引方向发生变化，绞磨的前进档位变为倒退，倒退的档位变为前进，易造成操作混乱。

2.缠绕圈数是保证摩擦力的关键指标，根据试验和经验所得，牵引绳绕在卷筒上的圈数不准少于5圈（卷扬机：不准少于3圈）。如达不到圈数，绞磨会出现牵引力减小甚至空转，失去牵引作用，同时会增加尾绳控制难度。

3.钢绞线柔软性差，表面硬度高，弯曲半径大，与绞磨卷筒接触时其摩擦阻力小，尾绳不易在桩锚上圈绕。若使用钢绞线作为牵引绳，绞磨运转时易发生跑线事故。

4.绞磨运转时，牵引力会对绞磨产生横向分力造成绞磨左右摆动，所以牵引绳导向滑车应对正绞磨卷筒中心，避免产生横向分力。根据DL/T733—2014《输变电工程用绞磨》的规定，牵引绳应与卷筒垂直，其夹角应在

90°±5°范围内。这样卷筒才能受力均匀，磨损也最小，避免牵引绳出现挤压或磨损。

5.保证卷筒与导向滑车之间的倍数距离，是为了保证卷筒卷入的钢丝绳能按入线角度整齐排列、受力均匀，避免造成挤压或损坏钢丝绳。

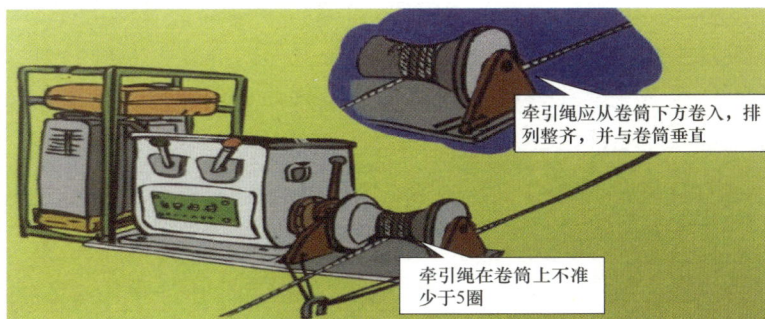

牵引绳应从卷筒下方卷入，排列整齐，并与卷筒垂直

牵引绳在卷筒上不准少于5圈

14.2.1.3　作业前应进行检查和试车，确认卷扬机设置稳固，防护设施、电气绝缘、离合器、制动装置、保险棘轮、导向滑轮、索具等合格后方可使用。

🔍 释义　　1.卷扬机安装应平稳可靠，防止受力时发生滑动、上扬。工作前应进行空载试车，检查固定装置、防护设施、电气绝缘、离合器、制动装置、保险棘轮、导向滑轮、索具等功能和连接是否安全可靠。

2.重点检查：桩锚等固定装置是否牢靠；防护设施是否齐全完备；电气绝缘是否破损、带电部分是否外漏；制动装置是否灵活可靠；索具是否存在断股、灼伤。

作业前应进行检查和试车

14.2.1.4　人力绞磨架上固定磨轴的活动挡板应装在不受力的一侧，禁止反装。人力推磨时，推磨人员应同时用力。绞磨受力时人员不准离开磨杠，

防止飞磨伤人。作业完毕应取出磨杠。拉磨尾绳不应少于2人，应站在锚桩后面，且不准在绳圈内。绞磨受力时，不准用松尾绳的方法卸荷。

释义 1.人力绞磨是起重作业中传统的人力牵引工具，由卷绕钢丝绳的磨芯、连接杆、磨杆及支承磨芯和连接杆的磨架等主要部分组成。

2.人力绞磨使用时，为便于牵引绳圈绕磨芯，在磨芯与连接杆之间的磨架上留有用于装拆磨芯、绕绳和固定磨轴的活动挡板，挡板不能承受绞磨受力的负荷。

3.推动人力绞磨时，应统一信号、密切配合、步调一致、服从指挥。使绞磨能够匀速、平稳工作。

4.人力绞磨受力时，推磨人员对磨杠泄力或离开，将导致绞磨推力不足，破坏受力平衡，绞磨会反向快速旋转，造成飞磨伤及作业人员。因此，推磨人员不得对磨杠泄力或离开。

5.在绞磨牵引过程中，为保证受力牵引绳不跑绳，牵拽磨尾绳不得少于2人，并对向站立，人员应站在锚桩后面，防止锚桩受力拔出伤人，且不准在抽回的绳圈内逗留，避免牵引绳意外跑绳，造成作业人员被缠绕和被鞭击的伤害。

6.绞磨受力时，采用松尾绳的方法卸荷，将造成以下三种潜在事故风险：一是在失去动力牵引下，受重物重力加速度作用，牵引绳会快速滑跑，作业人员来不及放开尾绳，易被卷入绞磨造成人身伤害；二是牵引绳受力较大时，尾绳失去控制，易造成起吊设备、部件坠落毁坏；三是采取停顿方式松尾绳卸荷时，起吊物会因坠落产生的重力加速度形成瞬时冲击荷载，造成绞磨毁坏伤害作业人员。

推动人力绞磨时，应统一信号、密切配合、步调一致、服从指挥

14.2.1.5　作业时禁止向滑轮上套钢丝绳，禁止在卷筒、滑轮附近用手扶运行中的钢丝绳，不准跨越行走中的钢丝绳，不准在各导向滑轮的内侧逗留或通过。吊起的重物必须在空中短时间停留时，应用棘爪锁住。

🔍 释义　1. 作业时禁止向滑轮上套钢丝绳，是为了防止滑轮在受力或运转情况下，造成作业人员肢体被卷入轮槽内及受力的钢丝绳脱出轮槽，形成人员肢体被挤压和被鞭击的伤害。

2. 作业中绞磨的卷筒、滑轮、钢丝绳均处在运转状态下，现场一般不采取隔离和防护措施。若作业人员手扶钢丝绳、卷筒及滑轮，当绞磨运转时，易发生作业人员衣物和手被卷入卷筒、轮槽内造成伤害。所以，起重作业中禁止人员手扶运行中的钢丝绳。

3. 行走中的钢丝绳会因受力不均衡产生跳跃、摇摆甚至断裂等情况。若人员在其上方跨越，会发生被鞭击、磕绊等伤害。

4. 工作中装挂的导向滑轮易出现连接不牢固、荷载过大、过牵引等情况，在导向滑轮内侧逗留或通过，一旦导向滑轮发生飞脱，内角侧作业人员会被滑轮砸伤或被滑脱的钢丝绳鞭击，造成人身伤害事故。

5. 为防止在出现绞磨、卷扬机故障或作业人员操作失误时发生跑磨、跑绳事故，起吊的重物需要在空中短暂停留时，人力绞磨应使用棘爪锁住，机动绞磨应采取刹车控制，牵引尾绳均应控制牢靠。

14.2.1.6　拖拉机绞磨两轮胎应在同一水平面上，前后支架应受力平衡。绞磨卷筒应与牵引绳的最近转向点保持 5m 以上的距离。

释义　1.拖拉机绞磨一般适用于输电线路基建工程施工，为保证拖拉机绞磨在使用时不出现滑移或倾斜转向等问题，拖拉机绞磨两轮胎应在同一水平面上，且胎压一致，前后支架应受力平衡。

2.绞磨卷筒与牵引绳最近转向点的距离小于5m时，在合力作用下，拖拉机绞磨会因与转向点之间距离过小，导致牵引绳回卷进入绞磨卷筒的垂直角度发生偏移，使牵引绳出现走线不顺甚至叠绳，造成绞磨滑移或倾覆。因此绞磨卷筒与牵引绳最近转向点的距离应大于5m。

绞磨卷筒与牵引绳最近转向点的距离应大于5m

拖拉机绞磨

14.2.2 抱杆。

14.2.2.1 选用抱杆应经过计算或负荷校核。独立抱杆至少应有四根拉绳，人字抱杆至少应有两根拉绳并有限制腿部开度的控制绳，所有拉绳均应固定在牢固的地锚上，必要时经校验合格。

释义　1.抱杆在输电线路立、拆杆塔作业中应用比较广泛，具有结构简单、使用方便、强度及抗弯性能好的特点，有人字形抱杆、独立抱杆、倒落式抱杆等种类；按材质分可以分为木质抱杆、金属抱杆。金属抱杆结构有桁架和钢管式，结构形式有圆形、方形、三角形。

2.计算或负荷校核，确定起吊负荷不超过抱杆额定工作负荷，是防止超重后发生抱杆变形断裂的必要措施。作业时应根据起吊负荷、起吊物长度、起吊物就位位置、起吊方式等因素，根据负荷计算和校核的结果，正确选择抱杆型式、规格。独立抱杆的组合须保证抱杆的直度，组合后的整体弯曲度 $B \leqslant 0.1\%$，且不允许有明显的折弯。

3.拉绳用以控制抱杆倾斜角度和保持抱杆稳定，拉绳设置应受力均衡，使抱杆处于最佳受力状态。抱杆拉绳安装要求：独立抱杆至少应有四根拉绳，且四根拉绳应分布均匀、受力一致；人字抱杆至少应有两根拉绳，应设置在人字抱杆垂直中心线方向，为防止杆脚滑动造成倾覆，还应使用限制腿部开度的控制绳进行补强。

4.所有拉绳均应固定在牢固的地锚上，必要时应校验地锚上拔力，视情况采取挡土板、增加埋深等措施，避免地锚脱出。

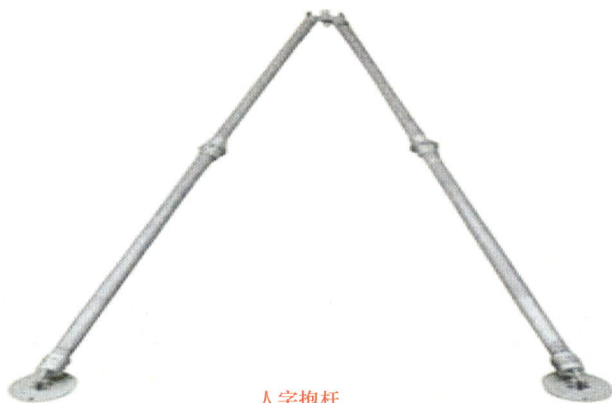

人字抱杆

人字抱杆至少应有两根拉绳并有限制腿部开度的控制绳，所有拉绳均应固定在牢固的地锚上，必要时经校验合格

🔍 **案 例**   见案例库之案例 AQ-3-008。

14.2.2.2 抱杆的基础应平整坚实、不积水。在土质疏松的地方，抱杆脚应用垫木垫牢。

🔍 **释义**　1.抱杆在使用过程中基础及地面承受较大轴向压力。基础不坚实、有积水容易导致抱杆根部发生下沉或滑移。为防止抱杆倾覆和折断，在有积水、土质疏松的地方使用抱杆作业时，应先排空积水、清理基面，在抱杆脚下方铺设防沉降垫木。

2.人字形抱杆作业时，遇一侧杆脚在坚实地面，一侧杆脚在松软地面，软脚侧在垫木加固时，可在硬脚侧抱杆上加装一根拉绳，以减少软脚侧抱杆的轴向压力。

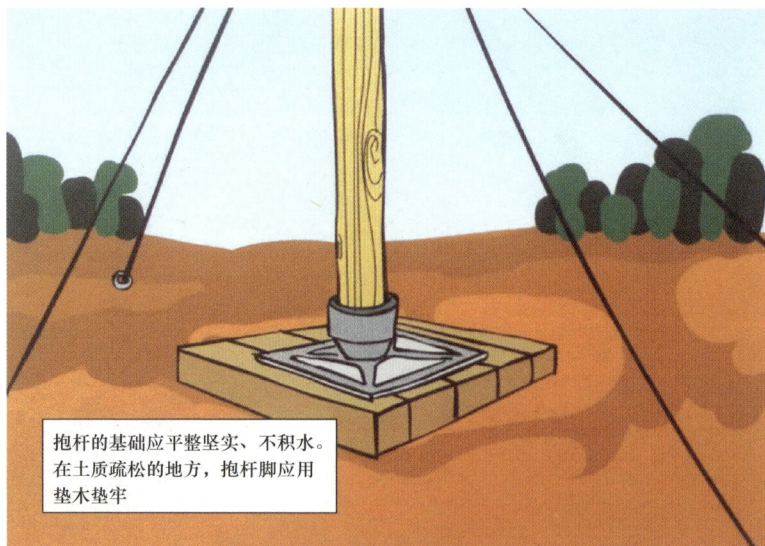

抱杆的基础应平整坚实、不积水。在土质疏松的地方，抱杆脚应用垫木垫牢

14.2.2.3　抱杆有下列情况之一者禁止使用：

a）圆木抱杆：木质腐朽、损伤严重或弯曲过大。

b）金属抱杆：整体弯曲超过杆长的1/600。局部弯曲严重、磕瘪变形、表面严重腐蚀、缺少构件或螺栓、裂纹或脱焊。

c）抱杆脱帽环表面有裂纹或螺纹变形。

🔍 **释义**　1.圆木抱杆机械强度小，抗弯性能差。使用腐朽、损伤、有横向严重裂纹的抱杆，当受力不均匀时，易造成抱杆断裂。鉴于其机械强度小、抗弯性能差，一般情况下起重作业不选用竹、木质抱杆。

2.金属抱杆整体弯曲超过杆长的1/600，使抱杆抗弯强度降低，起吊重物时，抱杆的应力全部集中在弯曲部位，易造成抱杆弯折。当存在局部弯曲严重、磕瘪变形、表面严重腐蚀、缺少构件或螺栓、裂纹、脱焊等缺陷时，抱杆机械强度就会下降，起吊重物时会导致抱杆断裂。因此，金属抱杆使用前应检查无弯曲变形、焊口无开焊；抱杆无严重腐蚀；并每年进行 1.25 倍许用工作荷重 10min 的静力试验，合格后才能使用。

3. 脱帽环是倒落式抱杆在起立电杆至 55°～65° 时，使其能顺利脱离的专用器具由铁板和螺纹钢焊接而成。由于起吊中同时承受吊点绳和牵引绳的合力，机械强度要求高。因此，使用的抱杆脱帽环不得有变形、磨损、脱焊和锈蚀，每年应进行 1.25 倍许用工作荷重 10min 的静力试验，合格后才能使用。

14.2.2.4 抱杆的金属结构、连接板、抱杆头部和回转部分等，应每年对其变形、腐蚀、铆、焊或螺栓连接进行一次全面检查。每次使用前，也应进行检查。

🔍 **释义**　1. 抱杆的金属结构、连接板、抱杆头部和回转部分等是承力部件，其结构的变形、焊缝开裂、铆钉松脱、螺栓松动会直接影响到抱杆的机械强度。为保证抱杆在起吊作业中的机械强度，每年应进行一次变形、腐蚀、铆、焊或螺栓连接等情况的全面检查。

2. 使用前应安排有经验的作业人员对抱杆进行检查，查看抱杆结构铅垂度和各受力部件是否完整可靠，对脱焊的构件进行补焊、松脱的铆钉进行铆固、松动的螺栓进行紧固，确保抱杆满足起重荷载的机械强度。

3. 使用前检查抱杆回转部件时，应查看磨损情况，清除锈蚀、泥沙等异物，添加适量润滑油脂，保证其运转灵活、不卡涩。

14.2.2.5 缆风绳与抱杆顶部及地锚的连接应牢固可靠，缆风绳与地面的夹角一般不大于45°。缆风绳与架空输电线及其他带电体的安全距离应不小于表19的规定。

释义 1. 缆风绳又称浪风绳或拉绳，是连接抱杆顶部支撑件与地锚间的拉索，用以保持抱杆的直立和稳定。

2. 为使抱杆在作业过程中不发生倾倒或扭转，缆风绳与抱杆顶部及地锚的连接应牢固可靠，并设专人看护。

3. 缆风绳与地面的夹角宜为30°，最大不宜超过45°。若大于45°，缆风绳与抱杆根开距离较小，其水平分力就会减小，加大了抱杆轴向力，会导致抱杆沉降和看不见的结构损伤。所以，风绳与地面的夹角不得超过45°。

4. 作业中缆风绳受卡、挂、过牵引及风力等因素的影响，可能会出现较大的摆动、弹跳风险，导致缆风绳接近带电导线危险距离以内。由于缆风绳

的运动轨迹难以控制，作业的风绳与架空输电线及其他带电体的距离须保持在《线路安规》表 19 规定的安全距离以外。

14.2.2.6　地锚的分布及埋设深度应根据地锚的受力情况及土质情况确定。地锚坑在引出线露出地面的位置，其前面及两侧的 2m 范围内不准有沟、洞、地下管道或地下电缆等。地锚埋设后应进行详细检查，试吊时应指定专人看守。

🔍 释　义　1. 地锚是埋在地下用来承受上拔力的临时锚固装置。在架空输电线路基建、技改、检修施工中，多用于固定缆风绳、绞磨、转向滑车、抱杆和平衡杆塔、导地线的不平衡张力。

2. 地锚主要依靠土壤的容重压力达到抗拔要求，土质不同则抗拔系数也不同。作业现场应根据碎石土、黏性土、砂土等土质，经计算确定地锚位置的合理分布及有效埋深，埋设时应分层夯实。地锚坑宜挖成直角梯形状，坡度与垂线的夹角以 15° 为宜，地锚的拉线与锚体成 45°。

3. 缆风绳与水平面的夹角一般以 30° 以下为宜，地锚基坑出线点（即拉棒或拉线穿过土层后露出地面处）前方坑深及基坑两侧 2m 以内，不得有地沟、电缆、地下管道设施以及临时挖沟等，防止地锚因抗拔力不足上拔，造成倒杆、跑线及损坏地下设施等事故。同时，地锚周围不得积水，保证地锚有足够的抗拔力。

4. 起重作业前，应进行地锚承力试吊。试吊时应设有经验的作业人员看守，观察其有上拔、偏移及连接不牢靠迹象时，应立即停止试吊作业，重新设置或调整。

14.2.3　导线联结网套。

导线穿入联结网套应到位，网套夹持导线的长度不准少于导线直径的 30 倍。网套末端应以铁丝绑扎不少于 20 圈。

🔍 释　义　1. 导线联结网套是由成束的高强度细钢丝编织组成，有单头或双头结构，是架空输电线路上导线放撒施工的连接机具。其具有抗拉机械强度大、通行性好、质量轻、防旋转、抗弯、不损线的特点，使用方便。

2. 牵引的导线穿入网套时，插到网套底部应理顺并保持契合。在网套末端用细铁丝封口，绑扎牢靠且不少于20圈，使网套受牵引力时导线不发生滑跑，防止滑跑的尾线伤人或损坏设备。

3. 网套型号应根据待联结的导线规格来确定，为保证网套夹持导线的握着力，其夹持长度必须达到导线直径的30倍。使用时，不能以小代大，也不能以大代小。

4. 导线联结网套有旋转连接器或抗弯连接器两种形式。旋转连接器的网套，能释放牵引钢丝绳捻劲；抗弯连接器的网套能通过各种放线滑车，使用时应正确选择。使用前应检查是否牢靠和灵活，旋转部位应保持润滑。

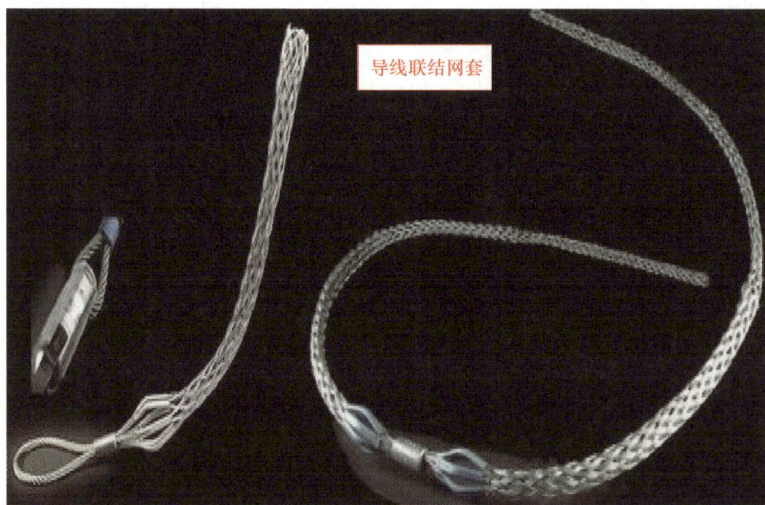

导线联结网套

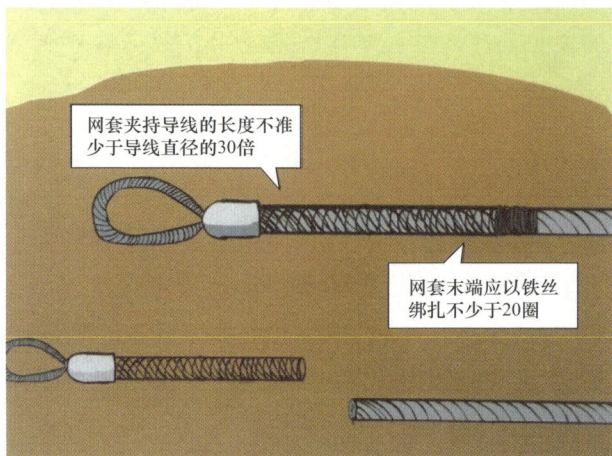

网套夹持导线的长度不准少于导线直径的30倍

网套末端应以铁丝绑扎不少于20圈

14.2.4 双钩紧线器。

经常润滑保养。换向爪失灵、螺杆无保险螺丝、表面裂纹或变形等禁止使用。紧线器受力后应至少保留 1/5 有效丝杆长度。

🔍 **释义** 1. 双钩紧线器是紧线机具的一种，其机械强度大、结构简单、质量轻、使用方便、适用性好，是架空输电线路更换绝缘子、调整导地线弧垂、保杆保线作业中常用的机具。

2. 双钩紧线器是通过手柄（棘轮）推动换向爪，使杆筒旋转来收缩或释放丝杆，达到提升或放松受力部件的作用。

3. 为使双钩紧线器灵活好用，应经常对丝杆和杆筒的螺牙进行检查保养，清除污秽，涂抹适当的机油防止锈蚀。使用时，为降低丝杆的摩擦力及作业人员劳动强度，可在丝杆表面涂抹少量黄油进行润滑。

4. 换向爪失灵会使双钩不能正常的收缩或释放，保险螺丝起到防止杆筒受力自旋及丝杆限位的作用，表面裂纹或变形会影响到双钩的机械强度和使用功能。为保证双钩紧线器的机械强度和使用功能，发现以上缺陷应禁止使用。

5. 双钩紧线器承力主要集中在丝杆和杆筒，丝杆如在杆筒内的长度过短，受力时丝杆可能会从杆筒内拉脱，造成坠物或伤人事故。因此，紧线器的丝杆在释放时，杆筒内应至少保留 1/5 的有效丝杆长度。

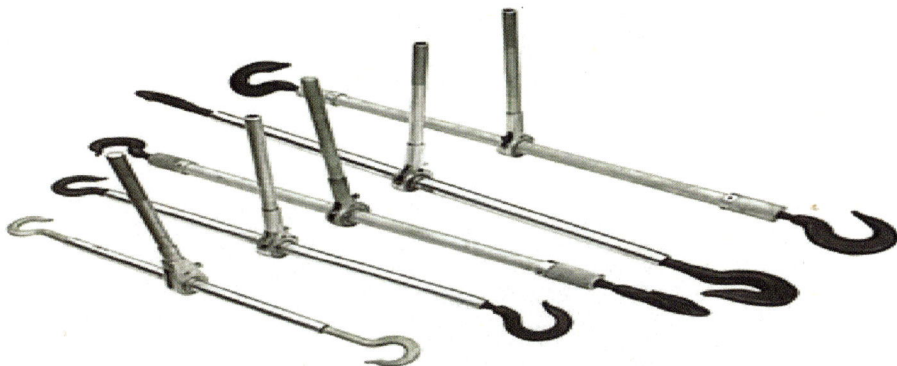

双钩紧线器

🔍 **案例** 见案例库之案例 BB-3-010。

14.2.5 卡线器。

规格、材质应与线材的规格、材质相匹配。卡线器有裂纹、弯曲、转轴不灵活或钳口斜纹磨平等缺陷时应予报废。

🔍 **释义** 1.卡线器是架空线路施工及检修中常用的卡在导线上承受拉力的一种握线工具，也称紧线夹具、俗称千夫拉。

2.使用规格、材质与线材不匹配的卡线器，会导致握着力不足，引起导线滑跑或线材损伤。因此，作业前应根据导线的规格、材质选择对应规格、材质的卡线器。导线上使用的卡线器应选用铝合金材质。

3.卡线器有裂纹、弯曲或钳口斜纹磨平等缺陷将造成其机械强度和握着力不能满足使用要求，转轴不灵活易造成卡线器卡涩。因此，卡线器使用前应由专人进行外观及功能检查，发现以上情况严禁使用并应报废。

4.卡线器不得应用于钢丝绳、纤维绳、圆钢等线材。

卡线器

卡线器有裂纹、弯曲、转轴不灵活或钳口斜纹磨平等缺陷时应报废

规格、材质应与线材的规格、材质相匹配

14.2.6 放线架。

支撑在坚实的地面上，松软地面应采取加固措施。放线轴与导线伸展方向应形成垂直角度。

🔍 **释　义**　1.放线架适用于输电线路施工时支撑线盘放线，牵引导线、地线时，使线盘可以自动旋转展放。

2.放线架应支撑在坚实地面上，否则受力时易发生下陷、倾斜及造成导线盘拖地，损伤导线。如需在松软地面使用放线架时，则应采用加装垫木加强地面支撑、使用地锚钻增强稳定性等加固措施。

3.放线轴与导线伸展方向应形成垂直角度，否则会在导线展放过程中造成放线架位移、倾斜，严重时可能导致导线磨损，放线架变形、倾覆。

4.在导地线牵引过程中，为防止线盘发生飞盘事故，应对放线架采取锚固措施。

放线架

放线轴与导线伸展方向应形成垂直角度

放线架要支撑在坚实的地面上

放线架现场使用情况

14.2.7 地锚。

14.2.7.1 分布和埋设深度应根据其作用和现场的土质设置。

14.2.7.2 弯曲和变形严重的钢质地锚禁止使用。

14.2.7.3 木质锚桩应使用木质较硬的木料，有严重损伤、纵向裂纹和出现横向裂纹时禁止使用。

释义 1.地锚是用于固定缆风绳、牵引绳、绞磨、杆塔、导地线的承力机具。地锚设置应根据作业现场的环境，能够平衡作业杆塔、抱杆、导地线的不平衡拉力。因此，地锚分布前应做好现场勘查，正确选择地锚的埋设位置，并校验其抗拔力来确定埋设深度。架空输电线路使用地锚时，地坑深度一般不小于1.5m，拉棒（线）夹角不得大于45°，并露出地面0.4～1m。地锚拉线应与锚体成90°设置。

2.弯曲和变形严重的钢质地锚整体机械强度和抗弯性能下降，当再受力时，会加剧地锚的弯曲和变形，造成地锚拔出，固定的杆塔、抱杆、导地线失衡。

3.木质地锚一般选择东北松、杉树、栎树的原生木，其材质具有坚硬、抗腐、韧性好的特点，受力后不易弯折、变形。使用前应锤击锚体判断其是否腐烂和虫蛀，如锚体发出空洞声响，禁止使用。木质地锚锚体的有效截面积及长度应经计算校验确定，出现严重破损、表层腐烂、纵横向有较大裂纹，使其有效截面积达不到强度要求的，均应禁止使用。

4.地锚严禁过载使用。

地锚

船型临时地锚（埋入式）

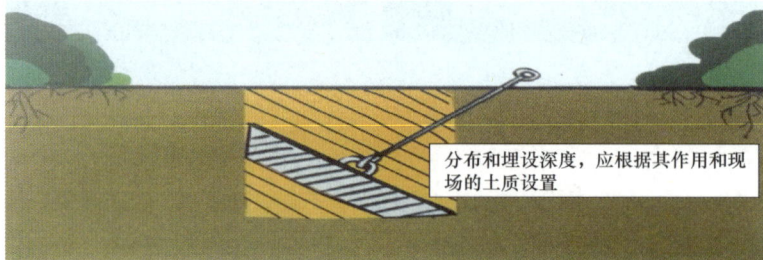

分布和埋设深度，应根据其作用和现场的土质设置

案例　见案例库之案例 AQ-3-008。

14.2.8 链条葫芦。

14.2.8.1 使用前应检查吊钩、链条、传动装置及刹车装置是否良好。吊钩、链轮、倒卡等有变形时，以及链条直径磨损量达 10% 时，禁止使用。

释义　1. 链条葫芦是一种使用简单、携带方便的手动起重机械，又称神仙葫芦、斤不落、手动葫芦、环链葫芦、倒链。其具有坚固耐磨、安全性能高、无电源使用的特点，适用于架空输电线路更换绝缘子，调整导地线、缆风绳、制动绳及小型设备和货物的短距离吊装作业。

2. 使用链条葫芦向上提升重物时，顺时针拽动手动链条、手动链轮转动，下降时逆时针拽动手动链条，制动座跟刹车片分离，棘轮在棘爪的作用下静止，五齿长轴带动起重链轮反方向运行，从而平稳下降重物。在起吊过程中，无论重物上升或下降，拽手动链条时，用力应均匀和缓，不要用力过猛，以免手动链条跳动或卡环。

3. 使用前应在空载状况下检查其吊钩、链条、传动装置及刹车装置的运转情况，发现磨损变形、空转、卡涩、失灵缺陷及链条直径磨损量达 10% 时，严禁使用。

4. 链条葫芦的起重荷载严禁超铭牌使用，切勿将润滑油渗入链条葫芦的摩擦片内，以防自锁功能失效，造成刹车装置失灵。

链条葫芦

链条直径磨损量达10%时，禁止使用

使用前应检查吊钩、链条、传动装置及刹车装置

14.2.8.2 两台及两台以上链条葫芦起吊同一重物时，重物的重量应不大于每台链条葫芦的允许起重量。

🔍 释　义　使用两台及两台以上链条葫芦起吊同一重物时，可能会出现两台链条葫芦牵引速度不一致或起重物重心偏移，导致其中一台链条葫芦受力过大或独自承力。在一台链条葫芦不能承受荷载的情况下，会发生断裂事故，一台断裂后，另一台链条葫芦在多米诺骨牌效应下，也会同样发生断裂，造成起重物坠落及伤人事故。

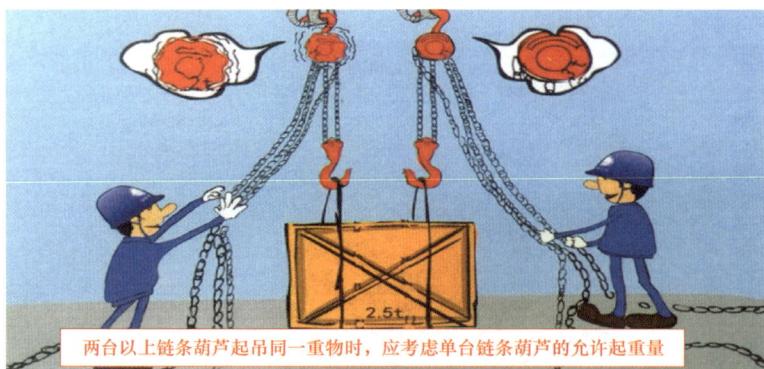

两台以上链条葫芦起吊同一重物时，应考虑单台链条葫芦的允许起重量

14.2.8.3 起重链不得打扭，亦不得拆成单股使用。

🔍 释　义　1. 链条葫芦和手扳葫芦的起重链是用来承重的，打扭可能造成链条卡涩，无法顺利通过链轮，也会使链条承受过大的扭力而弯曲变形，导致链条失速甚至断裂、脱钩。因此，需保证起重链条平整方可使用。

2.起重链是链条葫芦的配套部件，拆成单股会破坏链条葫芦的整体性能，降低链条葫芦的安全系数，使其不能满足起重许用荷载要求，易造成链条葫芦在起吊重物时出现失速的坠物和伤人事故。

14.2.8.4　不得超负荷使用，起重能力在 5t 以下的允许 1 人拉链，起重能力在 5t 以上的允许两人拉链，不得随意增加人数猛拉。操作时，人员不准站在链条葫芦的正下方。

释义　1.若超出铭牌上标定的起重许用荷载使用链条葫芦，会造成链条葫芦在起重时出现链条或钩头断裂、传动装置失速、刹车装置失灵导致坠物和伤人事故。因此在使用时，不得超出其铭牌上规定的许用荷载。

2.使用链条葫芦起吊重物时，随意增加人数猛拉，会出现拉链跳动或卡环现象，造成链条葫芦出现失速的坠物和伤人事故。因此，操作中应根据链条葫芦起重能力的大小决定拉起重链的人数，一般起重能力在 5t 以下的，1 人拉链即可；起重能力在 5t 以上的，可以 2 人拉链，但要做到统一指挥、操作同步，用力均匀和缓。

3. 使用链条葫芦起吊重物，当链条葫芦出现意外断裂或失速时，会造成起吊物坠落砸伤下方人员的事故。因此在使用链条葫芦起吊重物时，任何人员不得在其正下方停留或站立，还应在起重物坠落半径边缘采用隔离防护措施。

14.2.8.5 吊起的重物如需在空中停留较长时间，应将手拉链拴在起重链上，并在重物上加设保险绳。

🔍 **释 义** 1. 吊起的重物如需在空中停留较长时间，为防止人为或意外造成拉链滑动，应将手拉链保险打到闭合位置，并将手拉链拴在起重链上。

2. 起吊重物时，若重物需在空中长时间停留，应在重物上加设保险绳。保险绳能够承受部分链条葫芦起重物的重量，分担链条葫芦的起重荷载。需将保险绳系挂在牢固可靠的构件上，保险绳强度应能满足起重物的最大荷载。

14.2.8.6 在使用中如发生卡链情况，应将重物垫好后方可进行检修。

🔍 **释 义** 1. 地面起重作业使用链条葫芦发生卡链时，应将重物垫好，使链条葫芦不受力，确认处理卡链故障时重物不会坠落，方可对链条葫芦进行维修。

2. 输电线路检修作业中，使用链条葫芦发生卡链时，应暂停工作，查明卡链原因，采取荷载转移及防坠保护措施后，才能对故障链条葫芦进行维修或重新更换。

3. 链条葫芦发生卡链时，不得在受力状态下进行拆卸维修。

14.2.8.7　悬挂链条葫芦的架梁或建筑物，应经过计算，否则不得悬挂。禁止用链条葫芦长时间悬吊重物。

🔍 释 义　1.悬挂链条葫芦的架梁或建筑物，在起重时，可能会因起重物重力引起结构变形，造成悬挂链条葫芦的架梁或建筑物垮塌。因此，悬挂链条葫芦之前，架梁和建筑物应进行结构强度的受力分析和计算，满足悬挂要求的才能进行悬挂。

2. 链条葫芦长时间悬吊重物易导致葫芦各受力部件机械疲劳，在意外震动冲击或重物重力影响下，会造成链条葫芦失灵或断裂，导致吊物坠落伤人及损坏。

14.2.9 钢丝绳。

14.2.9.1 钢丝绳应按出厂技术数据使用。无技术数据时，应进行单丝破断力试验。

🔍 **释义** 　1. 钢丝绳是将力学性能和几何尺寸符合要求的钢丝按照一定的规则捻制在一起的螺旋状钢丝束，由钢丝、绳芯及润滑脂组成。具有强度高、抗冲击韧性好、能传递长距离负载、自重轻、便于携带、耐磨抗震性能好、运转稳定性好、耐腐蚀性好、柔软性能好的特点。

2. 钢丝绳的出厂技术参数主要包括直径、结构、表面、捻法和长度、净重和毛重、钢丝公称抗拉强度、钢丝绳最小破断拉力或钢丝破断拉力总和。其中公称抗拉强度通常为单丝抗拉强度，是决定整绳实际力学特性的重要数据。所以，钢丝绳出厂时，应由厂家提供相应的技术参数报告书。

3. 钢丝绳应按厂家提供的出厂技术数据使用，无技术数据时，应进行单丝破断力试验，确定钢丝绳抗拉强度的技术数据。使用时，应根据不同的受力情况与规定的钢丝绳抗拉强度参数进行比对，确定适合的钢丝绳线径。

14.2.9.2 钢丝绳应按其力学性能选用，并应配备一定的安全系数。钢丝绳的安全系数及配合滑轮的直径应不小于表16的规定。

表 16　　　　　　　　　钢丝绳的安全系数及配合滑轮直径

钢丝绳的用途			滑轮直径 D	安全系数 K
缆风绳及拖拉绳			≥ 12d	3.5
驱动方式	人力		≥ 16d	4.5
	机械	轻级	≥ 16d	5
		中级	≥ 18d	5.5
		重级	≥ 20d	6
千斤绳	有绕曲		≥ 2d	6 ~ 8
	无绕曲			5 ~ 7
地锚绳				5 ~ 6
捆绑绳				10
载人升降机			≥ 40d	14

注：d 为钢丝绳直径。

🔍 **释义**　1. 钢丝绳在使用时，应根据用途和重荷载，取对应的安全系数 K，来确定钢丝绳的破断拉力，通过破断拉力的计算结果选用合适直径的钢丝绳。如机械轻级起重作业，起重物质量 2t，K 取 5，则钢丝绳破断力不得小于 10t，取破断力为 10t 的钢丝绳。

2. 钢丝绳配合滑轮使用时，应根据用途和钢丝绳直径确定配套滑轮的直径，减小使用过程中钢丝绳在轮槽中的摩擦力，使钢丝绳不出现磨损、挤压、弯曲，延长钢丝绳的使用寿命。如机械轻级起重作业中，确定的钢丝绳直径为 11.5mm，K 取 5，则滑轮直径为 184mm。

3. 为保证钢丝绳及滑轮的安全使用，应严格执行《线路安规》表 16 的规定。取钢丝绳及滑轮直径时，只能取高，不能取低。

案 例 见案例库之案例 BB-3-013、BB-3-015。

14.2.9.3 钢丝绳应定期浸油，遇有下列情况之一者应予报废：

a）钢丝绳在一个节距中有表 17 中的断丝根数者。

表 17 钢丝绳报废断丝数

安全系数	钢丝绳结构					
	6×19+1		6×37+1		6×61+1	
	一个节距中的断丝数（根）					
	交互捻	同向捻	交互捻	同向捻	交互捻	同向捻
＜6	12	6	22	11	36	18
6～7	14	7	26	13	38	19
＞7	16	8	30	15	40	20

注：一个节距是指每股钢丝绳缠绕一周的轴向距离。

b）钢丝绳的钢丝磨损或腐蚀达到钢丝绳实际直径比其公称直径减少 7% 或更多者，或钢丝绳受过严重退火或局部电弧烧伤者。

c）绳芯损坏或绳股挤出。

d）笼状畸形、严重扭结或弯折。

e）钢丝绳压扁变形及表面起毛刺严重者。

f）钢丝绳断丝数量不多，但断丝增加很快者。

释 义 1. 钢丝绳报废的规定参见 GB/T 5972—2009《起重机钢丝绳保养、维护、安装、检验和报废》（注：代替 GB/T 5972—2006）。

2. 钢丝绳的节距即钢丝绳的捻距，是指钢丝绳每股绕绳芯旋转一周（360°）相应两点间的距离，在此距离以内，钢丝绳断丝数量达到一定程度时，将降低其整体破断力。

3. 一般情况下，测量钢丝绳节距应在受力拉伸后进行。为方便现场测量，以下方式可估算钢丝绳节距长度：钢丝绳的捻距（节距）一般是钢丝绳直径（方径）的 6～7 倍，如 10mm 直径的钢丝绳，捻距为 60～70mm。

4. 在立撤杆、撤紧线作业中，若使用的钢丝绳有严重的锈蚀、磨损过大、退火、电弧灼伤、断丝超标等情况，在许用荷载和冲击荷载的作用下易发生断裂，应禁止使用，及时更换。

5. 钢丝绳使用完毕，检查钢丝绳无磨损、变形、拉伸等状况后，将钢丝绳清刷干净，整齐卷放在高于地面的垫板上，防止受潮。每使用 4 个月涂油一次，涂油时最好用热油（50℃左右）浸透绳芯，再擦去多余的油脂。

14.2.9.4 钢丝绳端部用绳卡固定连接时，绳卡压板应在钢丝绳主要受力的一边，不准正反交叉设置；绳卡间距不应小于钢丝绳直径的 6 倍；绳卡数量应符合表 18 规定。

表 18　　　　　　　　　　　钢丝绳端部固定用绳卡数量

钢丝绳直径 mm	7～18	19～27	28～37	38～45
绳卡数量 个	3	4	5	6

🔍 **释义**　　1. 钢丝绳卡头，又称钢丝绳夹、线盘、夹线盘、钢丝卡子、钢丝绳轧头。具有与钢丝绳等强度，使用安全，外形美观过渡平滑，吊装作业安全负荷大，可抗击冲击负荷，使用寿命长的特点，常用于架空输电线路的牵引绳、缆风绳的固定。符合 GB 6067.1—2010《起重机械安全规程　第 1 部分：导则》（代替 GB 6067—1985）的要求，钢丝绳端部用绳卡固定连接时，连接强度应不小于钢丝绳破断拉力的 85%。

2. 钢丝绳卡头在安装时，卡头压板应安装在钢丝绳主绳上，不得正反交叉或在副绳（尾绳）上设置，确保钢丝绳卡头有足够的握着力，不损伤钢丝绳。

3. 卡头安装间距应不小于钢丝绳直径的 6 倍，卡头数量应符合《线路安规》表 18 的规定，保证钢丝绳的锚固强度，防止钢丝绳副绳（尾绳）滑脱。

4. 为了便于检查卡头是否可靠和发现钢丝绳是否滑动，可在最后一个卡头与前一个卡头之间留有约 500mm 的安全弯。如卡子有滑动现象，安全弯将会被拉直，便于随时发现和及时加固。

5. 选择的卡头大小应适合钢丝绳的直径，U 形环的内侧净距可比钢丝绳直径大 1~3mm，净距太大不易卡紧钢丝绳，环径不足易损伤钢丝绳。

钢丝绳端部用绳卡固定连接

14.2.9.5 插接的环绳或绳套，其插接长度应不小于钢丝绳直径的 15 倍，且不准小于 300mm。新插接的钢丝绳套应做 125% 允许负荷的抽样试验。

🔍 **释　义**　1. 插接的环绳或绳套主要用于架空输电线路组立杆塔、放撒线作业的起重、牵引、锚固、连接与固定。环绳的拉力是由插接自锁形成的摩擦力，为保证环绳有足够的拉力强度，其插接长度应不小于钢丝绳直径的 15 倍，对于直径很小的钢丝绳，则不能小于 300mm。实际环绳插接是每 1/6 股钢丝绳插入主绳的道数均不得少于 3 道半。

2. 新插接的钢丝绳套应根据其规格、长度做 125% 额定负荷下的超负荷单向静拉力抽样试验，测试环绳插接部位的受力缩颈状况，试验参数可参见《线路安规》表 16。

插接的钢丝绳环

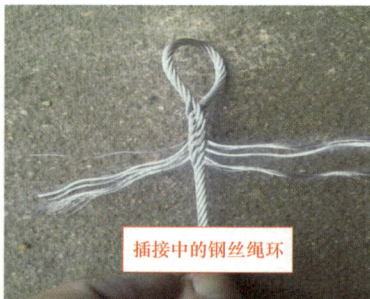

插接中的钢丝绳环

14.2.9.6 通过滑轮及卷筒的钢丝绳不准有接头。滑轮、卷筒的槽底或细腰部直径与钢丝绳直径之比应遵守下列规定：

起重滑车：机械驱动时不应小于 11，人力驱动时不应小于 10。

绞磨卷筒：不应小于 10。

🔍 **释 义**　1. 通过滑轮和滚筒的钢丝绳如果有接头，在使用过程中，钢丝绳通过滑轮、滚筒时容易发生卡涩，导致滑轮、滚筒损坏及接头抽脱，致使钢丝绳滑跑，造成倒杆、跑线、伤人事故。因此，通过滑轮及卷筒使用的钢丝绳不准有接头。

2. 滑轮、卷筒的槽底或细腰部直径与钢丝绳直径之比的规定，是为了减小钢丝绳的摩擦力，使钢丝绳不被磨损、挤压、弯曲，提高其使用寿命。

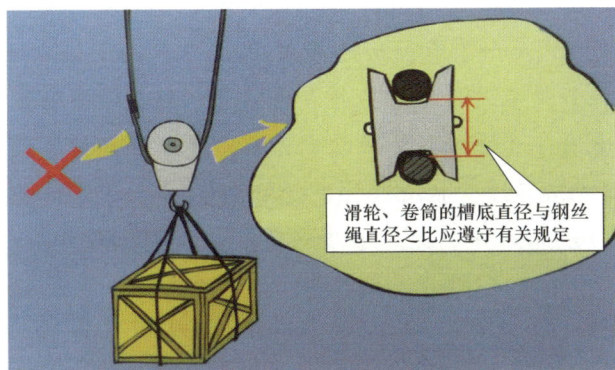

滑轮、卷筒的槽底直径与钢丝绳直径之比应遵守有关规定

14.2.10 合成纤维吊装带。

14.2.10.1 合成纤维吊装带应按出厂数据使用，无数据时禁止使用。使用中应避免与尖锐棱角接触，如无法避免应加装必要的护套。

14.2.10.2 使用环境温度：−40℃ ～ 100℃。

14.2.10.3 吊装带用于不同承重方式时，应严格按照标签给予的定值使用。

14.2.10.4 发现外部护套破损显露出内芯时，应立即停止使用。

🔍 **释 义**　1. 合成纤维吊装带由尼龙（聚酰胺纤维）、涤纶（聚酯纤维）和丙纶纤维（聚丙烯纤维）制成，具有质量轻、强度高和良好的抗化学性特点。按类型可分为扁平吊装带和圆形吊装带两种，适用于输电线路起重的环绳和绳套，不同材质的吊装带不得混用。

2. 合成纤维吊装带应按出厂数据使用，无数据时，应对合成吊装带施加相当于最大安全载荷 2 倍的力，并保持至少 1min。检查是否有损坏，如断裂、缝合处裂开（指带子部分）、任何永久变形，裂缝或其他缺陷（指末端件），经试验判断合格的才能使用。

3. 合成纤维吊装带由于耐磨和防穿刺性能差，使用中应避免与尖锐棱角接触，保证吊装带拉力强度。无法避免时，应在吊带与棱角接触部位设置护套，防止吊装带磨损、割伤导致坠物伤人事故。

4. 合成纤维吊装带是化学纤维产品，耐高温性能差，在使用时应远离火源，作业现场不得有动火工作。

5. 合成纤维吊装带的额定承重是吊带能够承受的垂直拉力，其实际吊重能力根据吊带的承重方式、用途、吊带夹角应留有一定的安全系数，起吊时应根据实际承重方式（如单吊和 U 形吊），按照标签的定值使用。

6. 合成纤维吊装带内芯外露易造成内芯纤维丝散断，使吊装带拉力强度下降。因此，使用合成纤维吊装带起重作业，发现外部护套破损显露出内芯时，为保证起重作业安全，应立即停止使用。

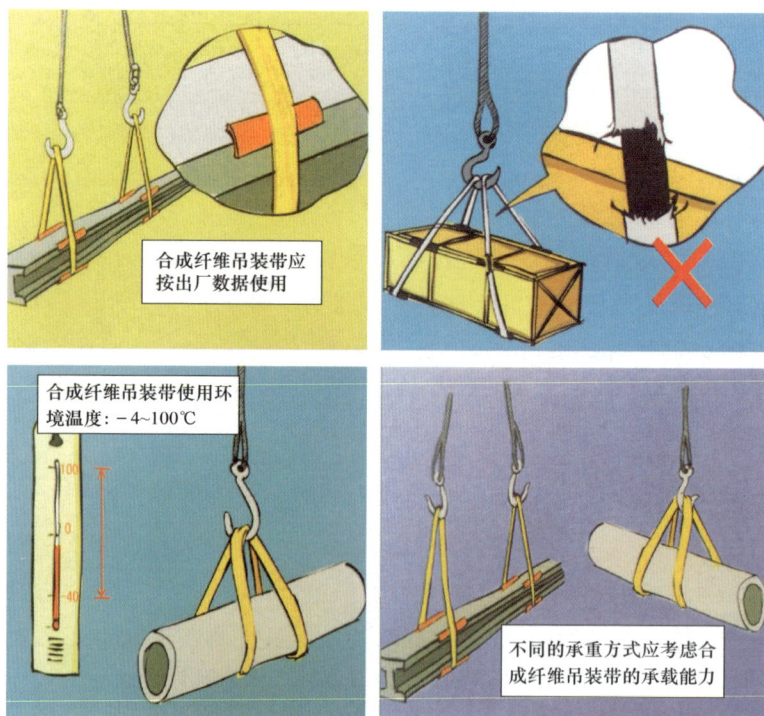

合成纤维吊装带应按出厂数据使用

合成纤维吊装带使用环境温度：-4~100℃

不同的承重方式应考虑合成纤维吊装带的承载能力

14.2.11 流动式起重机。

14.2.11.1 在带电设备区域内使用汽车吊、斗臂车时，车身应使用不小于 16mm² 的软铜线可靠接地。在道路上施工应设围栏，并设置适当的警示标志牌。

🔍 释 义　1. 流动式起重机主要有履带式起重机、汽车起重机、轮胎起重机、全地面起重机、随车起重机。架空输电线路起重作业一般使用汽车起重机和随车起重机，具有工效高、机动性强、便于转场的特点，适用于单件质量大的大、中型设备，构件的吊装。

2. 在平行、交叉或邻近带电设备附近使用汽车吊、斗臂车进行起重作业时，因轮胎有一定的绝缘性能，车身会积聚感应电荷。机臂、吊具、钢丝绳还可能接近带电导线危险距离以内，造成车辆带电。作业人员一旦接触车辆，会被感应电荷伤害。因此，作业前应对车身采取可靠接地措施，接地的软铜线截面积不小于 16mm²，接地棒埋深不小于 600mm。

3. 在道路、路口、居民区进行起重作业时，安全围栏应根据现场作业环境，结合吊件坠落半径进行设置，并悬挂相应的警示标志牌，防止无关车辆和人员进入起重作业区域内。必要时向交管部门申请协助。

应使用不小于16mm² 的软铜线可靠接地

14.2.11.2 起重机停放或行驶时，其车轮、支腿或履带的前端或外侧与沟、坑边缘的距离不准小于沟、坑深度的 1.2 倍；否则应采取防倾、防坍塌措施。

🔍 释 义　1. 起重机对吊装工作位置和行驶路面的承载力要求高，遇路面附近有沟、坑时，其边缘土壤的地耐力薄弱、易塌陷，若进行邻边吊装或通行，会发生车辆倾覆事故。若确需在沟、坑边缘起吊或通行时，应对沟、坑边缘采取坡体加固或在地面上铺设钢板、枕木等安全措施，提高作业面下方土壤的地耐力。

2.起重作业吊装或通行时，司吊人员应对沟、坑状况及道路环境进行勘察，采取正确的吊装方案和安全措施后才能进行，还应派有工作经验的人员指挥。

14.2.11.3　作业时，起重机应置于平坦、坚实的地面上，机身倾斜度不准超过制造厂的规定。不准在暗沟、地下管线等上面作业；不能避免时，应采取防护措施，不准超过暗沟、地下管线允许的承载力。

🔍 **释义**　1.汽车起重机作为大型工程作业装备，在出厂时都有一个倾斜度的标准。超过标准作业时，起重机容易发生侧翻，同时起重机作业时对局部地面压力也将增大，所以起重机各支撑脚应放置于平坦、坚实的地面上。机身水平通过观测装置确定，水平气泡应在刻度圆心范围内，作业时应根据气泡水平状态来调整支撑脚，使其保持在同一水平面。发现水平度超标准时，应先卸载起重物，对支撑脚进行调整。

2.起重机在暗沟、地下管线等上面作业，因地面不能承受起重机质量，会导致地下设施垮塌和损坏，造成起重机失稳倾覆，甚至伤及工作人员和其他设施。作业前，应探明地下设施位置；作业时，起重机及支撑脚应与地下设施保持足够的防护距离。若受场地限制，起重机确需在地下设施上进行作业时，应取得相关管理部门批准，制定吊装方案和防塌陷加固措施后才能进行。

14.2.11.4　作业时，起重机臂架、吊具、辅具、钢丝绳及吊物等与架空输电线及其他带电体的最小安全距离不准小于表19的规定，且应设专人监护。

表 19   与架空输电线及其他带电体的最小安全距离

电压 kV	< 1	1~10	35~66	110	220	330	500
最小安全距离 m	1.5	3.0	4.0	5.0	6.0	7.0	8.5

🔍 **释 义**　　1. 引用《国家电网公司电力安全工作规程（电网建设部分）》（国家电网安质〔2016〕212 号）第 9 章 9.9.8 表 19 的规定，明确了起重机及吊件与带电体沿垂直方向和水平方向的安全距离。起重机及吊件与带电体的最小安全距离见下表。

起重机及吊件与带电体的最小安全距离

电压等级 kV	安全距离 m	
	沿垂直方向	沿水平方向
≤ 10	3.00	1.50
20~35	4.00	2.00
60~110	5.00	4.00
220	6.00	5.50
330	7.00	6.50
500	8.50	8.00
750	11.00	11.00
1000	13.00	13.00
± 50 及以下	5.00	4.00
± 400	8.50	8.00
± 500	10.00	10.00
± 660	12.00	12.00
± 800	13.00	13.00

注 1：750kV 数据是按海拔 2000m 校正的，其他等级数据按海拔 1000m 校正。

注 2：表中未列电压等级按高一档电压等级的安全距离执行。

2. 起重作业时，起重机臂架、吊具、辅具、钢丝绳、吊物、缆风绳等在起吊过程中会摆动或弹跳，为防止接近带电体而放电，其最大的摆动和弹跳的幅度与带电导线及其他带电体的最小安全距离均应满足《线路安规》表19和《国家电网公司电力安全工作规程（电网建设部分）》（国家电网安质〔2016〕212号）第9章9.9.8表19的规定。

3. 在各电压等级电力线路附近进行起重吊装作业施工，均应设置有工作经验的人员进行专职监护。

14.2.11.5 长期或频繁地靠近架空线路或其他带电体作业时，应采取隔离防护措施。

🔍 **释义**　长期或频繁地靠近架空线路或其他带电体作业，作业人员容易产生安全防范意识下降，导致人员和作业机具接近或碰触架空线路及其他带电体造成放电事故。为保证作业人员人身安全，作业现场应设专职监护人进行监督。根据作业任务和现场环境采取加装跨越架、隔离遮栏、限高架、限位桩等措施进行隔离防护，并设置对应的安全警示标牌，增强警示效果。

14.2.11.6　汽车起重机行驶时，应将臂杆放在支架上，吊钩挂在挂钩上并将钢丝绳收紧。车上操作室禁止坐人。

🔍 **释义**　1. 汽车起重机在行驶时，将吊臂抬起，臂杆、吊钩可能会碰擦邻近的车辆、房屋、线路、管道等设施，造成设备、设施、车辆的毁坏。为保证行驶安全，汽车起重机行驶前应将吊臂放在支架上。

2. 为防止吊钩晃动影响驾驶和行人安全，汽车起重机行驶前还应将吊钩固定在专用的钢丝绳环上并收紧。

3. 汽车起重机操作室重心高、防碰撞强度小，若发生交通事故，乘坐人员极易受到伤害。操作室空间狭小，乘坐人可能因误碰、误操作、好奇操作，导致臂架抬起、旋转、吊钩脱出，造成交通事故。为保证行驶安全，随车人员应乘坐在驾驶室内，操作室禁止坐人。

4. 汽车起重机在道路上行驶时，驾驶员应遵守交通法规和条例等有关规定，不得超员、超载、超速、酒后等违章驾驶。

14.2.11.7　汽车起重机及轮胎式起重机作业前应先支好全部支腿后方可进行其他操作。作业完毕后，应先将臂杆完全收回，放在支架上，然后方可起腿。汽车式起重机除设计有吊物行走性能者外，均不准吊物行走。

🔍 **释义**　1. 汽车起重机支腿在支撑时，应在支撑腿底部地面上垫放枕木，一是增强地耐力，二是防止支撑腿滑动。在支腿全部受力、车身呈水平状态下，通过起重试吊检查支腿的承力、车身的水平及吊点的固定等情况，确定无异常后才能起吊重物。

2.作业完毕后，起重机臂杆、吊钩处在行程状态，易受车辆重心、风力或操作的影响发生倾覆事故。因此，收起支撑腿时，必须将臂杆、吊钩全部收回，放在支架上或固定牢固后，才能进行。

3.汽车起重机轮胎仅能承载车体重力，若吊物行走易发生爆胎，导致车辆倾覆、吊物损毁等事故。

4.汽车起重机设计有吊物行走性能，吊物行走时应严格遵守其设计和出厂相关技术规定及参数，适时监测胎压、机身水平、地面平整等状况。

14.2.11.8 汽车吊试验应遵守 GB 5905 的规定，维护与保养应遵守 ZBJ 80001 的规定。

🔍 **释 义** 　1.现 GB/T 5905—2011/ISO 4310—2009《起重机 试验规范和程序》已代替 GB/T 5905—1986《起重机 试验、规范和程序》规定，汽车起重机试验应遵守 GB/T 5905—2011 版规定。

2. GB/T 5905—2011/ISO 4310—2009《起重机 试验规范和程序》中 3.1 条规定的汽车起重机三种试验检验程序：性能的合格试验和检验；目测检验；起升载荷试验。试验结束后，应有试验结论和检测结果的试验报告。未经试验和检验合格的，禁止使用。

3.ZBJ 80001—1986《汽车起重机和轮胎起重机维护与保养》的规定目前已作废，且尚无新标准代替。汽车起重机和轮胎起重机维护与保养的项目、周期应在当地特种设备管理部门指导下进行，未按规定定期维护与保养的车辆不得使用。

14.2.11.9 高空作业车（包括绝缘型高空作业车、车载垂直升降机）应按GB/T 9465 的规定进行试验、维护与保养。

🔍 **释义**　1. 高空作业车应按照 GB/T 9465—2018《高空作业车》的规定，根据车型每年进行机械强度、稳定性、绝缘性能、液压系统试验和检测，试验应由具有国家认证资质的机构进行，所有的试验结果应出具试验报告，未经试验的禁止使用。

2. 高空作业车应每月检查其绝缘臂架、工作台、液压系统、动力系统、传动装置、刹车装置、电气电路、支撑装置、灯光辅助等是否正常、灵敏、可靠。液压油应按使用情况进行补充或更换。

3. 高空作业车绝缘臂架、工作台、液压系统的维修、保养应由厂商的专业人员进行，停放应有专用车库，防止受潮、暴晒导致车辆性能下降。

14.2.12 纤维绳。

14.2.12.1 麻绳、纤维绳用作吊绳时，其许用应力不准大于 0.98kN/cm^2。用作绑扎绳时，许用应力应降低 50%。有霉烂、腐蚀、损伤者不准用于起重作业，纤维绳出现松股、散股、严重磨损、断股者禁止使用。

释义 1. 在架空输电线路上工作，使用的纤维绳材质主要有天然纤维的剑麻、天麻，合成纤维的锦纶、腈纶、丙纶；绳索结构有编织和绞织两类。因纤维绳整体耐磨性能差、伸缩性大、抗拉强度低，所以一般只用于线路高处作业传递工具材料。

2. 纤维绳用作吊绳或绑扎绳时，受其自身材料耐磨性能差、伸缩性大、抗拉强度低的特性及绳结受力的影响，易发生纤维绳断裂。所以，使用前应取 6~14 倍安全系数（吊绳 6~8 倍、绑扎 10~14 倍），与起吊、绑扎重物质量相乘，经校验计算出破断力大小。许用应力不大于 0.98kN/cm^2 时，可用作吊绳使用；许用应力降低 50% 后，可用作绑扎绳使用。

3. 纤维绳不能用于架空输电线路上进行直线杆塔紧、撤导地线，顶档、大跨越档更换直线绝缘子作业中的牵引绳使用。

麻绳

纤维绳

纤维绳出现松股、散股、严重磨损、断股者禁止使用

4. 纤维绳出现霉烂、腐蚀、损伤、松股、散股、严重磨损、断股等质变时，都会使纤维绳索的拉力强度受到不同程度的影响而降低，为确保作业安全都应禁止使用。

14.2.12.2　纤维绳在潮湿状态下的允许荷重应减少一半，涂沥青的纤维绳应降低 20% 使用。一般纤维绳禁止在机械驱动的情况下使用。

🔍 释 义　1. 纤维绳受潮及涂有沥青时，会增大纤维间的摩擦力，导致绳索破断力（抗拉强度）有不同程度下降。所以，纤维绳在潮湿状态下，其允许荷重应减少 50%，涂沥青的允许荷重应降低 20% 使用。架空输电线路上的工作一般不使用涂沥青的纤维绳。

2. 由于机械驱动容易产生冲击负荷，为避免瞬间应力超过纤维绳能承受的许用应力，造成纤维绳断裂，一般纤维绳禁止在机械驱动的情况下使用。对于凯夫拉、杜邦丝等高强度纤维绳索，也应根据起重荷载进行破断力计算，经计算满足作业安全条件的，才能在机械驱动的情况下使用。

涂沥青的纤维绳应降低 20% 使用

纤维绳在潮湿状态下的允许荷重应减少一半

14.2.12.3　切断绳索时，应先将预定切断的两边用软钢丝扎结，以免切断后绳索松散，断头应编结处理。

🔍 释 义　1. 纤维绳切断时，应预先在断头两侧用 12～14 号的细铁线进行绑扎，绑扎道数不得小于 5 道，细铁线线尾应扭结。断头与扎线应留有 20～30mm 的距离，防止扎头滑脱。

2. 裁制的绳索断头应进行封头处理，防止散股、松股。编织的纤维绳切断时，应用铁线扎牢，不得使用胶带绕贴；绞织的纤维绳可以采用插接或编结方式进行封头处理。

纤维绳切断时应将预定切断的两边用软钢丝扎结

14.2.13 卸扣。

14.2.13.1 卸扣应是锻造的，且不准横向受力。

🔍 释义   1. 依据 GB/T 25854—2010/ISO 2415—2004《一般起重用 D 形和弓形锻造卸扣》的规定，卸扣应采用电炉或吹氧转炉冶炼的镇静钢（碳钢、合金钢、不锈钢、高强度钢）经锻造制成，严禁使用铸铁和铸钢材质的卸扣。

2. 卸扣是索具的一种，主要用于绳扣与构件或吊环之间的连接。按生产标准分为国标、美标、日标三类，其中美标卸扣具有体积小、承载质量大的优点，被广泛使用。按型式可分为弓形（欧米茄型）和 D 型（U 型或直型，与 D 型归为一类）两种。安全系数一般为 4 倍、5 倍、6 倍和 8 倍。常见的国标规格（所对应的吨位）有 3t、5t、8t、10t、15t、20t、25t、30t、40t、50t、60t、80t、100t、120t、150t、200t 共 16 种。

3. 卸扣使用中实际受力部位在扣顶和销轴，为垂直受力。卸扣横向抗拉力强度小，若横向受力，会使扣体变形、销轴拉脱，导致连接的索具断开。因此，卸扣使用时只能在扣顶和销轴部位上受力，销轴不能使用其他螺栓代替。

4. 卸扣应按标注的许用拉力使用，使用前应检查扣体、销轴，其表面应光滑平整，无裂纹、变形、锐边、过火等缺陷。如发现扣体和销轴有以下缺陷，禁止使用：有明显永久变形或轴销不能转动自如；任何一处截面磨损量达原尺寸的 10% 以上；任何一处出现裂纹；不能闭锁；试验不合格。

5. 卸扣不得进行偏心荷载，且承载的两腿索具间的最大夹角不得大于

120°，当大于 120° 时，卸扣会形成横向受力。

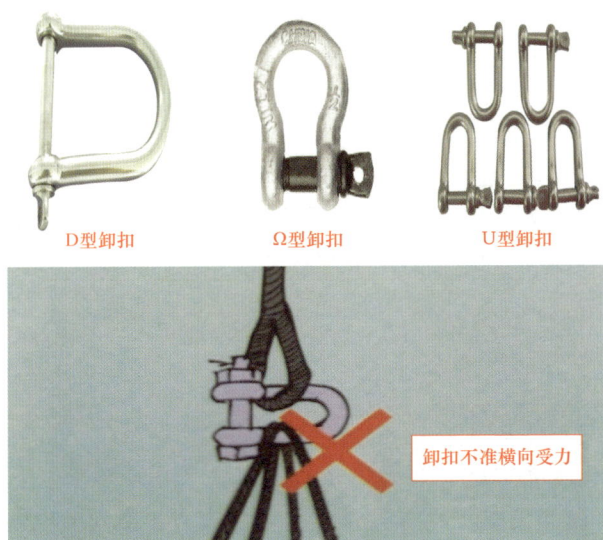

D型卸扣   Ω型卸扣   U型卸扣

卸扣不准横向受力

14.2.13.2 卸扣的销子不准扣在活动性较大的索具内。

🔍 **释义**　　卸扣在与钢丝绳索具配套作为捆绑索具使用时，卸扣的销轴部分应与钢丝绳索具的锁眼连接，以免在索具提升时，钢丝绳与卸扣发生摩擦，造成销轴转动，导致销轴与扣体脱离。

14.2.13.3 不准使卸扣处于吊件的转角处。

🔍 **释义**　　卸扣应正确地支撑载荷，即作用力要沿着卸扣中心线的轴线。避免弯曲和不稳定的载荷，更不可以过载。

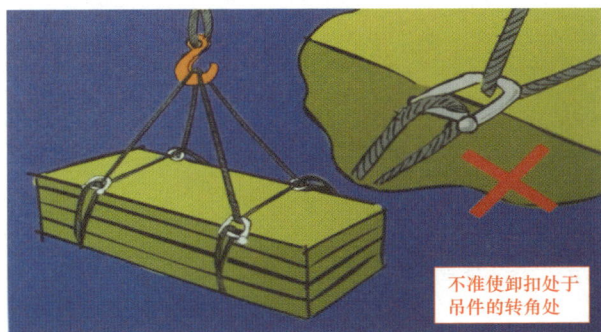

不准使卸扣处于
吊件的转角处

14.2.14 滑车及滑车组。

14.2.14.1 滑车及滑车组使用前应进行检查，发现有裂纹、轮沿破损等情况者，不准使用。滑车组使用中，两滑车滑轮中心间的最小距离不准小于表20的规定。

表20　　　　　　　　　　滑车组两滑车滑轮中心最小允许距离

滑车起重量 t	1	5	10～20	32～50
滑轮中心最小允许距离 mm	700	900	1000	1200

释义 1.滑车由滑轮、轴、挂钩、夹板等部件组成，是常见的起重手拉小型机械。其结构简单、携带方便、起重能力大。架空输电线路作业中一般采用滑车或滑车组与绞磨、抱杆、牵引绳、缆风绳配套，进行立拆杆塔、撤紧线等起重作业。

2.滑车及滑车组是架空输电线路起重作业中主要的承力机具，其轮轴、挂钩、轮槽、夹板的机械强度直接影响起重作业安全。因此，滑车及滑车组在使用前应检查轮轴、挂钩、轮槽、夹板是否有可见的裂纹、弯曲、变形及严重的磨损等影响强度的缺陷，确保滑轮转动灵活、轮槽光滑、夹板完整、螺栓紧固、保险装置良好。

3.滑车组使用时，其钢丝绳不得产生扭绞。高处作业时，应采用吊环式滑车。

4.按照不同的滑车起重量，保持滑车组两滑车轴心间的最小距离满足《线路安规》表20的规定，一是保证起重作业时滑车组留有足够的牵引行程；二是避免滑车组绳牵引过载。

14.2.14.2 滑车不准拴挂在不牢固的结构物上。线路作业中使用的滑车应有防止脱钩的保险装置，否则应采取封口措施。使用开门滑车时，应将开门勾环扣紧，防止绳索自动跑出。

释义 1.滑车拴挂的结构物应经校验计算，确保其校验后的抗拉强度满足滑车的使用要求且系挂牢靠。承载的滑车不准系挂在树、石头、车辆、电杆等不牢固物体上。

2. 架空输电线路作业中使用的滑车应有防止脱钩的保险装置，避免滑车在使用过程中由于作业的导地线、牵引绳卡挂或过载牵引产生摆动或弹跳，造成吊钩与固定索具脱离，伤及作业人员或毁坏设备。滑车使用过程中，应保证防止脱钩的保险装置完好。

3. 使用开门滑车时，为防止牵引绳滑跑，作业前应将开门钩环扣紧。如发生钩环松动，应停止起重作业，更换滑车或进行滑门封口补强后，才能继续作业。

🔍 **案 例**　见案例库之案例 AQ-3-010、AQ-3-019。

14.2.14.3 拴挂固定滑车的桩或锚，应按土质不同情况加以计算，使之埋设牢固可靠。如使用的滑车可能着地，则应在滑车底下垫以木板，防止垃圾窜入滑车。

🔍 **释 义**　1. 拴挂固定滑车的桩或锚的要求参见本规程 14.2.2.6、14.2.7 进行埋设。

2. 为保证桩、锚抗拉强度满足滑车的承载拉力要求，应按土质不同情况加以计算，根据计算结果选用单地钻、铁桩、群桩、地锚等方式。

3. 遇流沙层、回填土等软基土质时，应采用地锚，不得使用地钻和铁桩。

4. 滑车着地使用，滑轮的轴、轮槽易被泥沙、树枝、杂草等异物阻滞，导致滑车动荷载增大，牵引绳卡涩，使受力的机具荷载增大，给现场的起重作业安全带来一定风险。因此，发现滑车着地时，应停止工作，卸载后调整滑车的挂点高度，不能调整的采取在滑车挂点处垫枕木等支护措施，不能垫放石块、砖块等硬物。

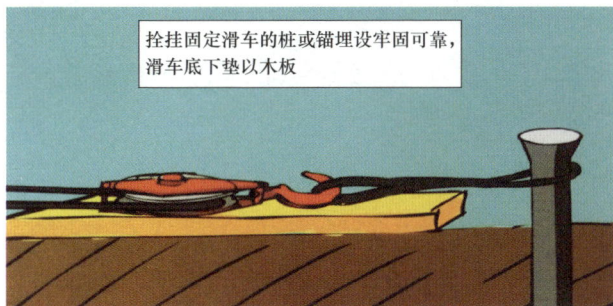

拴挂固定滑车的桩或锚埋设牢固可靠，滑车底下垫以木板

案例 见案例库之案例 AQ-3-002。

14.3 施工机具的保管、检查和试验。

14.3.1 施工机具应有专用库房存放，库房要经常保持干燥、通风。

14.3.2 施工机具应定期进行检查、维护、保养。施工机具的转动和传动部分应保持其润滑。

14.3.3 对不合格或应报废的机具应及时清理，不准与合格的混放。

释义 1. 施工机具的管理应指定专人负责，建立完整的管理台账，做到定置管理、分类分层、有序摆放、便于取用。定期检测库房湿度，不得大于80%。从应急处置方面上考虑，施工机具存放库房的门和通道应便于施工机具的进出。

2. 施工机具的检查、维护、保养工作，应每月进行一次，保证所有的施工机具功能完好，并对施工机具转动和传动部分进行机油、黄油的补充或更换，保证其转动灵活。

3. 对未经检验、存在缺陷或已损坏的机具，应及时隔离，分区存放，做好标记，防止混入合格的施工机具，导致误使用。有条件的，可以分库存放。

4. 对新进、修理的机具，只有经过试验合格，才能入库和使用。

施工机具库房的规范化管理

14.3.4 起重机具的检查、试验要求应满足附录N的规定。

释　义　1. 架空输电线路起重机具检查和试验应严格执行《线路安规》附录 N 的要求，根据起重工具的名称，对照检查与试验质量标准，进行周期性检查和预防性试验。试验不合格的，一律报废封存，禁止使用。

2. 起重机具的检查应有专人定期进行，并做好记录。试验应由取得国家相关资质认证的机构进行。各单位根据采购数量及使用情况进行批次抽检试验。

14.4 安全工器具的保管、使用、检查和试验。

14.4.1 安全工器具的保管。

14.4.1.1 安全工器具宜存放在温度为 –15℃～35℃、相对湿度为 80% 以下、干燥通风的安全工器具室内。

释　义　1. 安全工器具一般是由绝缘、机械、电路等部件构成，温度过高或过低、湿度过高会导致安全工器具的部件老化，绝缘强度、机械强度、电路灵敏度降低。

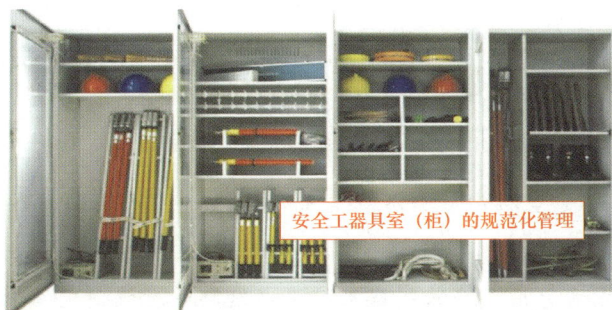

安全工器具室（柜）的规范化管理

温度为 –15～+35℃、相对湿度为 80% 以下

施工机具应有专用库房存放，库房要经常保持干燥、通风

274　《国家电网公司电力安全工作规程　线路部分》释义

2.安全工器具室（柜），应装设温度、湿度计量装置，便于管理人员监测、控制温、湿度。

14.4.1.2　安全工器具室内应配置适用的柜、架，不准存放不合格的安全工器具及其他物品。

释义　1.依据《国家电网公司电力安全工器具管理规定》（国家电网企管〔2014〕748号）的规定，结合各单位的生产实际，对安全工器具室（柜）进行规范化管理。

2.安全工器具的保管应指定专人管理，建立完整的管理台账，做到定置管理、分类分层，有序摆放、便于取用。

3.未经检验、存在缺陷或已损坏的安全工器具，应及时隔离、分区存放、做好标记，防止混入合格的安全工器具，导致误使用。有条件的可以分库存放。

4.新进、修理的安全工器具，只有经过试验合格，才能入库和使用。

14.4.1.3　携带型接地线宜存放在专用架上，架上的号码与接地线的号码应一致。

释义　携带型接地线存放在有顺序编号的专用架上，接地线和柜架摆放位置上的编号相一致，以便检查、核实、掌握接地线使用和存放情况，防止领用的接地线遗留在检修的线路上，造成线路带地线送电事故。

14.4.1.4　绝缘隔板和绝缘罩应存放在室内干燥、离地面200mm以上的架上或专用的柜内。使用前应擦净灰尘。如果表面有轻度擦伤，应涂绝缘漆处理。

释义　1.绝缘隔板和绝缘罩均属于绝缘类工器具，使用中直接接触带电设备。为防止使用时表面结露产生沿面闪络造成人员触电事故，保管存放时须与地面及墙体保持足够的防潮距离，应放置在干燥通风的专用支架或专用柜内。

2. 为防止表面积尘影响绝缘性能，绝缘隔板和绝缘罩入库和使用前均应擦净灰尘。

3. 出现表面有划痕、擦伤时，应进行打磨、上漆处理，干燥后经试验合格才能入库使用。

绝缘隔板的存放

14.4.1.5　绝缘工具在储存、运输时不准与酸、碱、油类和化学药品接触，并要防止阳光直射或雨淋。橡胶绝缘用具应放在避光的柜内，并撒上滑石粉。

🔍 **释　义**　1. 安全工器具室内或运输途中均不得接触稀释剂、洗衣粉、84消毒液、清厕剂、汽柴油等酸、碱、油类和化学物品。同时防止暴晒、雨淋、被挤压。

2. 每月维护保养时，为防止绝缘手套粘连，可根据手套表面状况撒医用滑石粉。绝缘手套清洁时可用中性皂（液）去污。清洗干净晾干后才能向手套内扑撒医用滑石粉。

3. 绝缘操作杆、绝缘板、验电器绝缘伸缩杆、绝缘罩等绝缘工具清洁时可用医用酒精擦拭去污，擦拭时应通风，禁止动用明火。

4. 为保证安全工器具室内存放的工具能够有效避光，窗户应采用窗帘遮蔽。

橡胶绝缘用具应避光存放

14.4.2 安全工器具的使用和检查。

14.4.2.1 安全工器具使用前的外观检查应包括绝缘部分有无裂纹、老化、绝缘层脱落、严重伤痕，固定连接部分有无松动、锈蚀、断裂等现象。对其绝缘部分的外观有疑问时应进行绝缘试验合格后方可使用。

🔍 **释义** 1.安全工器具使用前，应对其外观的绝缘、机械、信号装置进行检查。发现以下缺陷一律不准使用：绝缘部件有裂纹、脱漆、老化、绝缘层开裂、划伤、磨损；机械部件有松动、锈蚀、裂纹、变形、磨损、脱焊；验电器声光报警信号不正常等情况。

2.对严重的绝缘部件老化、开裂；机械部件变形、裂纹、磨损、脱焊；验电器声光报警信号失灵的安全工器具应视情况进行报废处理，可维修的修后须经试验合格后才能使用。

安全工器具使用前应进行外观检查

14.4.2.2 绝缘操作杆、验电器和测量杆：允许使用电压应与设备电压等级相符。使用时，作业人员手不准越过护环或手持部分的界限。雨天在户外操作电气设备时，操作杆的绝缘部分应有防雨罩或使用带绝缘子的操作杆。使用时人体应与带电设备保持安全距离，并注意防止绝缘杆被人体或设备短接，以保持有效的绝缘长度。

🔍 **释义** 1.绝缘操作杆、测量杆使用时，可以以高代低，不能以低代高。以低代高会造成绝缘击穿并导致人员触电或线路跳闸。验电器在使用时只能对相应电压等级的设备进行验电，若以高验低，验电器失去作用，不能报警；以低验高，不仅不报警，还会造成绝缘击穿，作业人员发生触电事故。

2.绝缘操作杆、验电器和测量杆的护环或手持部分是作业人员安全的操作范围，若作业人员越过护环或手持部分的界限进行操作，会减少有效绝缘长度，增加发生人身触电和线路跳闸事故的可能性。因此，作业人员在操作时，手不准越过护环或手持部分的界限，并戴绝缘手套。

3. 雨天操作应使用有防雨罩的绝缘操作杆。加装防雨罩的作用是将顺着绝缘操作杆流下的雨水阻断，使其不致形成一个连续的水流柱而降低湿闪电压，同时可以保持一段干燥的爬电距离，以保证湿闪电压合格。如果绝缘操作杆受潮操作，会产生较大的泄漏电流，危及作业人员的安全。因此，雨天在户外操作电气设备时，绝缘操作杆的绝缘部分应有防雨罩或使用带绝缘子的操作杆。

4. 有效绝缘长度是指绝缘工具的总长度减去金属部分和双手握持部分后的净长。作业时，作业人员的活动范围和绝缘操作杆的有效长度与相应电压等级带电导线的最小安全距离均不得小于《线路安规》表 3 的规定。

5. 作业时，使用伸缩型绝缘操作杆，每节须全部拉开到位，使用接头型绝缘操作杆，接头须旋紧到位。在人体或设备短接下，要确保绝缘操作杆的有效绝缘长度仍能满足《线路安规》表 3 规定的安全距离。

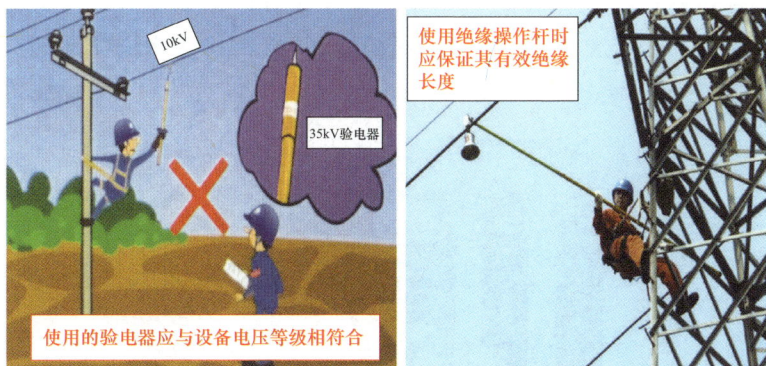

14.4.2.3 携带型短路接地线：接地线的两端夹具应保证接地线与导体和接地装置都能接触良好、拆装方便，有足够的机械强度，并在大短路电流通过时不致松脱。携带型接地线使用前应检查是否完好，如发现绞线松股、断股、护套严重破损、夹具断裂松动等均不准使用。

🔍 释义　1. 架空输电线路上的携带型工作接地线是将导线直接连接大地的线，也称安全回路线。可以把线路高压电和残余电荷直接导入大地，防止误合闸、反送电及邻近带电体产生感应电时造成工作人员触电。架空输电线路停电作业，通常使用弹簧压紧式、螺旋压紧式、撞击线夹式工作接地线。

2. 携带型短路接地线的各部件应连接良好，接地线两端线夹均应安装牢靠，不得松动或缠绕，且便于拆装。装撤接地线工作，作业人员应戴绝缘手套。

3. 采用弹簧压紧式接地线，导线端线夹安装时应保证弹簧充分伸展压紧导线；采用螺旋压紧式接地线，导线端线夹安装时应保证旋压到位，压紧导线；采用撞击式接地线，导线端线夹应与导线线径相匹配，且安装时应保证线夹卡紧导线。

4. 装撤弹簧、螺旋压紧式导线线夹，应使用绝缘操作杆操作。装撤撞击式导线线夹，可使用绝缘操作杆、绝缘绳操作。使用的绝缘操作杆、绝缘绳应固定可靠，便于拆装。

5. 为防止大短路电流通过时线夹松脱，携带型短路接地线在出厂时，须有由厂家提供的相关试验参数和检测结果报告。维修或新的携带型短路接地线，应委托有资质的检测机构进行试验，试验不合格的禁止使用。

6. 携带型工作接地线由绝缘操作杆、导线夹、多股软铜线、接地夹、绝缘护套组成，只有在各部件完整、连接可靠的前提下才能使用。如发现绞线松股、断股、护套严重破损、夹具断裂松动等情况，与地线接触的作业人员安全将无法得到保证。

携带型接地线使用前应检查是否完好，如发现绞线松股、断股、护套严重破损、夹具断裂松动等均不得使用

案例　见案例库之 AQ-3-005。

14.4.2.4 绝缘隔板和绝缘罩：绝缘隔板和绝缘罩只允许在 35kV 及以下电压的电气设备上使用，并应有足够的绝缘和机械强度。用于 10kV 电压等级时，

绝缘隔板的厚度不应小于 3mm，用于 35kV 电压等级不应小于 4mm。现场带电安放绝缘隔板及绝缘罩时，应戴绝缘手套、使用绝缘操作杆，必要时可用绝缘绳索将其固定。

🔍 **释义**　1. 绝缘隔板和绝缘罩一般由环氧树脂的绝缘材料制成，可用于配电设备上的部分停电工作中代替临时围栏，能起绝缘遮蔽或隔离的保护作用，不能视为主绝缘工具。

2. 架空输电线路一般不使用绝缘隔板和绝缘罩，如在 35kV 输电线路地面上进行部分停电工作，应使用绝缘隔板和绝缘罩。使用时，作业人员活动范围与带电设备应保持《线路安规》表 2 规定的安全距离，因绝缘隔板、绝缘罩代替临时围栏直接接触带电设备，在作业人员无防护措施的情况下，其活动范围与绝缘隔板和绝缘罩也应保持《线路安规》表 2 规定的安全距离。

3. 绝缘隔板和绝缘罩应有足够的绝缘耐压水平和机械强度，一般情况下，绝缘隔板的厚度越大，其绝缘耐压水平和机械强度越高。使用时，10kV 绝缘隔板厚度不得小于 3mm，35kV 绝缘隔板厚度不得小于 4mm。

4. 绝缘隔板装拆时，作业人员应戴绝缘手套、穿绝缘靴进行操作，隔板必须可靠固定，与带电设备保持足够的安全距离。绝缘罩装拆时，应使用相应电压等级的绝缘操作杆；多个罩构成系统时，连接处不得有间隙，多罩之间加装遮蔽毯的，须将遮蔽毯用两个以上的绝缘夹夹紧。

5. 绝缘隔板和绝缘罩在使用前，应用毛巾擦拭干净。使用完毕应摆放整齐。绝缘隔板不得叠放。

14.4.2.5 安全帽：安全帽使用前，应检查帽壳、帽衬、帽箍、顶衬、下颏带等附件完好无损。使用时，应将下颏带系好，防止工作中前倾后仰或其他原因造成滑落。

🔍 **释义**　1. 安全帽是使用频度最高的个人防护用具之一，可以防止头部被坠物冲击、侧向撞击、穿刺、挤压及其他因素对头部的伤害。因此，进入架空输电线路作业现场的所有人员必须正确佩戴安全帽。根据电力行业特点，选择的安全帽应具有侧向刚性和电绝缘性能的功能。

2. 安全帽在使用前，应对帽壳、帽衬、帽箍、顶衬、下颏带、锁紧卡等附件进行检查，确保安全帽完好无损后才能佩戴。佩戴时，应根据头围尺寸调整安全帽帽箍，调整到位后系紧下颏带，防止安全帽滑落。

3. 依据 GB 2811—2007《安全帽》规定："安全帽在经受严重冲击后，即使没有明显损坏，也必须更换。"同时，应根据安全帽标定的使用期限，对超期的安全帽进行更换或抽检试验。

14.4.2.6　安全带：腰带和保险带、绳应有足够的机械强度，材质应有耐磨性，卡环（钩）应具有保险装置，操作应灵活。保险带、绳使用长度在 3m 以上的应加缓冲器。

🔍 **释　义**　1. 依据 GB 6095—2009《安全带》规定，安全带是防止高处作业人员发生坠落或发生坠落后将作业人员安全悬挂的个体防护装备。有围杆作业安全带、区域限制安全带、坠落悬挂安全带三种形式，架空输电线路高处作业应使用围杆作业安全带、坠落悬挂安全带。

2. 安全带使用前应进行检查，确保不出现织带撕裂、开线、金属杆碎裂、连接器开启、绳断、金属件塑性变形等现象。腰带、保险带（绳）无严重磨损，卡环（钩）保险装置应完好、灵活。

3. 安全带使用时，禁止将安全绳用作悬吊绳。悬吊绳与安全带禁止共用连接器。用于焊接、强烈摩擦、割伤危害、静电危害等场所的安全绳应加相应护套。

4. 安全带使用过程中，应遵循高挂低用的原则。当使用长度超过 3m 时，应加装缓冲器以减轻跌落时的冲击力对人体腰部造成的伤害，缓冲器承受冲击后应立即报废。

5. 在杆塔上作业，安全带、安全绳、缓冲式安全绳、速差保护器应装挂在牢固的构件上。导线、绝缘子上的工作，安全绳等系挂在杆塔横担上。作业的导线、绝缘子未采取保护措施时，作业人员的安全带不得系挂在导线、绝缘子及金具上，防止绝缘子和金具断裂，发生掉线事故，造成人员高坠。

6. 使用速差自锁器时，自锁器有效长度与地面之间应留有不小于 2m 的缓冲距离，使用的倾斜角不得超过 30°。安全绳、速差器系挂后的有效长度与地面之间应留有 3m 的缓冲间距。

腰带和保险带、绳应有足够的机械强度，材质应有耐磨性，卡环（钩）应具有保险装置，操作应灵活

双控背带式安全带及后备保护绳

双控背带式安全带穿戴效果

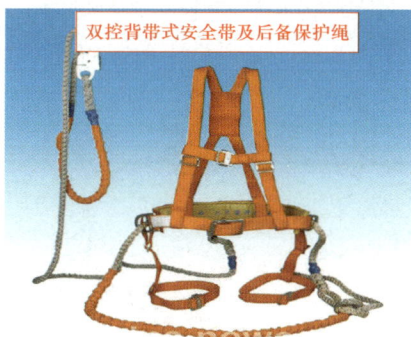

14.4.2.7 脚扣和登高板：金属部分变形和绳（带）损伤者禁止使用。特殊天气使用脚扣和登高板应采取防滑措施。

🔍 释 义　　1.脚扣和登高板是攀登电杆的常用登高工具，属于安全工器具范畴。脚扣主要由扣体、踏板、防滑橡皮、顶扣、扣带构成，按结构形式可分为固定式脚扣和可调式脚扣，材质有钢质、铝合金。登高板主要由踏板、绳索、金属挂钩、心形环组成，踏板采用质地坚韧的木材制成，规格为长640mm、宽80mm、厚25mm，绳索采用直径不小于18mm的天然或合成的多股绞绳制成。

2.脚扣使用前应进行检查，扣体、踏板、顶扣有变形开裂，防滑橡皮磨损老化，扣带磨损霉变严重的，禁止使用。登高板使用前应进行检查，踏板有霉变、裂纹、磨损严重，金属挂钩、心形环有变形开裂，绳索有散股、霉变、磨损严重的，禁止使用。

3.遇特殊天气，杆面结冰时，禁止使用脚扣攀登，使用登高板时，应清除杆面冰层，控制登高步幅，登高人员采取防坠保护措施。

4.使用前要对脚扣和登高板进行人体冲击试登以检查其强度。使用时攀登人员应用围杆带进行保护。

脚扣　　　　　　　　　　　登高板

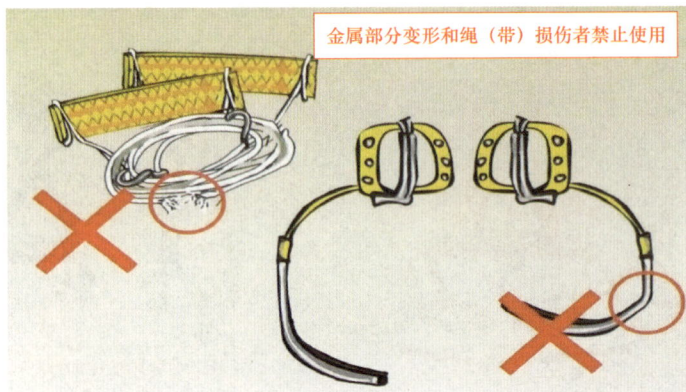

金属部分变形和绳（带）损伤者禁止使用

14.4.3 安全工器具试验。

14.4.3.1 各类安全工器具应经过国家规定的型式试验、出厂试验和使用中的周期性试验，并做好记录。

🔍 **释义**　1.新购置的各类安全工器具均应有厂家提供的型式试验、出厂试验定型及合格的书面报告。使用单位应根据厂家提供的试验报告进行试验检测，试验结果应与厂家试验数据一致，并符合国家、行业相关标准要求，并做好记录，试验结果不达标的禁止使用。

2. 各类安全工器具必须依据《线路安规》附录K～附录N四个部分的规定进行周期性试验，试验工作由本单位自行开展，也可委托第三方有资质的试验检测机构进行，所有的试验结论应有书面记录。特种设备的周期性试验工作，宜托有资质的专业设备试验机构进行。

3. 试验合格的各类安全工器具上应粘贴对应的试验合格证，下次试验期限应是本次试验时间的前一天。各类安全工器具试验报告应保留一年。

14.4.3.2 应进行试验的安全工器具如下：
a）规程要求进行试验的安全工器具。
b）新购置和自制的安全工器具。
c）检修后或关键零部件经过更换的安全工器具。
d）对安全工器具的机械、绝缘性能发生疑问或发现缺陷时。

释义 为确保各类安全工器具的绝缘耐压水平、机械强度、性能状态等满足作业安全的需要，应对规程要求进行试验的、新购置和自制的、检修后或关键零部件经过更换的、发生疑问和缺陷的各类安全工器具，必须按照《线路安规》附录K～附录N的规定，进行周期性和检查性试验。

14.4.3.3 安全工器具经试验合格后，应在不妨碍绝缘性能且醒目的部位粘贴合格证。

释义 为方便作业人员和工器具管理人员能够及时了解工器具的试验情况，避免不合格、到期未试验的工器具带入工作现场违规使用。试验合格后的安全工器具应在醒目的位置上粘贴合格证。合格证的粘贴应牢固、不易脱落，不影响工器具自身功能和绝缘性能，到期的合格证应及时清理、注销。

14.4.3.4 安全工器具的电气试验和机械试验可由各使用单位根据试验标准和周期进行，也可委托有资质的试验研究机构试验。

释义 1. 各单位开展的安全工器具电气试验和机械试验工作，应制定相应的管理制度和试验标准，试验人员应有相应的工作经验，并经培训考试合格后才能上岗。所有试验检测设备的计量装置应每年进行一次校验，校验工作由具备相应资质的试验检测机构进行。

2. 安全工器具的电气试验和机械试验应依据《线路安规》附录 K～附录 N 的规定，定期进行周期性和检查性试验。

3. 安全工器具和特种设备的检查性及周期性试验，本单位不能开展的，应委托具备相应资质的试验检测机构进行，所有的试验结论应有书面记录。

14.4.3.5　各类绝缘安全工器具试验项目、周期和要求见附录 L。

🔍 **释　义**　架空输电线路常用的绝缘安全工器具有电容型验电器、绝缘操作杆、绝缘测量杆、核相器、绝缘罩、绝缘隔板、绝缘胶垫、绝缘靴、绝缘手套、绝缘夹钳、绝缘绳等。各类绝缘安全工器具的试验项目、周期、要求必须依据《线路安规》附录 L 所列的相关内容进行周期性和检查性试验。试验结论应有书面记录。

各类绝缘安全工器具进行周期性和检查性试验

15　电力电缆工作

15.1 电力电缆工作的基本要求。

🔍 释 义　1. 电力电缆是用于传输和分配电能的电缆，常用于城市地下电网、发电站引出线路、工矿企业内部供电及过江海水下输电线。具有占地少、可靠性高、分布电容大、维护工作量少、电击可能性小等优点。

2. 在电力线路中，电缆所占比重正逐渐增加。电力电缆是在电力系统的主干线路中用以传输和分配大功率电能的电缆产品。按电流制可分为交流电缆和直流电缆；按电压等级可分为中、低压电力电缆（35kV 及以下）、高压电缆（110kV 及以上）、超高压电缆（500～800kV）以及特高压电缆（1000kV 及以上）；按绝缘材料可分为油浸纸绝缘电力电缆、塑料绝缘电力电缆、橡皮绝缘电力电缆。电力线路常见的电力电缆有聚乙烯电缆、聚乙烯绝缘电缆、聚氯乙烯绝缘电缆、交联聚乙烯绝缘电缆等。

15.1.1 工作前应详细核对电缆标志牌的名称与工作票所填写的相符，安全措施正确可靠后，方可开始工作。

🔍 释 义　1. 工作前应详细查阅有关的路径图、排列图及隐蔽工程的图纸资料，应详细核对电缆标志牌名称是否与工作票所写的相符，防止走错间隔。

2. 工作前还应检查需装设的接地线、标示牌、绝缘隔板及防火、防护措施正确可靠并与工作票所列的工作内容、安全技术措施相符，经许可后方可进行工作。

15.1.2 填用电力电缆第一种工作票的工作应经调控人员许可。填用电力电缆第二种工作票的工作可不经调控人员许可。若进入变、配电站、发电厂工作，都应经运维人员许可。

🔍 释 义　1. 使用电力电缆第一种工作票的电缆工作涉及电力设备停电，须经调度的许可方可进行。需进入变电站、配电站、发电厂工作时，应经当值运行人员许可。

2. 使用电力电缆第二种工作票的电缆工作不涉及电力设备停电，可不经调度许可，但进入变电站、配电站、发电厂工作时，应经当值运行人员许可。

3. 使用电力电缆第一种工作票或电力电缆第二种工作票进入变电站、配电站、发电厂进行工作，均需得到运维人员许可，并增填工作票份数。

4. 填用电力电缆第一种工作票、电力电缆第二种工作票的工作，因其专业性较强，工作票填用、审核要求较高，一般情况下应填用相应的输电线路工作票。

15.1.3 电力电缆设备的标志牌要与电网系统图、电缆走向图和电缆资料的名称一致。

🔍 **释义**　　1. 要求电力电缆设备的标志牌与电网系统图、电缆走向图和电缆资料的名称保持一致是为了给运行操作、维护以及调度管理等方面提供正确、基本的依据。

2. 当本规范 15.1.3 中的各资料内容不一致时，易导致管理混乱，易发生误调度、误许可、误操作、误入有电间隔等情况，甚至会发生人员伤亡、设备损坏事故。

15.1.4 变、配电站的钥匙与电力电缆附属设施的钥匙应专人严格保管，使用时要登记。

🔍 **释义**　　1. 变、配电站与电力电缆附属设施钥匙应建立钥匙使用管理规定。变、配电站与电力电缆附属设施内有高压电气设备，在日常的设备巡视、倒闸操作、检修许可、设备验收抢修等涉及使用钥匙的工作中，可能会因钥匙管理不当出现人员误入、小动物误入、偷盗等情况，造成人身、设备事故。

2. 钥匙使用管理规定中须包括使用人员权限、批准及借用手续办理等相关要求。

3. 钥匙应设专人严格保管，使用时需登记，使用完毕后应及时归还并做好记录。

15.2 电力电缆作业时的安全措施。

15.2.1 电缆施工的安全措施。

15.2.1.1 电缆直埋敷设施工前应先查清图纸，再开挖足够数量的样洞和样沟，摸清地下管线分布情况，以确定电缆敷设位置及确保不损坏运行电缆和其他地下管线。

🔍 **释义**　1. 施工前查看、核对图纸主要是为了确定电缆敷设位置和电缆敷设走向是否正确，开挖样洞和样沟是为了探明地下地质、地下建筑、地下管线分布的情况。

2. 为了确保施工中不损伤地下运行电缆和其他地下管线设施，还应做好开挖过程中的意外应急措施。

15.2.1.2　为防止损伤运行电缆或其他地下管线设施，在城市道路红线范围内不宜使用大型机械来开挖沟（槽），硬路面面层破碎可使用小型机械设备，但应加强监护，不准深入土层。若要使用大型机械设备时，应履行相应的报批手续。

🔍 **释义**　1. 城市道路红线范围内的地下管线分布密集，且大型机械挖掘不易控制，因此在城市道路红线范围内施工应避免使用大型机械，以防止损伤运行电缆及管线。

2. 对硬路路面的破碎，在安全措施可靠、监护到位的情况下可以使用破碎量小的小型机械设备。特殊情况必须使用或条件允许使用大型机械设备时，应制定好详细的方案措施，履行相应的报批手续，并做好现场安全技术交底和加强现场监护。

15.2.1.3　掘路施工应具备相应的交通组织方案，做好防止交通事故的安全措施。施工区域应用标准路栏等严格分隔，并有明显标记，夜间施工应佩戴反光标志，施工地点应加挂警示灯。

🔍 **释义**　1. 根据《城市道路管理条例》（国务院令第 198 号）第二十九条、第三十一条相关规定，依附于城市道路建设各种管线、杆线等设施的，应当经市政工程行政主管部门批准，方可建设；因特殊情况需要临时占用城市道路的，须经市政工程行政主管部门和公安交通管理部门批准，方可按照规定占用。经批准临时占用城市道路的，不得损坏城市道路；占用期满后，应当及时清理占用现场，恢复城市道路原状；损坏城市道路的，应当修复或者给予补偿。

2. 为了提高施工效率和道路的有效利用率，减少施工对路面交通的影响，掘路施工应制定相应的交通组织方案。方案应首先满足安全性的要求，其次方可追求效益最大化。从交通、环境和投资等多方面综合权衡，制定科学的交通组织方案。

3. 施工地点需设置施工标志、护栏等，放置于路面易见处，应面向驶来的车辆，充分固定，防止意外移动，并设置必要的限速和停车让行等交通标志。施工场地起始、中间和结束位置均应设置高亮度的黄色闪光灯，高度不低于1.2m。夜间施工时，所在路段每隔20m左右设红色警示灯，施工人员应佩戴反光标志，防止发生交通伤亡事故。

15.2.1.4 在下水道、煤气管线、潮湿地、垃圾堆或有腐质物等附近挖沟（槽）时，应设监护人。在挖深超过2m的沟（槽）内工作时，应采取安全措施，如戴防毒面具、向坑中送风和持续检测等。监护人应密切注意挖沟（槽）人员，防止煤气、硫化氢等有毒气体中毒及沼气等可燃气体爆炸。

释义 参照本规程第9章9.1.4的释义内容。

15.2.1.5 沟（槽）开挖深度达到1.5m及以上时，应采取措施防止土层塌方。

释义 1. 沟（槽）开挖深度达到1.5m及以上时，发生土层塌方及造成人身伤害的可能性加大。为保证作业人员安全，应根据土壤类别采取不同措施（钢板桩等）防止土层塌方，必要时分层开挖。

2. 沟（槽）开挖时要注意土壁的稳定性，发现有裂缝及倾、坍可能时，作业人员须立即离开并采取有效措施及时处理。

15.2.1.6 沟（槽）开挖时，应将路面铺设材料和泥土分别堆置，堆置处和沟（槽）之间应保留通道供施工人员正常行走。在堆置物堆起的斜坡上不准放置工具材料等器物。

释义 1. 路面铺设材料和泥土应分开堆置，避免造成两者一块回填，影响施工材料运输与清理。

2. 沟（槽）开挖时，为防止施工人员行走时可能因堆放物原因摔倒至沟（槽）内或因遇风吹、雨冲及其他震动导致堆置物滑落到沟（槽）内，造成施工人员受到伤害、施工操作受到影响，所以在堆置处和沟（槽）之间应保留施工人员正常行走通道。

3. 在堆置物堆起的斜坡上放置工具材料等器物，容易造成工具材料等器物滑入沟（槽）内伤及施工人员或损伤电缆。

15.2.1.7 挖到电缆保护板后，应由有经验的人员在场指导，方可继续进行。

释义 挖掘施工中挖到电缆保护板时，继续挖掘容易损坏电缆保护板，造成板下电缆失去一层物理保护，电缆极易受到损伤。挖到电缆保护板时，应由有经验的人员在场把关指导，且需用人工（铁锹）挖掘方法小心进行，切忌用镐头或机械挖掘，以防误伤电缆。

15.2.1.8 挖掘出的电缆或接头盒，如下面需要挖空时，应采取悬吊保护措施。电缆悬吊应每 1m ~ 1.5m 吊一道；接头盒悬吊应平放，不准使接头盒受到拉力；若电缆接头无保护盒，则应在该接头下垫上加宽加长木板，方可悬吊。电缆悬吊时，不准用铁丝或钢丝等。

释义 1. 电缆或接头盒的下面需挖空而没采取悬吊保护措施，会造成电缆或接头盒两端电缆受力弯曲，使电缆绝缘层、电缆接头受到损伤而引发电缆故障。

2. 电缆悬吊保护措施应每隔 1 m ~ 1.5 m 吊一道，如果悬吊间隔宽度过大，容易造成电缆受力过度弯曲而损伤电缆。

3. 接头盒悬吊时应平放、不准接头盒受到拉力，电缆接头无保护盒悬吊时应在该接头下垫上加宽加长木板，防止电缆绝缘层、电缆接头受力弯曲，造成绝缘损伤，引发电缆故障。

4. 电缆悬吊时，如使用铁丝、钢丝等细金属物，容易造成电缆保护层受到割伤或破坏电缆绝缘。为了避免电缆保护层受到损伤，一般情况下使用帆布带、纤维绳等软质绳索进行固定、悬吊。

15.2.1.9　移动电缆接头一般应停电进行。如必须带电移动，应先调查该电缆的历史记录，由有经验的施工人员，在专人统一指挥下，平正移动。

🔍 **释　义**　1. 电缆接头是电缆最易损坏和不能承受拉力的部位，移动电缆接头容易导致电缆折损或接头处绝缘损坏。所以移动电缆接头的工作一般应停电进行。

2. 如果必须带电移动电缆接头，应做好前期准备和分析工作。前期准备工作包括查看电缆历年运行试验记录，了解运行时间、检修试验情况、电缆接头的制作时间和材料、制作工艺等情况。通过查看相关记录、了解运行工况，分析、判断是否可以搬动及可能导致的后果，并制定防止电缆接头损坏、电缆绝缘损坏的安全措施。如电缆绝缘老化或运行年代已久远、电缆头渗漏油明显、存在绝缘缺陷时，禁止带电移动。

3. 移动电缆接头作业中，为防止电缆受力弯曲、接头受力不均，造成电缆绝缘损坏，引发设备故障和人身伤害，在移动电缆接头时，应在专人统一指挥下，由有经验的工作人员进行平正移动。

15.2.1.10　开断电缆以前，应与电缆走向图图纸核对相符，并使用专用仪器（如感应法）确切证实电缆无电后，用接地的带绝缘柄的铁钎钉入电缆芯后，方可工作。扶绝缘柄的人应戴绝缘手套并站在绝缘垫上，并采取防灼伤措施（如防护面具等）。使用远控电缆割刀开断电缆时，刀头应可靠接地，周边其他施工人员应临时撤离，远控操作人员应与刀头保持足够的安全距离，防止弧光和跨步电压伤人。

🔍 **释　义**　1. 为防止误锯电缆、带电锯电缆，在锯电缆之前，应先检查待锯电缆与电缆走向图图纸是否相符，必要时从电缆端头处至锯点处沿线查对，并做好标记。再使用经过校准的专用仪器或电缆芯穿刺法对待锯电缆进行测量，使用两种以上方法均测量无电且结果一致，确认证实电缆芯无电后，才可进行下一步工作。最后，用接地的带绝缘柄的铁钎钉入电缆芯，使电缆导电部分接地，放尽剩余电荷后，方可锯电缆。扶绝缘柄者应采取戴防护面具、戴绝缘手套、站在绝缘垫上的措施保证安全。

2. 使用专用仪器（如感应法）是采用电缆探测仪，用测量耦合钳夹住待测电缆，发射机通过测量耦合钳在目标电缆上产生耦合信号，探测运行电缆的 50Hz 频率信号，以区分带电电缆及不带电电缆。

3.为防止误割（锯）带电电缆造成人身伤害，使用远控电缆割刀开断电缆前，应通知电缆锯割点周边其他施工人员临时撤离现场，并检查人员是否全部撤离到安全区域。同时，操作人员还应检查、确认电缆割刀（刀头）已可靠接地。开断电缆时，操作人员应与电缆割刀（刀头）保持足够的安全距离，防止弧光和跨步电压伤人。

15.2.1.11 开启电缆井井盖、电缆沟盖板及电缆隧道人孔盖时应使用专用工具，同时注意所立位置，以免坠落。开启后应设置标准路栏围起，并有人看守。作业人员撤离电缆井或隧道后，应立即将井盖盖好。

🔍 **释义** 1.电缆井井盖、电缆沟盖板及电缆隧道人孔盖比较沉重，为了开启作业方便，也为了能保证人员站立开启盖板，防止开启过程中电缆井井盖、电缆沟盖板及电缆隧道人孔盖掉落井内、电缆沟、隧道内而损坏电缆或其他管线或开启人员不慎跌落井内，所以，在开启电缆井井盖、电缆沟盖板及电缆隧道人孔盖时，应使用专用工具。

2.打开电缆井或电缆沟盖板时，应做好防止交通事故发生的措施，电缆井的四周应布置好围栏，做好明显的警告标志，并设置阻挡车辆误入的障碍。夜间电缆井应有照明，防止行人或车辆落入井内。

15.2.1.12 电缆隧道应有充足的照明，并有防火、防水、通风的措施。电缆井内工作时，禁止只打开一只井盖（单眼井除外）。进入电缆井、电缆隧道前，应先用吹风机排除浊气，再用气体检测仪检查井内或隧道内的易燃易爆及有毒气体的含量是否超标，并做好记录。电缆沟的盖板开启后，应自然通风一段时间，经测试合格后方可下井工作。电缆井、隧道内工作时，通风设备应保持常开。在电缆隧（沟）道内巡视时，作业人员应携带便携式气体测试仪，通风不良时还应携带正压式空气呼吸器。

🔍 **释义** 1.为确保在电缆隧道内巡视、检修、抢修等作业人员的安全，电缆隧道内应有充足的照明、防火隔离、隧道壁涂刷防水浆、通风设施等措施。

2.电缆井、电缆隧道工作环境比较复杂，同时又是一个相对密闭空间，容易聚集易燃易爆及有毒气体。因此，在电缆井内工作时，应打开两个及以上井盖（单眼井除外），以保证井下空气流通。进入电缆井、电缆隧道前，应先用吹风机排除浊气，降低易燃易爆及有毒气体的含量，再用气体检测仪检测井下易燃易爆及有毒气体含量是否超标，并做好记录。

3.电缆沟的盖板开启后，应自然通风一段时间，经测试合格后方可下井工作，电缆井、隧道内工作时，通风设备应保持常开。为避免中毒及氧气不足，作业人员应携带便携式气体测试仪，通风条件不良时，作业人员还应携带（使用）正压式空气呼吸器。佩戴使用中，应随时观察正压式空气呼吸器压力表的指示值，听到正压式空气呼吸器发出报警信号后及时撤离现场，一旦进入电缆隧（沟）道内，呼吸器不应取下，直到离开电缆隧（沟）道后。

15.2.1.13 充油电缆施工应做好电缆油的收集工作，对散落在地面上的电缆油要立即覆上黄沙或砂土，及时清除。

释义 充油电缆施工时，电缆油易散落地面污染环境，还易造成人员滑倒或车辆打滑失控，甚至可能引发火灾。因此，要做好电缆油的收集工作，如有散落应在覆上黄沙或砂土后及时清除。

15.2.1.14 在10kV跌落式熔断器与10kV电缆头之间，宜加装过渡连接装置，使工作时能与跌落式熔断器上桩头有电部分保持安全距离。在10kV跌落式熔断器上桩头有电的情况下，未采取安全措施前，不准在熔断器下桩头新装、调换电缆尾线或吊装、搭接电缆终端头。如必须进行上述工作，则应采用专用绝缘罩隔离，在下桩头加装接地线。作业人员站在低位，伸手不准超过熔断器下桩头，并设专人监护。

上述加绝缘罩的工作应使用绝缘工具。雨天禁止进行以上工作。

释义 1.10kV跌落式熔断器上桩头与下桩头之间距离较近，加装过渡连接装置以方便装设接地线并增大熔断器上桩头与电缆头之间距离，使工作时能与跌落式熔断器上桩头有电部分保持安全距离。

2.在10kV熔断器上桩头有电的情况下，进行下桩头新装，调换电缆尾线或吊装、搭接电缆终端头工作，作业人员易因安全距离不足发生触电危险。所以，在未采取安全措施前，不准进行工作。如确须工作，应采取在上桩头带电部位加装专用绝缘罩使其与下桩头隔离，并在下桩头加装接地线的安全措施后进行。

3. 作业人员站在低位，伸手不得超过熔断器下桩头并设专人监护是为了防止作业人员工作中动作幅度过大，触及熔断器带电的上桩头而发生触电伤害。

4. 在熔断器下桩头新装、调换电缆尾线或吊装、搭接电缆终端头时，应采用专用绝缘罩隔离。加绝缘罩时，为防止作业人员触电，应使用绝缘工具操作。

5. 雨水会降低绝缘罩等作业用绝缘工器具的绝缘性能，增加触电危险。因此，在雨天环境下禁止进行以上工作。

15.2.1.15 使用携带型火炉或喷灯时，火焰与带电部分的距离：电压在10kV及以下者，不准小于1.5m；电压在10kV以上者，不准小于3m。不准在带电导线、带电设备、变压器、油断路器（开关）附近以及在电缆夹层、隧道、沟洞内对火炉或喷灯加油及点火。在电缆沟盖板上或旁边进行动火工作时需采取必要的防火措施。

🔍 **释义** 1. 由于火焰导电，在使用携带型火炉或喷灯作业时，根据电压等级的不同，火焰应与带电部分保持一定的安全距离，防止作业人员通过火焰触电。

2. 火炉或喷灯在点火时由于燃烧不稳定，会产生大量浓烟（游离气体导电），所以不能直接在带电导线、带电设备、变压器、油断路器（开关）附近以及在电缆夹层、隧道、沟洞内对火炉或喷灯加油及点火，否则容易造成设备闪络、火灾或在狭窄空间内由于浓烟过大造成的人员窒息等设备和人身安全事故。在使用携带型火炉或喷灯作业时，应先选择相对安全的地方点火，待火焰调整正常后，再移至带电设备附近使用。

3. 电缆沟内敷设大量一、二次电缆，且沟内容易聚集易燃易爆的气体，为保证在电缆沟盖板上或旁边进行动火工作的安全，应采取在现场放置防火石棉布和适量灭火器材等措施，防止火星掉落电缆沟内造成电缆损坏或火灾事故。

15.2.1.16 制作环氧树脂电缆头和调配环氧树脂工作过程中，应采取有效的防毒和防火措施。

释义 1. 目前大多数环氧树脂涂料为溶剂型涂料，虽然环氧树脂及环氧树脂胶粘剂本身无毒，但由于在制作过程中添加的溶剂存在毒性，致使环氧树脂涂料含有大量有毒、易燃、可挥发的有机化合物，会对环境和人体造成危害。

2. 为防止人体受到伤害，在环氧树脂电缆头的制备过程中，烘干石英粉时应戴口罩。配制环氧树脂胶，应戴防护眼镜和医用手套，施工现场应通风良好，操作者应站在上风处工作。

3. 当皮肤接触胺类固化剂时，应立即用水冲洗或用酒精擦净再用水洗。如发现头晕或疲劳时，应立即离开操作地方，到室外呼吸新鲜空气。另外，由于环氧树脂挥发出的气体是易燃的，工作前应做好防火措施。工作场所应通风，禁止明火。

15.2.1.17 电缆施工完成后应将穿越过的孔洞进行封堵。

释义 1. 对穿越过的孔洞进行封堵有利于电缆进（出）孔洞的防水、防火、防止小动物，避免电缆设备损坏。

2. 对电缆孔洞封堵应采用阻燃材料填塞，并在穿墙电缆上涂刷防火涂料。封堵的方式根据穿越的孔洞不同，需采取不同的措施。封堵常用材料有软性有机堵料（俗称防火胶泥）、凝固无机堵料、防火沙包等。

15.2.1.18 非开挖施工的安全措施：

a）采用非开挖技术施工前，应首先探明地下各种管线及设施的相对位置。

b）非开挖的通道，应离开地下各种管线及设施足够的安全距离。

c）通道形成的同时，应及时对施工的区域进行灌浆等措施，防止路基的沉降。

释义 1. 非开挖技术是指通过导向、定向钻进等手段，在地表极小部分开挖的情况下（一般指入口和出口小面积开挖），敷设、更换和修复各种地下管线的施工新技术。对地表干扰小，主要包括水平定向钻进、顶管、微型隧道、爆管、冲击等技术方法。

2. 与开挖施工相比，如措施不当，非开挖施工更加容易破坏地下的电力、通信、自来水等各种管线以及造成地面塌陷。因此，要求施工前，根据工程所能提供的工程现场地下管网资料，对现场地下管网进行复查，准确掌握地下各种管线和其他基础设施的分布及埋深，为导向孔轨迹提供准确的设计依据。

3. 非开挖的通道，为了防止通道坍塌压塌其他管线通道，影响安全，所以应与其他管线及设施保持足够的安全距离。

4. 通道形成的同时，为保持电缆管线通道稳定，应及时采取灌浆等措施对施工的区域进行加固，以防止路基沉降、坍塌。

15.2.2 电力电缆线路试验安全措施。

15.2.2.1 电力电缆试验要拆除接地线时，应征得工作许可人的许可（根据调控人员指令装设的接地线，应征得调控人员的许可），方可进行。工作完毕后立即恢复。

释　义　1. 在电力电缆试验工作中需要拆除全部或一部分接地线后才能进行。如测量相对地绝缘电阻，测量母线和电缆的绝缘电阻等工作均需在拆除接地线后进行。

2. 拆除接地线会改变原有的安全措施，容易造成人员受感应电或突然来电的伤害。因此，拆除接地线工作应在征得工作许可人的许可（根据调度员指令装设的接地线，应征得调度员的许可）后进行。

3. 当试验工作完毕后，应立即恢复被拆除的接地线，确保安全措施的完整性。

15.2.2.2 电缆耐压试验前，加压端应做好安全措施，防止人员误入试验场所。另一端应设置围栏并挂上警告标示牌。如另一端是上杆的或是锯断电缆处，应派人看守。

释　义　1. 电缆耐压试验加压前，应通知有关人员离开被试设备，试验现场电缆两端应装设封闭式的遮栏或围栏，向外悬挂"止步，高压危险！"标示牌。如电缆另一端是上杆的或是锯断电缆处，还应派人看守，以防止人员误入触电。

2. 试验过程中应保持电缆两端人员通信畅通。

15.2.2.3 电缆耐压试验前，应先对设备充分放电。

释义 1.电力电缆的电容量很大，即使停电后剩余电荷的能量还比较大，如果未将剩余电荷放尽就进行绝缘电阻试验，可能造成接线人员触电受伤。因此，电缆耐压试验前应先对设备充分放电。

2.电缆耐压试验前，未先对设备充分放电，将造成充电电流与吸收电流比第一次减小，出现绝缘电阻虚假增大和吸收比减小的现象。因此，在电缆耐压试验前，为防止人员触电和保证试验准确，应先分别对设备进行逐相充分放电。

15.2.2.4 电缆的试验过程中，更换试验引线时，应先对设备充分放电。作业人员应戴好绝缘手套。

释义 1.试验过程中电缆被加压，会储存大量电能。为防止人员触电及确保下一项试验的准确性，试验过程中须进入试验场更换试验引线时，在断电后应首先用专用放电棒，将被试电缆充分对地放电，并验明无电。

2.放电及更换引线时作业人员应戴好绝缘手套，防止被电击。

15.2.2.5 电缆耐压试验分相进行时，另两相电缆应接地。

释义 1.电缆三相一起进行耐压试验只能反映 A、B、C 三相对电缆外皮和地的绝缘情况，并不能反映出 A 和 B 之间，B 和 C 之间，A 和 C 之间的绝缘情况。相对地是相电压，而相间是线电压，线电压是相电压的 $\sqrt{3}$ 倍，相间绝缘比对地绝缘更重要，因而电缆耐压试验要分相进行。

2.每试一相时，应将另外两相接地。分相屏蔽型电缆也应将未试相接地。因试验电压较高，未试相将会产生感应电压，危及人身安全。

15.2.2.6 电缆试验结束，应对被试电缆进行充分放电，并在被试电缆上加装临时接地线，待电缆尾线接通后才可拆除。

释义 1.电缆具有一定的电容量。电缆试验结束会在电缆上残留剩余电荷，电缆越长，电荷越多。如果不充分放电，容易危及作业人员和设备安全。

2. 电缆在每次做耐压试验后，应通过放电棒放电，充分放电后，再用临时接地线接地。

3. 加装临时接地线是防止突然来电或感应电等对作业人员造成伤害，只有待电缆尾线接通后，才可拆除该电缆上的临时接地线，以确保作业人员安全。

15.2.2.7 电缆故障声测定点时，禁止直接用手触摸电缆外皮或冒烟小洞。

释 义 1. 电力电缆故障经初测后，一般需使用声测法在地面上进行精确定点。声测法定点是指利用高压直流设备经电容器充电后，通过球间隙向故障点放电，并在故障点附近用拾音器来确定故障点的准确位置。

2. 电缆故障声测定点过程中存在试验电压，所以不能直接用手触摸电缆外皮或冒烟小洞，以免触电、灼伤。

16　一般安全措施

16.1 一般注意事项。

16.1.1 所有升降口、大小孔洞、楼梯和平台，应装设不低于 1050mm 高的栏杆和不低于 100mm 高的护板。如在检修期间需将栏杆拆除时，应装设临时遮栏，并在检修结束时将栏杆立即装回。临时遮栏应由上、下两道横杆及栏杆柱组成。上杆离地高度为 1050mm～1200mm，下杆离地高度为 500mm～600mm，并在栏杆下边设置严密固定的高度不低于 180mm 的挡脚板。原有高度在 1000mm 的栏杆可不做改动。

🔍 **释　义**　　1. 依据 GB 4053.2—2009《固定式钢梯及平台安全要求　第 2 部分：钢斜梯》及 GB 4053.3—2009《固定式防护栏及钢平台安全要求　第 3 部分：工业防护栏杆及钢平台》的规定，在电力设施及生产场所的升降口、大小孔洞、楼梯和平台上装设栏杆和护板及直梯，防护栏杆及钢平台采用钢材的力学性能不低于 Q235-B，并具有碳含量合格保证。架空输电线路大跨越杆塔及超高型杆塔上廊桥栏杆应执行上述两项标准。若栏杆高度不足 1000mm、横杆间距大于 430mm、桥面镂空、无挡脚板、直梯无护笼的应结合实际进行技术改造。

2. 当平台、通道及作业场所距基准面高度小于 2m 时，防护栏杆高度应不低于 900mm；在距基准面高度大于等于 2m 且小于 20m 的平台、通道及作业场所的防护栏杆高度应不低于 1050mm；在距基准面高度不小于 20m 的平台、通道及作业场所的防护栏杆高度应不低于 1200mm。在电力设施及生产场所的升降口、大小孔洞、楼梯和平台上装设栏杆，应根据以上三个基准面高度确定栏杆装设高度。

3. 栏杆下部应装设高度不低于 180mm 的护板，防止工具、零件从作业处掉落砸伤下面的人员或损坏设备。

4. 栏杆、护板应定期进行检查和维护，保证完好状态，不得有锈蚀、松动、缺损等缺陷。

5. 检修、维护等工作需要拆除栏杆才能作业时，应在对应部位加设临时遮栏，在工作结束时应将拆除的栏杆恢复原状，会同运行值班人员、设备主人到现场检查验收合格后方可办理工作终结手续。

6.原有栏杆高度在1000mm的，该高度是符合成年人的重心高度，考虑经济性和安全性可以不做改动。

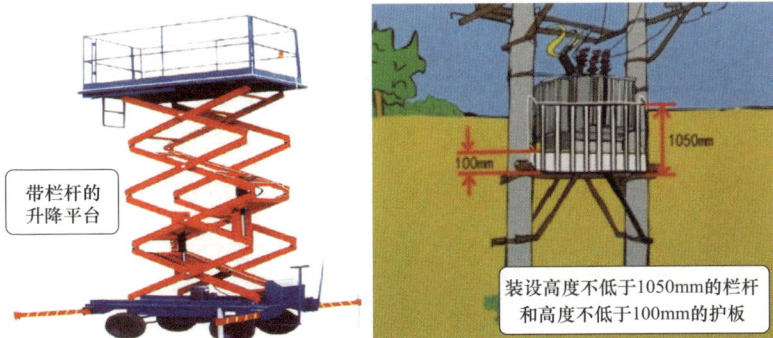

带栏杆的升降平台

装设高度不低于1050mm的栏杆和高度不低于100mm的护板

16.1.2 电缆线路，在进入电缆工井、控制柜、开关柜等处的电缆孔洞，应用防火材料严密封闭。

🔍**释 义**　1.电缆由导体、绝缘层和防护层等构成，材料中含有大量碳氢化合物。当电气故障产生电弧或周围发生火灾时，都会引燃电缆并产生有毒气体。采取正确的封、堵、隔、涂、包等方式进行防火封堵，是防止火灾蔓延的有效措施。

2.电缆防火的封堵材料包括有机堵料、无机堵料、耐火隔板、防火涂料、防火包带、防火包。封堵材料必须经过国家防火建筑材料质量监督检验测试中心的检测，并提供检测合格文件，材料质量要符合质保书要求。

3.电缆预留孔和电缆保护管两端口应用有机防火堵料封堵严密，堵料嵌入管口的深度不小于50mm，不得用水泥等坚硬的材料封堵。对电缆周围较小缝隙，应用有机耐火堵料充填封堵，经过火烧的封堵泥不得再次使用。

用防火材料封闭

4.预埋穿管中的电缆与内壁之间的缝隙应做严密封堵。扩建、更改预留或新打开的电缆孔洞,在未穿电缆之前,也应严密封堵。防止电缆火灾事故产生的有毒气体通过孔洞、缝隙蔓延扩散,威胁人员安全。

16.1.3 特种设备〔锅炉、压力容器(含气瓶)、压力管道、电梯、起重机械、场(厂)内专用机动车辆〕,在使用前应经特种设备检验检测机构检验合格,取得合格证并制定安全使用规定和定期检验维护制度。同时,在投入使用前或者投入使用后 30 日内,使用单位应当向直辖市或者设有区的市级特种设备安全监督管理部门登记。

🔍 **释 义** 1.《特种设备安全监察条例》(中华人民共和国国务院令第 549 号)第二条规定:"特种设备是指涉及生命安全、危险性较大的锅炉、压力容器(含气瓶,下同)、压力管道、电梯、起重机械、客运索道、大型游乐设施和场(厂)内专用机动车辆。"涉及输电线路现场作业的特种设备有汽车起重机、电梯、高架车。

2.特种设备使用中对人身、设备的风险较大,应制订相应的安全使用规定和定期检验维护制度,明确管理职责和维护要求。每年经特种设备安全监督管理部门指定的检验检测机构检验合格,取得合格证。确保特种设备安全及能效状况符合要求。

3.《特种设备安全监察条例》(中华人民共和国国务院令第 549 号)第二十五条规定:"特种设备在投入使用前或者投入使用后 30 日内,特种设备使用单位应当向直辖市或者设区的市的特种设备安全监督管理部门登记。登记标志应当置于或者附着于该设备的显著位置。"

4.特种设备操作人员应经有资质机构进行培训,经当地主管部门考试合格,持证上岗。

特种设备在使用前应经特种设备检验检测机构检验合格,取得合格证并制定安全使用规定和定期检验维护制度

16.1.4 在带电设备周围禁止使用钢卷尺、皮卷尺和线尺（夹有金属丝者）进行测量工作。

🔍 **释义**　1. 钢卷尺、皮卷尺和夹有金属丝的线尺都是由非绝缘材料制成的，具有一定的导电性，只有在设备停电有接地保护时，可以进行测量工作。

2. 在带电设备附近使用钢卷尺、皮卷尺和夹有金属丝的线尺进行测量工作时，易接近带电体危险距离以内或碰触带电部分造成人身伤害及设备事故。因此，严禁在带电设备周围用此类测量工具进行工作。

3. 在带电设备附近进行测量工作应使用绝缘测距杆、绝缘测量绳、激光测距仪、超声波测距仪、红外测距仪、经纬仪等工具或仪器。

16.1.5 在户外变电站和高压室内搬动梯子、管子等长物，应两人放倒搬运，并与带电部分保持足够的安全距离。

🔍 **释义**　1. 变电站设备区和高压室内是带电设备较密集的场所，搬运工作存在一定的人身触电危险。

2. 单人搬动梯子、管子、弹性长物和带有引线的绝缘杆等设备时，因被搬运长物等前后受力不平衡或摆动易失去控制，误触带电设备，同时被搬运长物易产生上下弹跳而难以保持与带电设备的安全距离，造成人身触电和设备损坏。所以，变电站设备区和高压室内搬运工作应由两人进行，物件应放倒搬运，禁止肩扛，保证被搬运物体不发生摆动、弹跳。

3. 搬运时，人员、搬运物应保持与带电设备相应电压等级的安全距离，并设专人监护。

16.1.6 在变、配电站（开关站）的带电区域内或邻近带电线路处，禁止使用金属梯子。

🔍 **释义**　在变、配电站的带电区域内或邻近带电线路处，设备及线路密集，都处在带电状态。由于空间有限，在搬运、挪动金属梯的过程中，易发生误碰或接近带电设备或产生感应电，造成人身触电事故。因此，工作时应禁止使用金属梯子。

16.2 设备的维护

16.2.1 机器的转动部分应装有防护罩或其他防护设备（如栅栏），露出的轴端应设有护盖，以防绞卷衣服。禁止在机器转动时，从联轴器（靠背轮）和齿轮上取下防护罩或其他防护设备。

释义 1. 机械设备的转动部分（如机械绞磨、卷扬机、轴端、齿轮、靠背轮、砂轮机等）和冲、剪、压、切的旋转传动部位必须装有护盖、防护罩或防护栅栏，不能安装机械护罩的机器都要使用遮栏隔离，防止机械运行中操作人员的手指、头发、衣服被绞卷，造成机械和人身伤害。

2. 机器转动时，禁止取下转动部位的防护罩、防护盖、防护网或设置的围栏。如拆除应停机进行，机器转动前应恢复。

3. 设备因故障或维护（加油、更换传动部件）需拆开防护罩时，工作结束后应立即恢复。

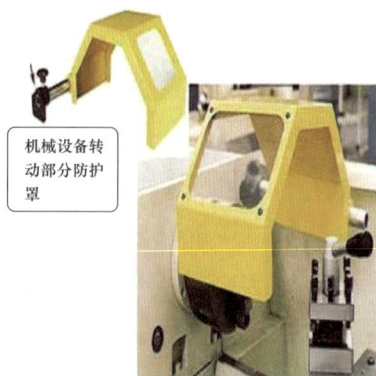

4.机械设备设计时未加装高速转动和旋转的防护措施，应加装防护罩、防护盖，经检验合格后才能使用。

16.2.2 杆塔等的固定爬梯，应牢固可靠。高百米以上的爬梯，中间应设有休息的平台，并应定期进行检查和维护。上爬梯应逐档检查爬梯是否牢固，上下爬梯应抓牢，两手不准抓一个梯阶。垂直爬梯宜设置人员上下作业的防坠安全自锁装置或速差自控器，并制定相应的使用管理规定。

🔍 **释 义** 1.杆塔等的固定爬梯，是检修人员上下攀爬的通道。为防止攀登人员坠落，使用时应检查爬梯是否牢固可靠，不得出现松动、脱落、锈蚀、脱焊等缺陷。

2.梯阶间距应在400～500mm 范围内，便于人员上下。

3.百米以上的爬梯，中间应设休息平台。平台周围应装设可靠的护栏或留有安全带（绳）专用挂件，供检修人员安全休息，且直梯部分应装设护笼。

4.攀爬前，检修人员应逐档检查爬梯是否牢固。上下爬梯时应手抓牢、脚踏稳，不得两手同时抓一个梯阶，防止在攀爬过程中因个别梯阶存在锈蚀、松动、脱焊等缺陷而断裂，致使人员坠落。

5.垂直爬梯设置的防坠安全自锁装置或速差自控器，能在人员发生意外坠落时通过自锁装置或自控器进行锁止，保护登高人员不发生坠落伤害。为加强检验、维护、使用的安全管理，运维单位应制订相应的防坠安全自

逐档检查爬梯，不准两手同时抓一个梯阶，垂直爬梯宜设置防坠安全自锁装置或速差自控器

锁装置或速差自控器使用管理规定，明确管理责任、维护流程、使用要求等，开展有针对性的安全技能培训，使工作人员能正确掌握安全使用方法和措施。

6. 爬梯应每年定期组织结构检查、螺栓紧固、防腐处理等维护，使爬梯完好可用。

案例 见案例库之案例 AQ-3-009。

16.3 一般电气安全注意事项

16.3.1 所有电气设备的金属外壳均应有良好的接地装置。使用中不准将接地装置拆除或对其进行任何工作。

释义 1. 因运行中的电气设备金属外壳产生的感应电荷或电气部分绝缘老化、不良及损坏，会使电气设备的金属外壳带电，作业人员或他人触及时可能发生触电或感应电伤害。所以，电气设备金属外壳应装设良好的接地装置，接地桩埋深不得小于1m。

2. 拆除电气设备上接地装置，使电气设备失去有效接零保护。为保证作业人员的人身安全，在任何情况下都不准将接地装置拆除，若对电气设备进行任何工作应采取可靠的安全防护措施。

16.3.2 手持电动工器具如有绝缘损坏、电源线护套破裂、保护线脱落、插头插座裂开或有损于安全的机械损伤等故障时，应立即进行修理，在未修复前，不准继续使用。

释义 1. 手持电动工器具种类包括电动螺丝刀、电动砂轮机、电动砂光机、电钻、冲击电钻、电镐、电锤、电剪、电动扳手、电动石材切割机等。使用前应检查不得有绝缘损坏、电源线老化及护套破裂、保护线脱落、插头插座开裂，橡皮护套铜芯软电缆有接头，防止发生漏电或短路造成作业人员触电事故。

2. 使用手持电动工器具前，应进行机械性能、绝缘性能的安全检查，在绝缘合格、空载运转正常下方可使用。

3. 使用手持式电动工具时，操作人员应穿绝缘鞋、戴手套，在有人监护下进行。

4. 使用时应按照有关规定接好剩余电流动作保护器，开关箱中漏电保护器的额定剩余电流动作电流不应大于15mA，额定漏电动作时间不应大于0.1s，防止漏电造成作业人员触电伤害。

5. 电源线应布放合理，符合规定，不得踩踏、随意拖放。使用不同的手持电动工具时，应采取对应防机械伤害的安全措施，出现故障时不得使用。

16.3.3 遇有电气设备着火时，应立即将有关设备的电源切断。然后进行救火。消防器材的配备、使用、维护，消防通道的配置等应遵守 DL 5027 的规定。

🔍 **释 义**　1. 电气设备着火时，应立即切断相关设备的一、二次电源，方可进行救火。可能带电的电气设备以及发电机、电动机等进行灭火时，应使用干式灭火器、二氧化碳灭火器、1211 灭火器。

2. 充油设备应使用干式灭火器、1211 灭火器等进行灭火，不能扑灭时再用泡沫灭火器灭火，不得已时可用干砂灭火。

3. 地面上的绝缘油着火，应用干砂封堵和压盖灭火。扑救可能产生有毒气体的火灾（如电缆着火等）时，扑救人员应使用正压式消防空气呼吸器。呼吸器、防毒面具应定期进行检查试验，使其保持良好状态。

4.发生火灾时应立即拨打119通知消防部门并报告相关领导。灭火时应在熟悉该设备带电部位人员的指挥和带领下进行。

5.消防器材的配备、使用、维护，消防通道的配置应符合DL 5027—2015《电力设备典型消防规程》的要求，在当地消防部门指导下进行。消防器材和设施应按周期进行检查维护、测试，始终保持完好状态。消防设施不得挪作他用，消防通道不得侵占和堵塞，通道门不得上锁和封堵。

16.3.4 工作场所的照明，应该保证足够的亮度，夜间作业应有充足的照明。

🔍 **释义** 1.依据DL/T 5390—2014《火力发电厂和变电站照明设计技术规定》和GB 50034—2013《建筑照明设计标准》的规定，工作场所应有良好、合理的照明、采光及亮度，能为工作人员提供良好的视觉环境。

2.当作业现场光线不足时，易造成工作人员误登、误碰、误操作、坠落等伤害。夜间巡视、测量、抢修等工作，现场照明应采用高光效、长寿命的照明光源，可采用高压汞灯、高压钠灯或混光用的碘钨灯，流动性照明采用金属支架安装时，支架应稳固。

3.同一工作现场内，在一种光源的光色不能满足作业安全要求时，可用两种以上的混合光源，提高作业环境的光照亮度。

4.避免人员意外触及或损坏照明设备引起人身触电事故，按平均人身高度照明灯具的悬挂高度应不低于2.5m，低于2.5m时应设保护罩，还应采取防眩目措施。

16.3.5 检修动力电源箱的支路开关都应加装剩余电流动作保护器（漏电保护器）并应定期检查和试验。

🔍 **释义** 1.检修电源箱是低压配电设备的一种，为检修使用的电气设备提供常规动力电源。

2.为保护使用人员的安全，防止使用过程中发生人身触电事故，检修动力电源箱的支路开关必须加装剩余电流动作保护器（漏电保护器）。

3.剩余电流动作保护器脱扣电流小、判断准确、动作快，是防止人身触电、电气火灾及电气设备损坏的一种有效的保护装置。剩余电流动作保护器应定期检查并进行跳闸试验，即按动试验按钮，以检查剩余电流动作保护器动作是否正常可靠。当雷击或其他原因使剩余电流动作保护器动作后，应立即检查并进行跳闸试验。

4.检修动力电源箱在使用中应设专人管理，剩余电流动作保护器的检查和试验工作应由有相应电气工作经验的人员进行。

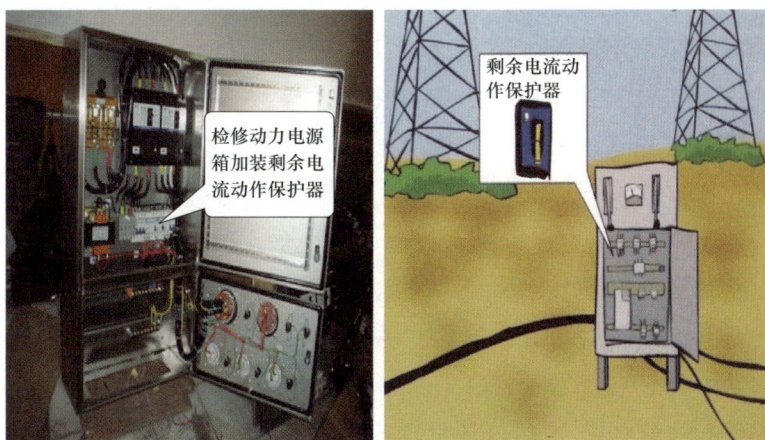

检修动力电源箱加装剩余电流动作保护器

剩余电流动作保护器

16.4 工具的使用。

16.4.1 一般工具。

16.4.1.1 使用工具前应进行检查，机具应按其出厂说明书和铭牌的规定使用，不准使用已变形、已破损或有故障的机具。

释义 1.架空输电线路运维及检修工作使用的一般工具有钢丝钳、尖嘴钳、梅花扳手、开口扳手、活动扳手、螺丝刀、拔销钳、套筒扳手、力矩扳手、剪钳、手锤、卷尺等，使用时应检查部件是否完整、灵活，是否有缺损和变形。杆塔上高处作业的工具一律装放在结实的工具包或工具袋中，禁止上下抛掷，且紧固作业不得使用活动扳手。

2.机具的使用必须严格遵守许用荷载、操作方法、操作程序、安全注意事项等规定，严禁超铭牌使用，以保证作业机具在设计允许的安全范围内工作。

3.机具应进行检查试验，发现损坏、变形、开裂、绝缘老化等不得使用，以避免使用有故障的机具出现意外，伤及人身。检查试验工作应在工具、机具空载或不承力的状态下进行。

16.4.1.2　大锤和手锤的锤头应完整，其表面应光滑微凸，不准有歪斜、缺口、凹入及裂纹等情形。大锤及手锤的柄应用整根的硬木制成，不准用大木料劈开制作，也不能用其他材料替代，应装得十分牢固，并将头部用楔栓固定。锤把上不可有油污。禁止戴手套或单手抡大锤，周围不准有人靠近。在狭窄区域，使用大锤时应注意周围环境，避免反击力伤人。

🔍 **释　义**　　1. 大锤和手锤在使用时，是靠锤头自身质量和抡起后坠落速度产生的冲击力进行作业的。如锤头有歪斜、缺口、裂纹或锤头凹入等缺陷，在锤击硬质受力物体（钢钎等）时，冲击力可能使锤头滑脱或使存在缺陷的部分碎裂飞出，伤及作业人员。因此，使用前应进行检查，保证锤头完整光滑，锤柄无开裂、损伤，且锤头与锤柄安装契合，楔栓牢靠。

2. 木材的强度具有各向异性。顺木纹的木材有较高的抗弯强度，而斜木纹特别是横木纹木材的抗弯强度小，易脆断。用大木材劈开制作手柄，虽是顺木纹结构，但抗弯强度差，也易脆断。因此，应根据锤孔选择合适的原生硬木材（檀木、栎木等），保证使用时不发生锤柄折断或锤头飞出。

3. 锤柄如沾有油污，使用中易从抡锤人手中滑脱，砸伤人员或毁坏设备。因此，作业前应将油污清除。

4. 大锤的重量大，锤柄长。戴手套或者单手抡大锤时，会减小握力，使锤柄从手中脱出，砸伤人员或毁坏设备。因此，禁止戴手套或者单手抡大锤。

5. 在狭窄区域，使用大锤应注意周围环境，锤柄长度应适当，避免锤的反击力碰伤自己或周围人员、设备。

手锤

锤头有凹入情形，不准使用

16.4.1.3 用凿子凿坚硬或脆性物体时（如生铁、生铜、水泥等），应戴防护眼镜，必要时装设安全遮栏，以防碎片打伤旁人。凿子被锤击部分有伤痕不平整、沾有油污等，不准使用。

🔍 释 义　1.使用凿子凿击硬质、脆性物体时，容易造成凿击物碎片飞溅，作业人员应戴防护眼镜。

2.若凿击工作产生的飞溅碎片对周围人员和设备安全造成影响时，应采取安装遮栏或挡板等安全措施进行防护，无关人员不得在附近逗留。

3.凿子被锤击部分出现不平整、有油污等情况时，为防止凿子打滑、凿头破裂的碎片飞溅，应采取正确方法和措施对其进行打磨和去污处理，未采取措施的不准使用。

4.使用凿子凿击硬质、脆性物体时，应根据凿体材质特性及铲削需要，选择合适强度和型号的凿子和锤子。凿子与锤击部分之间应保持一定的铲削角度，锤击力度应合适。

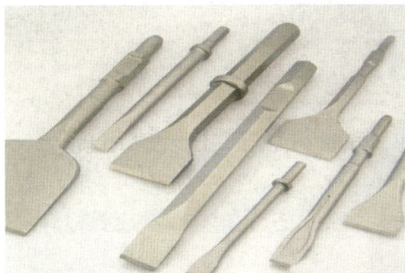
凿子

护目镜

凿坚硬物体时戴防护眼镜、装设安全遮栏

16.4.1.4　锉刀、手锯、木钻、螺丝刀等的手柄应安装牢固，没有手柄的不准使用。

🔍 **释　义**　1. 锉刀、手锯、木钻、螺丝刀、电工刀、钳子等工具的手柄是便于作业人员握持的，其材质有塑料、木头、树脂等。

2. 为防止使用时手柄脱落造成人员意外伤害，手柄松动时，应及时加固处理。

3. 手锯、螺丝刀、锉刀、电工刀、钳子等是架空输电线路检修和运维工作的常用工具，手柄应具有绝缘性能，使用时应戴手套，没有手柄的不得使用。禁止用螺丝刀替代凿子使用。

使用手锯时应戴手套，没有手柄的手锯不得使用

16.4.1.5　使用钻床时，应将工件设置牢固后，方可开始工作。清除钻孔内金属碎屑时，应先停止钻头的转动。禁止用手直接清除铁屑。使用钻床时不准戴手套。

🔍 **释　义**　1. 钻床是高速旋转的钻孔工具，应在坚固的基础上装设，不适用于输电线路检修、运维现场工作。

2. 钻床工件安装不牢固时，工件在钻头旋转的作用下会发生震动和偏转，不利于钻头的受力和钻孔的精度，甚至发生工件飞出伤人事故。钻孔时，必须将工件装牢在专用夹具上，才能进行钻孔操作。

3. 钻下来的铁屑十分锋利，直接口吹或用手清理，易划伤眼和手，应使用毛刷等专用工具清理，不得口吹、手拉。缠绕长屑时，应停车处理，使用刷子或铁钩进行清除。

4. 使用钻床钻孔时，钻头处在高速旋转的机械状态，易造成操作人员手、头、眼的伤害。因此，操作时应佩戴护目镜、扎好袖口，不准戴围巾，女生发辫应全部挽在帽内，禁止戴手套进行操作。

5. 钻床运转时，操作人员不得离开岗位，若确需离开时必须停车，并切断电源。

> 使用钻床时不准戴手套

16.4.1.6 使用锯床时，工件应夹牢，长的工件两头应垫牢，并防止工件锯断时伤人。

🔍 **释义**　1. 锯床作业前应先将工件夹牢，长的工件两头应垫实固定，防止工件飞脱，砸伤人员。

2. 锯条必须松紧适当，速度和进给量必须恰当。锯前应试车空转3~5min，观察锯床运转情况有无异常。除屑铁丝刷应调整到钢丝接触带锯条的底部，不要超过齿的根部为宜，同时观察除屑铁丝刷是否能清除铁屑。

3. 操作及维修人员，必须经过专业的操作和维修技能培训。操作时应穿紧身防护服，袖口扣紧，上衣下摆不能敞开，严禁戴手套，不得在开动的机床旁换衣服或围布于身上，防止机器绞伤。

4. 操作时必须戴好安全帽，不得穿拖鞋。女生辫子应放入帽内，不得穿裙子。

16.4.1.7 使用射钉枪、压接枪等爆发性工具时，除严格遵守说明书的规定外，还应遵守爆破的有关规定。

🔍 **释 义**　1.射钉枪、压接枪等爆发性工具，使用时应严格遵守 GB/T 3787—2017《手持式电动工具的管理、使用、检查和维修安全技术规程》和 GB 6722—2014《爆破安全规程》等标准中爆破的相关规定。

2.射钉枪、压接枪等具有很强的破坏性和危险性，使用人员应熟悉性能、用法、拆装和维护，作业时无关人员不得在附近逗留。操作时，枪口不准指向他人或设备，防止操作不当，枪钉射伤人员及设备。不使用时，枪口一律向下，作业人员的手应脱离枪机。

3.操作人员应佩戴面罩、护目镜等安全防护用品。

4.射钉枪、压接枪等工具应由专人保管，不使用及出现异常情况时应及时卸压。

射钉枪

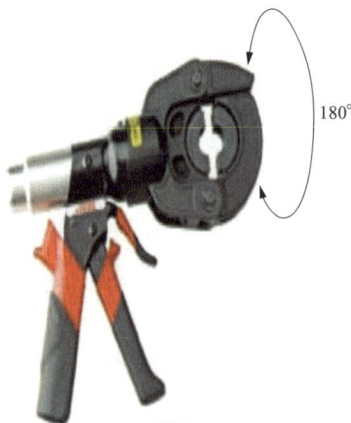

压接枪

16.4.1.8　砂轮应进行定期检查。砂轮应无裂纹及其他不良情况。砂轮应装有用钢板制成的防护罩，其强度应保证当砂轮碎裂时挡住碎块。防护罩至少要把砂轮的上半部罩住。禁止使用没有防护罩的砂轮（特殊工作需要的手提式小型砂轮除外）。砂轮机的安全罩应完整。

应经常调节防护罩的可调护板，使可调护板和砂轮间的距离不大于1.6mm。

应随时调节工件托架以补偿砂轮的磨损，使工件托架和砂轮间的距离不大于2mm。

使用砂轮研磨时，应戴防护眼镜或装设防护玻璃。用砂轮磨工具时应使火星向下。禁止用砂轮的侧面研磨。

无齿锯应符合上述各项规定。使用时操作人员应站在锯片的侧面，锯片应缓慢地靠近被锯物件，不准用力过猛。

🔍 **释义**　1. 砂轮机应结合产品的结构特征，按照GB 15760—2004《金属切削机床　安全防护通用技术条件》、GB/T 13960.5—2008《可移式电动工具的安全　第2部分：台式砂轮机的专用要求》及操作说明书的规定进行安装和操作。砂轮只限于磨刀具，不得磨笨重的物料或薄铁板以及软质材料（铝、铜等）和木制品。

2. 砂轮机使用前，应认真检查各部件是否松动，轮片有无残缺、裂纹。更换新砂轮时，应切断电源，安装前应检查砂轮片是否有裂纹，若肉眼不易辨别，可用坚固的线把砂轮吊起，再用一根木头轻轻敲击、静听其声（金属声则优、哑声则劣）。

3. 可调护板和砂轮间的距离不大于1.6mm，能有效地防止磨削时飞出的砂粒、火花、磨屑物、粉尘等对人体的伤害。

4. 砂轮在打磨过程中，自身会出现磨损，使砂轮与工件托架之间的距离变大，防护罩起不到保护作用，所以应随时调节工件托架以补偿砂轮的磨损。砂轮机的托架与砂轮间的距离一般应保持2mm以内，否则容易发生磨削件被扎入的现象，甚至会造成砂轮破裂，飞出伤人等事故。

5. 使用砂轮研磨时，不得正对砂轮，应站在侧面，不准戴手套，严禁使用棉纱等物包裹刀具进行磨削。同时操作人员应戴防护眼镜或站立在装设的防护玻璃后。

6. 使用砂轮磨工具时应使火星向下，清除四周易燃物，避免火星上扬飞出伤人或引发火灾。不准用砂轮的侧面研磨，防止砂轮破裂伤及人身。

7. 无齿锯是一种用于切割铁质线材、管材、型材的电动工具，主要是由电机、砂轮片等部件构成，工作原理类同于砂轮机，使用时应遵守规定。操作时人员应站在侧面，防止碎屑飞入眼睛。锯片应缓慢地靠近被锯物件且用力均匀，若用力过猛会造成锯片断裂飞溅，导致设备损坏和人身伤害。

砂轮机

无齿锯

16.4.2　电气工具和用具。

16.4.2.1　电气工具和用具应由专人保管，每 6 个月应由电气试验单位进行定期检查；使用前应检查电线是否完好，有无接地线；不合格的禁止使用；使用时应按有关规定接好剩余电流动作保护器（漏电保护器）和接地线；使用中发生故障，应立即修复。

🔍 **释 义**　1. 电气工具和用具应由专人保管，定期进行检查和维护，建立出入库专用台账，做好领还记录。

2. 电气工具每6个月由电气试验单位进行一次绝缘性能检查，发现缺陷应及时维修。维修后的工具应经电气试验合格后方可使用。

3. 工作人员使用前，应检查电气工具电线、绝缘部件是否完好，有无接地线，确保绝缘性能、接地通道良好。

4. 电气工具连接剩余电流动作保护器（漏电保护器）和接地线，是保证作业人员安全的必要措施。

5. 电气工具和用具等发生故障，应立即停止使用，待专业人员修理、检测合格后方可使用。

16.4.2.2 使用金属外壳的电气工具时应戴绝缘手套。

释 义 金属外壳的电气工具因本体原因或使用不当，可能造成绝缘损坏，使外壳带电，使用时工作人员应戴绝缘手套进行防护。禁止作业人员采用裸手探试电气工具是否漏电的行为。

16.4.2.3 使用电气工具时，禁止提着电气工具的导线或转动部分。在梯子上使用电气工具，应做好防止感电坠落的安全措施。在使用电气工具工作中，因故离开工作场所或暂时停止工作以及遇到临时停电时，应立即切断电源。

🔍 **释义**　1. 电气工具是指手持电钻、电锤、无齿锯（切割机）等，使用时应严格遵守使用说明书的要求。

2. 作业人员提着电气工具导线会使连接部分松脱、导线损伤、绝缘层破坏，造成使用时漏电，导致作业人员触电或感应电触电坠落事故。因此，作业人员不准手提电气工具导线。

3. 用手提着电气工具的转动部分，如操作不慎，会误碰开关导致电气工具突然转动，造成使用人员意外伤害。因此，作业人员手提电气工具时应握手柄或手持部位。

4. 在梯子上使用电气工具，在靠近带电设备作业时，存在感应电触电及坠落风险，工作人员应穿绝缘鞋、使用安全带，必要时采取绝缘隔离防护措施。

5. 使用电气工具时，作业人员需要离开工作场所或暂时停止工作，应立即将电气工具停机并切断工作电源，以防止他人误动引起工具突然转动对人员造成伤害或损坏电气设备。

6. 工作中突遇停电时，应关闭电气工具的操作开关并切断工作电源，防止送电后电气工具突然转动，对作业人员造成伤害。

离开工作场所时
应立即切断电源

16.4.2.4 电动的工具、机具应接地或接零良好。

释义　1. 电动的工具、机具接地或接零属于保护性接地，保护性接地分为保护接地和保护接零两种形式。保护接地是限制设备漏电后的对地电压，使之不超过安全范围，在高压系统中，保护接地除限制对地电压外，在某些情况下还有促使电网保护装置动作的作用；保护接零是借助接零线路使设备漏电形成单相短路，促使线路上的保护装置动作以及切断故障设备的电源。

2. 依据国家标准 GB/T 3787—2017《手持式电动工具的管理、使用、检查和维修安全技术规程》的规定，电动工具、机具按电气安全防护方式分为Ⅰ、Ⅱ、Ⅲ三种类型。在一般作业场所，应尽可能使用Ⅱ类工具，使用Ⅰ类工具时还应采取安装剩余电流动作保护器、隔离变压器等保护措施。在架空输电线路上使用Ⅰ类电动工具、机具时，必须采取可靠的保护接地措施，保护接零时，应采用三相四线、三相五线制的接线方式。

3. Ⅱ类工具采取多重绝缘等加强和预防措施；Ⅲ类工具采用安全特低电压供电，依据规定，不允许进行保护接地或保护接零。因此，在架空输电线路上作业，应尽可能采用Ⅱ类或Ⅲ类电动工具、机具。

4. 一般情况下，Ⅰ类工具采用三极插头、Ⅱ类工具采用两极插头、Ⅲ类工具由特低电压电源或者是充电器和电池包供电。使用前，应查看电动工具、机具上的类型识别码。

5. 为防止作业人员因电气设备绝缘损坏而发生触电，电动的工具、机具的接地或接零装置应连接良好。

电动的工具、机具应接地或接零良好

16.4.2.5 电气工具和用具的电线不准接触热体，不要放在湿地上，并避免载重车辆和重物压在电线上。

释义 1. 电线接触热体、放在湿地上或受碾压，会使电线绝缘老化、破损，性能降低，可能引发接地和短路故障，造成人员触电或火灾事故。

2. 电线应远离发热体，不得随意拖放，避免车辆和重物碾压、人员踩踏及受潮发热。作业现场使用的电气工具和用具的临时电源线宜悬空铺设，不能悬空铺设的应采取防碾压、防潮、隔热措施，并设置"有电危险"的安全警示标志。

16.4.2.6 移动式电动机械和手持电动工具的单相电源线应使用三芯软橡胶电缆；三相电源线在三相四线制系统中应使用四芯软橡胶电缆，在三相五线制系统中宜使用五芯软橡胶电缆。连接电动机械及电动工具的电气回路应单独设开关或插座，并装设剩余电流动作保护器（漏电保护器），金属外壳应接地；电动工具应做到"一机一闸一保护"。

释义 1. 移动式电动机械和手持电动工具由于经常处于移动状态，应使用软质橡胶电缆，绝缘不得老化，外层不得破损，接头不得裸露，载流量应满足要求。

2. 电缆芯数应与电源相位一致，确保备有相应的地线或零线。

3. 施工用电工程的 380V/220V 低压系统，应采用三级配电、二级剩余电流动作保护系统（漏电保护系统），末端应装设剩余电流动作保护装置（漏电保护器）；专用变压器中性点直接接地的低压系统宜采用 TN-S 接零保护系统。

4. 每台电动机械及电动工具都应有独立的开关箱、闸刀开关、剩余电流动作保护器，这就是"一机一闸一保护"。当发生短路、接地、漏电等情况时，剩余电流动作保护器应快速动作，确保作业人员的人身安全及不影响其他电动工具的正常工作。

16.4.2.7 长期停用或新领用的电动工具应用 500V 的绝缘电阻表测量其绝缘电阻，如带电部件与外壳之间的绝缘电阻值达不到 2MΩ，应进行维修处理。对正常使用的电动工具也应对绝缘电阻进行定期测量、检查。

🔍 **释 义** 1. 根据 GB/T 3787—2017《手持式电动工具的管理、使用、检查和维修安全技术规程》的规定，长期搁置不用或新领用的工具，在使用前必须测量绝缘电阻。若绝缘电阻不满足以下规定数值：Ⅰ类电动工具的绝缘电阻不得小于 2MΩ，Ⅱ类电动工具的绝缘电阻不得小于 7MΩ，Ⅲ类电动工具的绝缘电阻不得小于 1MΩ，必须进行干燥处理，经检查合格才能使用。

2. 对经常使用的电动工具，应定期进行绝缘电阻的测量检查，发现绝缘性能不能满足要求时应及时修复，经检测合格后方可使用。使用的 500V 绝缘电阻表，应每年定期校验合格。

16.4.2.8 电动工具的电气部分经维修后，应进行绝缘电阻测量及绝缘耐压试验，试验电压参见 GB 3787 — 2006《手持式电动工具的管理、使用、检查和维修安全技术规程》中的相关规定，试验时间为 1min。

🔍 释 义   1. 电动工具的绝缘电阻测量及绝缘耐压试验应每年定期进行。经定期检查合格的工具，应建立台账，并在工具的适当部位粘贴鲜明、清晰、正确的"合格"标识，标识应标注工具编号、检查单位、检查人员、有效日期等信息。

2. 电动工具的电气部分经过维修后，绝缘性能可能发生变化，为了确保绝缘强度合格，应进行绝缘电阻测量（参见 16.4.2.7 释义内容）及绝缘耐压试验。

3. 维修后，经过 1min 的工频耐压试验，不发生闪络、击穿或损坏等，则认为工具绝缘合格。

16.4.2.9 在一般作业场所（包括金属构架上），应使用Ⅱ类电动工具（带绝缘外壳的工具）。在潮湿或含有酸类的场地上以及在金属容器内应使用24V及以下电动工具，否则应使用带绝缘外壳的工具，并装设额定动作电流不大于10mA、一般型（无延时）的剩余电流动作保护器（漏电保护器），且应设专人不间断地监护。剩余电流动作保护器（漏电保护器）、电源连接器和控制箱等应放在容器外面。电动工具的开关应设在监护人伸手可及的地方。

释义 1. 安全电压是指在各种不同环境条件下，人体接触到带电体后各部分组织（如皮肤、心脏、呼吸器官和神经系统等）不发生任何损害的电压。潮湿或含有酸类的场地上以及金属容器内属特定场所，使用的电动工具和照明其安全电压应采用24V电压。

2. 电流对人体的危害程度与通过人体的电流强度、通电持续时间、电流的频率、电流通过的人体部位、触电者的身体状况以及环境等多种因素有关。在特定场所，使用的剩余电流动作保护器额定电流一般取10mA为安全电流。

3. 按照GB/T 3805—2008《特低电压（ELV）限值》规定，潮湿或含有酸类的场地上以及在金属容器内安全电压值为24V，故在以上场所应使用24V及以下电压的电动工具。如果电动工具的额定电压大于24V时，应使用带绝缘外壳的工具，并装设额定动作电流不大于10mA的一般型（无延时）剩余电流动作保护器。

4. 在特定场所使用电动工具时，应设专人监护。剩余电流动作保护器、电源连接器和控制箱等应放在容器外面，监护人应在电源开关附近，一旦这些设备故障漏电，会使金属容器带电，遇到紧急情况下监护人能及时拉开开关，断开电源。

16.4.3　潜水泵

16.4.3.1　潜水泵应重点检查下列项目且应符合要求：

a）外壳不准有裂缝、破损。

b）电源开关动作应正常、灵活。

c）机械防护装置应完好。

d）电气保护装置应良好。

e）校对电源的相位，通电检查空载运转，防止反转。

🔍 **释　义**　1. 潜水泵外壳出现裂缝、破损等情况时，水会由裂缝、破损处流进潜水泵内部，使用时会造成电机等电气部件损坏，导致漏电伤人和水泵毁坏，发现以上故障时不得使用。

2. 电源开关使用前应检查，保证出现异常的时候能够及时关闭，开关不得随地拖放，防止人、畜触电。

3. 使用时应检查进水口的防护罩是否完整，保证不因吸入沙石等异物而损伤潜水泵叶轮等装置。

4. 使用时的潜水泵应装设剩余电流动作保护器，使用前应检查保护动作是否正常。保证在出现短路、漏电等故障时能及时自动切断电源，防止人畜触电和设备损坏。

5. 接线时应检查核对潜水泵和电源的相位是否一致，不一致时会出现电机反转，造成出水量小、电流大，损坏电机绕组，甚至造成意外人身伤害。

6. JGJ 33—2012《建筑机械使用安全技术规程》规定：潜水泵安装时应直立于水中，水深不得小于 0.5m。接通电源后，应先试运转，检查并确认旋转方向正确。出现异常时，不得拉拽电缆或出水管，应停电处理。不用时，不得长期浸于水中，应放置在干燥通风处。

潜水泵

16.4.3.2 潜水泵工作时，泵的周围 30m 以内水面禁止有人进入。

🔍 **释义** 　1. 依据 JGJ 33—2012《建筑机械使用安全技术规程》13.18.3，潜水泵应装设保护接零或剩余电流动作保护装置，工作时泵周围 30m 以内水面不得有人、畜进入，防止人、畜触电。

　2. 在村庄、学校、居住区等经常有人出入的场所使用潜水泵时，现场应设安全围栏或警戒线，悬挂相应的安全警示标志，必要时设专人看护。

16.5 焊接、切割

16.5.1 不准在带有压力（液体压力或气体压力）的设备上或带电的设备上进行焊接。在特殊情况下需在带压和带电的设备上进行焊接时，应采取安全措施，并经本单位批准。对承重构架进行焊接，应经过有关技术部门的许可。

🔍 **释义**　1.在带有压力的设备上进行焊接，在焊接过程中高温会融化一部分外壳，导致设备外壳焊接部位的承压能力下降或压力释放、外壳爆裂，气（液）体等会危及人身安全和设备损坏。如需作业需事先采取释压、减压的安全措施。

2.在带电设备上进行焊接时，高温会破坏带电设备的绝缘层，可能导致人身触电事故，还会影响设备运行，如确需作业的应先采取停电和绝缘隔离等措施。

3.遇有特殊情况必须要在带压或带电设备上进行焊接工作，应制定完备的控（降）压和绝缘等安全措施，并经单位分管生产的领导（总工程师）批准才可进行。

4.对杆塔等承重构架进行焊接作业会降低和破坏构架的承重强度，在焊接前须制定可靠的补强技术方案，经运维、安监、设计等有关技术部门分析论证可行性后方可进行，否则不得进行。

16.5.2 禁止在油漆未干的结构或其他物体上进行焊接。

🔍 **释义**　1.油漆由油脂稀释剂和固化剂等组成，具有挥发、易燃的特点，使用不当会引发火灾事故。

2.在油漆未干的结构或其他物体上进行焊接时会产生高温和火花，引燃油漆，造成人身和设备安全事故。因此，焊接前对焊接作业面上任何状态下的油漆均应进行清除，干净后才能进行焊接或气割的动火工作。

16.5.3 在重点防火部位和存放易燃易爆物品的场所附近及存有易燃物品的容器上使用电、气焊时，应严格执行动火工作的有关规定，按有关规定填用动火工作票，备有必要的消防器材。

🔍 **释 义** 1. 供电企业消防安全重点部位一般包括变压器等注油设备、电缆间以及电缆通道、调度室、控制室、集控室、计算机房、通信机房、换流站阀厅、电子设备间、铅酸蓄电池室、档案室、易燃易爆物品存放场所。

2. 焊接过程中产生的大量火花和灼热的金属溶液，可能飞溅到重点防火部位和容器内的易燃易爆物品上，导致火灾或爆炸事故的发生。重点防火部位和存放易燃易爆物品的场所进行焊接动火作业，应严格遵守 DL 5027—2015《电力设备典型消防规程》的规定，制定相应的安全防火方案，必要时经当地消防部门许可。

3. 在重点防火部位和存放易燃易爆场所附近使用电、气焊存在较大的危险性，应严格执行动火工作票制度，采取有效的防火、防爆措施。根据作业现场环境配备足够的适用消防器材，现场消防设施检查应完好。

4. 架空输电线路在林场、林地、森林防火区进行的接地铺设、塔材及拉棒补强等焊接工作，属重点防火部位和存放易燃场所附近工作范围。

（1）焊接前应清除地表上枯死植物等易燃物，采取开挖隔离带、作业地槽，搭建防火隔离体等措施，并配备足够的灭火器。

（2）焊接时应密切关注风向及火花飞溅状况，工作结束应派人及时对动火区域进行火险隐患搜排，发现可疑现象时立即采取洒水等灭火及看守措施，防止遗留火种引燃森林火灾。

（3）遇 4 级大风应停止焊接工作，禁止在林区杆塔上进行高处焊接动火作业。必要时，制订林区焊接动火作业方案，经当地林业公安、消防部门批准。

（4）若因焊接引发火灾，作业人员应立即拨打119火警电话进行求助，人员迅速撤离至上风侧及空旷地带等安全区域待救，并向上级报告。

16.5.4 在风力超过5级及下雨雪时，不可露天进行焊接或切割工作。如必须进行时，应采取防风、防雨雪的措施。

🔍 **释义**　　1. 大风天气进行焊接工作会造成电弧和火焰吹偏，影响焊接工艺，焊接质量难以保证。确需进行焊接工作，须采用安装防风棚等措施。

2. 雨雪天气进行焊接作业会使焊缝温度急剧下降，形成冷裂纹，导致焊缝强度达不到要求。必须进行焊接时，应采取有效的防雨雪和保温措施。

3. 在风力超过5级时，不得进行高处焊接作业，防止引燃附近的可燃物，导致火灾事故。

16.5.5 电焊机的外壳应可靠接地，接地电阻不准大于4Ω。

🔍 **释义** 1. 电焊机电气部分绝缘损坏或老化时会发生漏电，电焊机的外壳上将带有漏电工作电压。当有人接触电焊机的外壳时，就会导致触电伤害。因此，电焊机（电动发电机或电焊变压器）的外壳以及工作台，必须有良好的接地。

2. 依据SDJ 8-1979《电力设备接地设计技术规程》规定，低压电力设备接地装置的接地电阻不宜超过4Ω。所以，电焊机接地电阻不得大于4Ω。焊接前应进行检测。

3. 电焊机接地装置应采用铜棒或无缝钢管，接地软铜线截面积不得小于12mm^2，接地线应用螺栓连接，接地极打入地面深度不得小于1m。电焊机可广泛应用自然接地极，如与大地有可靠连接的建筑物的金属结构。如接地电阻大于4Ω时应采用上述方法接地。几台设备的接地线不准串联接入接地极。

4. 电焊机的电源应有独立的熔断器或剩余电流动作保护器，以便能迅速地切断设备的泄漏电流，保证作业人员安全。

16.5.6 气瓶的存储应符合国家有关规定。

🔍 **释义** 1. 气瓶的存储应符合《气瓶安全监察规定》（中华人民共和国国家质量监督检验检疫总局令第46号，2003年4月24日颁布）第六章的要求。具体要求如下：

（1）应置于专用仓库储存，气瓶仓库应符合 GB 50016—2014《建筑设计防火规范》的有关规定。

（2）仓库内不得有地沟、暗道，严禁明火和其他热源，仓库内应通风、干燥、避免阳光直射。

（3）盛装易起聚合反应或分解反应气体的气瓶，必须根据气体的性质控制仓库内的最高温度、规定储存期限，并应避开放射线源。

（4）空瓶与实瓶应分开放置并有明显标志，毒性气体气瓶和瓶内气体相互接触能引起燃烧、爆炸、产生毒物的气瓶，应分室存放，并在附近设置防毒用具或灭火器材。

（5）气瓶放置应整齐并戴好瓶帽。立放时，要妥善固定；横放时，头部朝同一方向。

2.气瓶的存储应由专人管理，出、入库应有相应记录。

16.5.7 气瓶搬运应使用专门的抬架或手推车。

🔍 **释义**　1.气瓶内气体的压力很高。气瓶的强度虽有安全裕度，但在搬运、装卸过程中，如果发生剧烈的碰撞、冲击时，容易发生爆炸。因此，在运输气瓶时，必须对气瓶采取固定措施，防止运输过程中在车辆上发生滚动、碰撞。

2.搬运气瓶时应使用专门的抬架或手推车，更有利于运输过程中气瓶的固定和稳定，不得直接用肩膀扛运或用手搬运，装卸时应轻装轻卸。

16.5.8 用汽车运输气瓶时，气瓶不准顺车厢纵向放置，应横向放置并可靠固定。气瓶押运人员应坐在驾驶室内，不准坐在车厢内。

🔍 **释义**　1. 用汽车运输气瓶时，为防止气瓶在运输途中由于汽车速度变化而滚动、冲撞，损伤瓶阀，致使气体外泄，甚至发生爆炸。因此气瓶不准顺车厢纵向放置，应横向放置并可靠固定。

2. 押运人员应坐在驾驶室内，不准坐在车厢上，避免因气瓶滚动、漏气甚至爆炸等造成挤压、灼伤等伤害。

16.5.9 禁止把氧气瓶及乙炔气瓶放在一起运送，也不准与易燃物品或装有可燃气体的容器一起运送。

🔍 **释义**　1. 氧气是强助燃物质，接触到易燃、可燃物质时将产生强烈的氧化作用，特别是与易燃物质或可燃气体接触、混合时，会导致燃烧、爆炸事故。乙炔是最简单的炔烃，在受热、震动、电火花等因素作用下有爆炸的危险。

2.氧气瓶和乙炔气瓶以及其他易燃物品、装有可燃气体的容器等一起运送，由于颠簸、振动等影响，可能使气瓶、容器等发生泄漏，漏出来的氧气与易燃物品或可燃气体接触、混合，易发生燃烧、爆炸事故。

16.5.10 氧气瓶内的压力降到 0.2MPa，不准再使用。用过的气瓶上应写明"空瓶"。

🔍 **释义** 　1.依据 GB 9448—1999《焊接与切割安全》第 10.5.4 规定："气瓶在使用后不得放空，必须留有不小于 98～196kPa（即不小于 0.2MPa）表压的余气"。

2.正常的大气压力约为 0.1MPa，氧气瓶压力要保留 0.2MPa 及以上是为了使气瓶保持正压，预防可燃气体倒流入气瓶，而且在充气时便于化验瓶内气体成分。在用过的气瓶上标注"空瓶"标记加以区分，防止错用。

16.5.11 使用中的氧气瓶和乙炔气瓶应垂直固定放置，氧气瓶和乙炔气瓶的距离不准小于 5m，气瓶的放置地点不准靠近热源，应距明火 10m 以外。

🔍 **释义** 　1.使用中的氧气瓶和乙炔气瓶如水平放置，气瓶内的锈蚀粉末或填充液体、固体会带入减压器，使减压器损坏、堵塞，进而使气瓶不能使用。所以使用时应垂直放置并固定，防止倾倒造成气体泄漏、燃烧或爆炸等意外。

2. 依据 GB 9448—1999《焊接与切割安全》10.5.4 规定，气瓶在使用时必须稳固竖立或装在专用车（架）或固定装置上。

3. DL 5027—2015《电力设备典型消防规程》明确氧气瓶和乙炔气瓶的距离不得小于 5m，防止气体泄漏时由于距离太近而造成火灾、爆炸。

16.6 动火工作。

16.6.1 在防火重点部位或场所以及禁止明火区动火作业，应填用动火工作票。其方式有下列两种：

a）填用线路一级动火工作票（见附录 O）。

b）填用线路二级动火工作票（见附录 P）。

本规程所指动火作业，是指直接或间接产生明火的作业，包括熔化焊接、切割、喷枪、喷灯、钻孔、打磨、锤击、破碎、切削等。

释义 1. 在输电线路运维检修工作中，动火作业一般有杆塔、接地及其附件的焊接、切割、维修加工等作业。

2. 输电线路作业中主要火灾事故风险一般包括在山林、田地、地下油气管线附近、易燃易爆物品存放场所附近以及仓库、厂房内进行动火作业。

3. 在输电线路运维检修工作中，需进行动火作业时应按《线路安规》规定办理线路一级动火工作票或线路二级动火工作票，以规范动火作业行为，防范火灾事故。

16.6.2 在一级动火区动火作业，应填用线路一级动火工作票。

一级动火区，是指火灾危险性很大，发生火灾时后果很严重的部位或场所。

释义 　在输电线路运维检修工作中，一级动火范围包括大面积林场、原始森林范围内进行的动火作业。工作时应填用线路一级动火工作票。

16.6.3 在二级动火区动火作业，应填用线路二级动火工作票。

二级动火区，是指一级动火区以外的所有防火重点部位或场所以及禁止明火区。

释义 　在输电线路运维检修工作中，二级动火范围包括大面积成熟的农作物田地、高空动火点下方有人口密集区及建筑物、易燃易爆物品存放场所范围内进行的动火作业。工作时应填用线路二级动火工作票。

16.6.4 各单位可参照附录 Q 和现场情况划分一级和二级动火区，制定出需要执行一级和二级动火工作票的工作项目一览表，并经本单位批准后执行。

释义 　各单位在实际工作中，应参照附录 Q 和现场情况划分一级和二级动火区及典型动火工作项目，报运维、安监等管理部门批准后执行。

16.6.5 动火工作票不准代替设备停复役手续或检修工作票、工作任务单和事故紧急抢修单，并应在动火工作票上注明检修工作票、工作任务单和事故紧急抢修单的编号。

释义 　1.检修工作票（事故应急抢修单）、动火工作票所列安全措施和人员安全责任具有不同的对应性，因此动火工作票不准代替设备停复役手续或检修工作票（事故应急抢修单）。

2.在运用中的发、输、变、配电和用户电气设备上及相关场所作业，应先有设备停复役手续或检修工作票（事故应急抢修单），然后才能有动火工作票。非运用中的设备上及相关场所（如食堂、办公楼等）的动火作业可不填检修工作票（事故应急抢修单）。

3.在动火工作票上应注明检修工作票（事故应急抢修单）的编号。其作用是体现动火工作与检修工作内容相关联。

16.6.6　动火工作票的填写与签发。

16.6.6.1　动火工作票应使用黑色或蓝色的钢（水）笔或圆珠笔填写与签发，内容应正确、填写应清楚，不准任意涂改。如有个别错、漏字需要修改，应使用规范的符号，字迹应清楚。用计算机生成或打印的动火工作票应使用统一的票面格式，由工作票签发人审核无误，手工或电子签名后方可执行。

动火工作票一般至少一式三份，一份由工作负责人收执、一份由动火执行人收执、一份保存在安监部门（或具有消防管理职责的部门，指线路一级动火工作票）或动火部门（指线路二级动火工作票）。若动火工作与运行有关，即需要运维人员对设备系统采取隔离、冲洗等防火安全措施者，还应多一份交运维人员收执。

🔍 **释义**　1.动火工作票是确保作业现场消防安全的重要书面依据，其票面填写应准确、清楚，审核无误并经许可后才能执行。

2.为确保动火工作票执行的规范性和正确性，充分履行各类人员和管理部门的职责，要求由工作负责人、动火执行人、安监部门（或具有消防管理职责的部门）、动火部门、运维人员等持有和执行。

（1）工作负责人收执一份动火工作票，按动火工作票中的内容正确安全地组织动火工作；向有关人员布置动火工作，交代防火安全措施和进行安全教育；并始终监督现场动火工作等。

（2）动火执行人收执一份动火工作票，将按动火工作票中的安全措施严格执行动火作业。

（3）安监部门（或具有消防管理职责的部门）（指一级动火工作票）或动火部门（指二级动火工作票）收执一份动火工作票，起到监督、指导、备查的作用。

（4）运维值班人员收执一份动火工作票，按动火措施中的有关要求对设备系统采取隔离、冲洗等防火安全措施。

16.6.6.2　线路一级动火工作票由申请动火的工区动火工作票签发人签发，工区安监负责人、消防管理负责人审核，工区分管生产的领导或技术负责人（总工程师）批准，必要时还应报当地地方公安消防部门批准。

线路二级动火工作票由申请动火的工区动火工作票签发人签发，工区安监人员、消防人员审核，动火工区分管生产的领导或技术负责人（总工程师）批准。

释义 1.动火工作负责人、签发人应具备相应的消防安全知识和技能，各单位应发文公布动火工作负责人、签发人名单。

2.法人单位的法定代表人或非法人单位的主要负责人，是本单位的消防安全责任人。各级管理人员对消防安全负有相应管理责任。

16.6.6.3 动火工作票经批准后，由工作负责人送交运维许可人。

释义 若动火工作与运行有关，即需要运维人员对设备系统采取隔离、冲洗等防火安全措施者，还应多一份动火工作票交运维人员收执。动火工作票在完成批准手续后，由工作负责人送交运维许可人，用于办理动火工作许可手续。

16.6.6.4 动火工作票签发人不准兼任该项工作的工作负责人。动火工作票由动火工作负责人填写。

动火工作票的审批人、消防监护人不准签发动火工作票。

释义 1.动火工作票签发人、工作负责人承担各自的消防安全职责，对同一项工作来说，二者不能兼任，而应各负其责，层层审查、核对、监督以确保动火安全。

2.动火工作负责人是动火工作的现场组织者、实施者，应对现场的状况（系统、环境等）及作业人员的情况（技术水平、身体状况）有所了解，做到全面掌握。所以动火工作票由动火工作负责人填写。

3.动火工作票各级审批人员和消防监护人是动火工作的审核、监督、批准人员。为防止失去有关人员的把关作用，确保动火安全，动火工作票的审批人、消防监护人不准签发动火工作票。

16.6.6.5 动火单位到生产区域内动火时，动火工作票由设备运维管理单位（或工区）签发和审批，也可由动火单位和设备运维管理单位（或工区）

实行"双签发"。

1. 动火单位特指外单位，外单位到生产区域内进行动火工作，由于外单位对运用中的设备、系统不熟悉，完全由外单位签发不安全。因此，动火工作票由设备运维管理单位（或工区）签发和审批。

2. 由动火单位和设备运维管理单位（或工区）实行"双签发"的目的是明确双方的消防安全责任。设备运维管理单位（或工区）的消防安全责任包括设备及系统的隔绝、围栏装设、标示牌悬挂等。动火单位的消防安全责任包括配备合格的工作负责人、动火执行人、消防监护人、安全监督人员；严格按安全措施执行动火作业；现场配备必要的消防器材；安全监督人员和消防人员始终在现场监督动火作业。

3. 外单位到生产区域内进行动火作业时，"双签发"应由双方的动火工作票签发人共同签发，未经运维管理单位签发的动火工作票，不得执行。

16.6.7 动火工作票的有效期。

线路一级动火工作票应提前办理。

线路一级动火工作票的有效期为24h，线路二级动火工作票的有效期为120h。动火作业超过有效期限，应重新办理动火工作票。

释义 1. 一级动火工作票应提前办理。因为一级动火动作多在防火重点部位或场所，为有效防范火灾事故的发生，设备运维管理单位应认真审查动火作业方案和安全措施的安全性、必要性、正确性，同时还要做好相应的动火准备工作。

2. 一级动火工作风险较大，故时间间隔越长，消防隐患越多，因此确定一级动火工作票有效期为24h。相对一级动火工作，二级动火工作风险较小，消防隐患较少，因此确定二级动火工作票有效期为120h。

3. 动火工作票执行时，应严格遵守其有效期限规定，超出有效期的动火工作票无效。若需要继续进行动火工作，须重新办理动火工作票。

16.6.8 动火工作票所列人员的基本条件。

线路一、二级动火工作票签发人应是经本单位（动火单位或设备运维管理单位）考试合格并经本单位批准且公布的有关部门负责人、技术负责人或经本单位批准的其他人员。

动火工作负责人应是具备检修工作负责人资格并经工区考试合格的人员。动火执行人应具备有关部门颁发的合格证。

🔍 释义　1.本单位是指地区级供电公司、超高压公司及相应等级的送变电公司、检修公司等。因为一、二级动火工作票签发人要对动火作业的必要性、安全性及动火安全措施的正确性负责，而动火工作要求动火工作票签发人对系统、环境的熟悉程度、介质的性质（闪点，闪点的分类，气体的可燃性、爆炸性等）以及工作负责人、作业人员的技术水平、基本素质都应熟悉和了解。所以一、二级动火工作票签发人应是经本单位（动火单位或设备运行管理单位）考试合格并经本单位批准且公布的有关部门负责人、技术负责人或有关班组班长、技术员。

2.动火工作负责人是动火工作的直接组织者、现场指挥者、动火作业的监督者，还是动火工作票的办理者，要对检修工作应做的安全措施的正确性负责。此外动火工作是检修工作的一部分内容。所以，动火工作负责人应是具备检修工作负责人资格并经考试合格的人员。

3.GB 9448—1999《焊接与切割安全》规定："操作者必须具备对特种作业人员所要求的基本条件，并懂得将要实施操作时可能产生的危害以及适用于控制危害条件的程序。操作者必须安全地使用设备，使之不会对生命及财产构成危害。"

4.操作者只有在规定的安全条件得到满足，并得到现场管理及监督者准许的前提下，才可实施焊接或切割操作。在获得准许的条件没有变化时，操作者可以连续地实施焊接或切割等作业。

16.6.9 动火工作票所列人员的安全责任。

16.6.9.1 动火工作票各级审批人员和签发人：

a）工作的必要性。

b）工作的安全性。

c）工作票上所填安全措施是否正确完备。

🔍 **释 义**　1.动火工作票各级审批人员和签发人应对动火工作的必要性、安全性、工作票上所填安全措施是否正确完备，承担相应的消防安全职责。

2.各级的消防责任人应按各自的职责加强动火作业管理，发现问题或隐患时应及时协调处理，消除火灾隐患。

16.6.9.2　动火工作负责人：

a）正确安全地组织动火工作。

b）负责检修应做的安全措施并使其完善。

c）向有关人员布置动火工作，交代防火安全措施和进行安全教育。

d）始终监督现场动火工作。

e）负责办理动火工作票开工和终结。

f）动火工作间断、终结时检查现场有无残留火种。

🔍 **释 义**　动火工作负责人是动火工作的直接组织者、现场指挥者、动火作业的监督者，负责保证动火工作安全措施的正确执行，并检查运维人员所做的安全措施是否完备，始终在现场指挥、监督动火作业。动火工作间断、终结时检查现场有无残留火种，直至办理动火工作票终结。

16.6.9.3　运维许可人：

a）工作票所列安全措施是否正确完备，是否符合现场条件。

b）动火设备与运行设备是否确已隔绝。

c）向工作负责人现场交代运维所做的安全措施。

🔍 **释 义**　1.若动火工作与运行有关，运维人员应对设备系统采取隔离、冲洗等防火安全措施。动火作业前，应与动火工作负责人进行核对、确认，并向动火工作负责人交代具体安全措施。

2.当运维许可人发现工作票所列安全措施不能满足动火作业安全要求时，不得办理动火工作许可。

16.6.9.4 消防监护人：

a）负责动火现场配备必要的、足够的消防设施。

b）负责检查现场消防安全措施的完善和正确。

c）测定或指定专人测定动火部位（现场）可燃气体、易燃液体的可燃蒸汽含量是否合格。

d）始终监视现场动火作业的动态，发现失火及时扑救。

e）动火工作间断、终结时检查现场有无残留火种。

释 义 动火作业中，消防监护人应全过程监护动火作业，及时发现和督促整改现场消防设施配备、消防安全措施执行、作业人员不安全行为等问题，密切关注现场动火部位可燃气体、易燃液体的可燃蒸汽含量的状况，及时组织失火扑救、清除残留火种，确保动火工作后的消防安全。

16.6.9.5 动火执行人：

a）动火前应收到经审核批准且允许动火的动火工作票。

b）按本工种规定的防火安全要求做好安全措施。

c）全面了解动火工作任务和要求，并在规定的范围内执行动火。

d）动火工作间断、终结时清理现场并检查有无残留火种。

释 义 动火执行人是动火工作的实际操作者，动火前应收到经审核批准且允许动火的动火工作票，并按本工种规定的防火安全要求做好隔离、防爆、防飞溅等安全措施。在全面了解动火工作任务和要求的情况下，在规定的范围内，动火执行人方能按《线路安规》动火工作票制度规定的程序和要求动火。

16.6.10 动火作业安全防火要求。

16.6.10.1 有条件拆下的构件，如油管、阀门等应拆下来移至安全场所。

释 义 对需要动火但可以拆卸的构件进行动火作业，如油管、阀门及其附件等，应将其从主体设备上拆下来，迁往安全区动火。完毕后，再装回原处，使其动火作业时不在重点防火部位，一定程度上保证了动火作业的安全性。

16.6.10.2 可以采用不动火的方法代替而同样能够达到效果时，尽量采用替代的方法处理。

🔍 **释义**　在各类动火作业中，如果能够采取不动火的作业方法也可以达到作业目的的，应优先采取不动火作业方式，以减少动火，降低安全风险。如采用填充封堵、液压或水压剪切、人工剪切或打磨等方式代替相应的焊接、切割、打磨等动火作业。

16.6.10.3 尽可能地把动火时间和范围压缩到最低限度。

🔍 **释义**　长时间、大范围动火会增加重点防火区域及场所的火灾风险。因此，在做好相应防火安全措施的情况下，把动火作业时间和范围控制到最低限度，能够大幅降低发生火灾的风险。

16.6.10.4 凡盛有或盛过易燃易爆等化学危险物品的容器、设备、管道等生产、储存装置，在动火作业前应将其与生产系统彻底隔离，并进行清洗置换，检测可燃气体、易燃液体的可燃蒸汽含量合格后，方可动火作业。

🔍 **释义**　1.禁止对盛有或盛过易燃易爆等化学危险物品的容器、设备、管道等生产或储存装置直接进行动火。

2.凡盛有或盛过易燃易爆等化学危险物品的装置，在动火作业前应将其与生产系统彻底隔离，并采取蒸汽、碱水清洗或惰性气体置换等方法清除易燃易爆气体等化学危险物品。在检测可燃气体、易燃液体的可燃蒸汽含量合格后，方可动火作业。

16.6.10.5 动火作业应有专人监护，动火作业前应清除动火现场及周围的易燃物品，或采取其他有效的安全防火措施，配备足够适用的消防器材。

🔍 **释义**　专人监护可以是工作负责人监护，也可以指派他人监护。专人监护应对动火作业环境、作业过程、安全措施的全面执行等进行全过程监护，消除动火工作现场安全隐患，做好事故应急措施。

16.6.10.6 动火作业现场的通排风要良好，以保证泄漏的气体能顺畅排走。

释义 动火作业现场应采用有效良好的通排风措施，保证动火作业区域的可燃气体、易燃液体的可燃蒸汽含量不超标，同时也保证动火作业本身产生的有毒有害气体能够及时排放。

16.6.10.7 动火作业间断或终结后，应清理现场，确认无残留火种后，方可离开。

释义 动火作业可能产生火星、火花或导致设备部件的温度过高，在动火作业间断或终结时，仍然会造成着火。因此，消防监护人、动火执行人应及时清理现场，检查、确认无引燃杂物或设备的可能。必要时应留守观察。

16.6.10.8 下列情况禁止动火：
a）压力容器或管道未泄压前。
b）存放易燃易爆物品的容器未清洗干净前或未进行有效置换前。
c）风力达 5 级以上的露天作业。
d）喷漆现场。
e）遇有火险异常情况未查明原因和消除前。

释义 1.在压力容器或管道未泄压、存放易燃易爆物品的容器未清洗干净或未进行有效置换、风力达 5 级以上的露天作业、喷漆现场等情况下进行动火作业，极易造成火灾及人员伤亡事故，因此应严格禁止。

2.在动火作业中，如发现火灾报警装置动作、不明烟雾、异味等情况时，应立即停止动火作业，待查明原因并消除异常后，方可继续进行。

16.6.11 动火的现场监护。

16.6.11.1 一级动火在首次动火时，各级审批人和动火工作票签发人均应到现场检查防火安全措施是否正确完备，测定可燃气体、易燃液体的可燃蒸汽含量是否合格，并在监护下作明火试验，确无问题后方可动火。

二级动火时，工区分管生产的领导或技术负责人（总工程师）可不到现场。

释义　1.一级动火的危险性大，造成火灾事故的危害性较大。为加强动火作业现场的风险管控、落实各级消防安全管理职责，首次动火时，各级审批人[包括安监部门负责人、消防管理部门负责人、动火部门负责人、分管生产的领导或技术负责人（总工程师）]和动火工作票签发人均应到现场，履行检查、确认、监护的职责，进一步审核工作的必要性、安全性。

2.通过采取泄压、清洗、吹扫、置换、通风等安全措施，对动火作业区域和场所的可燃气体、易燃液体的可燃蒸汽含量进行检测。在含量不超标的情况下，才能在监护下做明火试验，确无问题后方可动火。

3.因为二级动火危险性相对小一些，分管生产的领导或技术负责人（总工程师）可不到现场。但消防监护人应在动火工作现场进行全过程监护。

16.6.11.2　一级动火时，工区分管生产的领导或技术负责人（总工程师）、消防（专职）人员应始终在现场监护。

释义　一级动火时，因其事故风险较高，应提高动火作业现场监护级别，要求工区级领导或技术负责人、专职消防人员履行监护职责始终在现场监护。

16.6.11.3　二级动火时，工区应指定人员，并和消防（专职）人员或指定的义务消防员始终在现场监护。

释义　针对二级动火作业，其监护职责可以由工区指定人员、消防（专职）人员或指定的义务消防员承担，监护过程中不得随意离开。

16.6.11.4　一、二级动火工作在次日动火前应重新检查防火安全措施，并测定可燃气体、易燃液体的可燃蒸汽含量，合格方可重新动火。

释义　1.次日复工的一级动火工作，应重新办理一级动火工作票、履行动火工作许可手续。其消防安全措施须满足动火部位和场所的消防安全要求，并在其可燃气体、易燃液体的可燃蒸汽含量检测合格的情况下，才能重新动火。

2.次日复工的二级动火工作，可不重新办理二级动火工作票，但应检查消防安全措施是否满足动火部位和场所的消防安全要求。不能满足消护安全要求的应增加和补充消防安全措施，经审批并检测现场可燃气体、易燃液体的可燃蒸汽含量合格后，才能重新动火。超过120h的应重新办理二级动火工作票。

16.6.11.5 一级动火工作的过程中，应每隔2h～4h测定一次现场可燃气体、易燃液体的可燃蒸汽含量是否合格，当发现不合格或异常升高时应立即停止动火，在未查明原因或排除险情前不准动火。

动火执行人、监护人同时离开作业现场，间断时间超过30min，继续动火前，动火执行人、监护人应重新确认安全条件。

一级动火作业，间断时间超过2.0h，继续动火前，应重新测定可燃气体、易燃液体的可燃蒸汽含量，合格后方可重新动火。

🔍 释义 1.在动火工作的过程中，随着时间的延长，空气中积累的可燃气体含量增高，当达到一定浓度时，极有可能发生火灾和爆炸事故。故要求每隔2～4h测定一次现场可燃气体含量是否合格。

2.动火执行人、监护人同时离开作业现场，若间断时间超过30min，作业现场的动火条件、环境可能发生变化。故要求继续动火前，动火执行人、监护人应重新确认安全条件。

3.一级动火作业，间断时间超过2.0h，由于随着时间的延长，空气中积累的可燃气体含量就越高，故要求继续动火前，应重新测定可燃气体、易燃液体的可燃蒸汽含量，合格后方可重新动火。

16.6.12 动火工作完毕后，动火执行人、消防监护人、动火工作负责人和运维许可人应检查现场有无残留火种，是否清洁等。确认无问题后，在动火工作票上填明动火工作结束时间，经四方签名后（若动火工作与运维无关，则三方签名即可），盖上"已终结"印章，动火工作方告终结。

🔍 释义 动火执行人、消防监护人、动火工作负责人和运维许可人四方签名，是动火工作票终结的必要流程和书面记录，也是各方人员消防安全职责落实的体现，各方人员应严格遵守。

16.6.13 动火工作终结后，工作负责人、动火执行人的动火工作票应交给动火工作票签发人，签发人将其中的一份交工区。

🔍 **释 义** 终结后的动火工作票，应由工作票签发人负责回收、保存，并将其中一份交工区及消防（专职）人员保存。动火工作票可作为当次检修已执行工作票的附件保存，并纳入月度工作票评价与考核。

16.6.14 动火工作票至少应保存 1 年。

🔍 **释 义** 为对当次动火工作后出现的火灾隐患、异常提供分析依据，明确各级消防安全责任，动火工作票应规范保存且至少保存 1 年。

附录 A
（资料性附录）
现场勘察记录格式

现场勘察记录

勘察单位＿＿＿＿＿＿＿＿＿＿＿＿＿＿＿ 编　　号＿＿＿＿＿＿＿＿＿＿＿＿＿＿＿

勘察负责人＿＿＿＿＿＿＿＿＿＿＿＿＿ 勘察人员＿＿＿＿＿＿＿＿＿＿＿＿＿＿

勘察的线路名称或设备的双重名称（多回应注明双重称号）：

＿＿＿

工作任务（工作地点或地段以及工作内容）：＿＿＿＿＿＿＿＿＿＿＿＿＿＿＿＿＿＿＿

＿＿＿

现场勘察内容

1. 需要停电的范围：
2. 保留的带电部位：
3. 作业现场的条件、环境及其他危险点：
4. 应采取的安全措施：
5. 附图与说明：

记录人：＿＿＿＿＿＿　勘察日期：＿＿＿年＿＿月＿＿日＿＿时＿＿分至＿＿日＿＿时＿＿分

附录 B
（资料性附录）
电力线路第一种工作票格式

电力线路第一种工作票

单位＿＿＿＿＿＿＿＿＿＿＿＿＿＿＿　　　　编号＿＿＿＿＿＿＿＿＿＿＿＿＿＿＿＿＿

1. 工作负责人（监护人）＿＿＿＿＿　　　　班组＿＿＿＿＿＿＿＿＿＿＿＿＿＿＿＿＿＿

2. 工作班人员（不包括工作负责人）

＿＿＿＿＿＿＿＿＿＿＿＿＿＿＿＿＿＿＿＿＿＿＿＿＿＿＿＿＿共＿＿＿人

3. 工作的线路名称或设备双重名称（多回路应注明双重称号）

＿＿＿＿＿＿＿＿＿＿＿＿＿＿＿＿＿＿＿＿＿＿＿＿＿＿＿＿＿＿＿＿＿＿＿＿＿＿＿

4. 工作任务

工作地点或地段 （注明分、支线路名称、线路的起止杆号）	工作内容

5. 计划工作时间

　　　自＿＿＿＿年＿＿月＿＿日＿＿时＿＿分

　　　至＿＿＿＿年＿＿月＿＿日＿＿时＿＿分

6. 安全措施（必要时可附页绘图说明）

　　6.1 应改为检修状态的线路间隔名称和应拉开的断路器（开关）、隔离开关（刀闸）、熔断器（包括分支线、用户线路和配合停电线路）：＿＿＿＿＿＿＿＿＿＿＿＿＿＿＿＿＿＿＿

＿＿＿＿＿＿＿＿＿＿＿＿＿＿＿＿＿＿＿＿＿＿＿＿＿＿＿＿＿＿＿＿＿＿＿＿＿＿＿

6.2 保留或邻近的带电线路、设备：_____

_____

_____

_____

_____

6.3 其他安全措施和注意事项：_____

_____

_____

_____

_____

_____

6.4 应挂的接地线

挂设位置 （线路名称及杆号）	接地线编号	挂设时间	拆除时间

工作票签发人签名_____　　____年__月__日__时___分

工作负责人签名_____　　____年__月__日__时___分收到工作票

7. 确认本工作票 1~6 项，许可工作开始

许可方式	许可人	工作负责人签名	许可工作的时间
			_____年__月__日__时___分
			_____年__月__日__时___分
			_____年__月__日__时___分

8. 确认工作负责人布置的工作任务和安全措施

    工作班组人员签名：

_____

_____

_____

9. 工作负责人变动情况

    原工作负责人_____离去，变更_____为工作负责人。

    工作票签发人签名_____　_____年___月___日___时___分

10. 工作人员变动情况（变动人员姓名、日期及时间）

_____

_____

_____

_____

    工作负责人签名_____

11. 工作票延期

    有效期延长到　_____年___月___日___时___分

    工作负责人签名_____　_____年___月___日___时___分

    工作许可人签名_____　_____年___月___日___时___分

12. 工作票终结

    12.1　现场所挂的接地线编号_____共_____组，已全部拆除、带回。

    12.2　工作终结报告

终结报告的方式	许可人	工作负责人签名	终结报告时间
			_____年___月___日___时___分
			_____年___月___日___时___分
			_____年___月___日___时___分

13. 备注

    （1）指定专责监护人_____　　　　负责监护_____

_____

_____（人员、地点及具体工作）

（2）其他事项

_____

_____

_____

附录 C
（资料性附录）
电力电缆第一种工作票格式

电力电缆第一种工作票

单位＿＿＿＿＿＿＿＿＿＿＿＿＿＿＿　　　　编号＿＿＿＿＿＿＿＿＿＿＿＿＿＿＿＿＿

1. 工作负责人（监护人）＿＿＿＿＿＿　　　班组＿＿＿＿＿＿＿＿＿＿＿＿＿＿＿＿＿

2. 工作班人员（不包括工作负责人）

＿＿＿＿＿＿＿＿＿＿＿＿＿＿＿＿＿＿＿＿＿＿＿＿＿＿＿＿＿＿＿＿＿共＿＿＿人

3. 电力电缆名称

＿＿＿＿＿＿＿＿＿＿＿＿＿＿＿＿＿＿＿＿＿＿＿＿＿＿＿＿＿＿＿＿＿＿＿＿＿＿＿

4. 工作任务

工作地点或地段	工作内容

5. 计划工作时间

自＿＿＿＿年＿＿月＿＿日＿＿时＿＿分

至＿＿＿＿年＿＿月＿＿日＿＿时＿＿分

6. 安全措施（必要时可附页绘图说明）

（1）应拉开的设备名称、应装设绝缘挡板			
变、配电站或线路名称	应拉开的断路器（开关）、隔离开关（刀闸）、熔断器以及应装设的绝缘挡板（注明设备双重名称）	执行人	已执行

（2）应合接地刀闸或应装接地线：		
接地刀闸双重名称和接地线装设地点	接地线编号	执行人

（3）应设遮栏，应挂标示牌

（4）工作地点保留带电部分或注意事项（由工作票签发人填写）	（5）补充工作地点保留带电部分和安全措施（由工作许可人填写）

　　　　工作票签发人签名＿＿＿＿＿＿　签发日期＿＿＿＿年＿＿月＿＿日＿＿时＿＿分

7. 确认本工作票1~6项

　　　　工作负责人签名＿＿＿＿＿＿

8. 补充安全措施

_____

 工作负责人签名_____

9. 工作许可

 （1）在线路上的电缆工作：

 工作许可人_____用_____方式许可

 自_____年___月___日___时___分起开始工作

 工作负责人签名_____

 （2）在变电站或发电厂内的电缆工作：

 安全措施项所列措施中_____（变、配电站／发电厂）部分已执行完毕

 工作许可时间_____年___月___日___时___分

 工作许可人签名_____　工作负责人签名_____

10. 确认工作负责人布置的工作任务和安全措施

 工作班组人员签名：

_____

11. 每日开工和收工时间（使用一天的工作票不必填写）

收工时间				工作负责人	工作许可人	开工时间				工作许可人	工作负责人
月	日	时	分			月	日	时	分		

12. 工作票延期

 有效期延长到_____年___月___日___时___分

 工作负责人签名_____　_____年___月___日___时___分

 工作许可人签名_____　_____年___月___日___时___分

13. 工作负责人变动

 原工作负责人_____离去，变更_____为工作负责人。

 工作票签发人签名_____　_____年___月___日___时___分

14. 工作人员变动情况（变动人员姓名、日期及时间）

_____

    工作负责人签名_____

15. 工作终结

    （1）在线路上的电缆工作：

    作业人员已全部撤离，材料工具已清理完毕，工作终结；所装的工作接地线共_____副已全部拆除，于_____年__月__日__时__分工作负责人向工作许可人_____用_____方式汇报。

    工作负责人签名_____

    （2）在变、配电站或发电厂内的电缆工作：

    在_____（变配电站／发电厂）工作于_____年__月__日__时__分结束，设备及安全措施已恢复至开工前状态，工作人员已全部撤离，材料工具已清理完毕。

    工作负责人签名_____   工作许可人签名_____

16. 工作票终结

    临时遮栏、标示牌已拆除，常设遮栏已恢复；未拆除或拉开的接地线编号_____等共_____组、接地刀闸共_____副（台），已汇报调度。

    工作许可人签名_____

17. 备注

    （1）指定专责监护人_____   负责监护_____

_____

_____（地点及具体工作）。

    （2）其他事项_____

_____

附录 D
（资料性附录）
电力线路第二种工作票格式

电力线路第二种工作票

单位＿＿＿＿＿＿＿＿＿＿＿＿＿＿＿＿＿   编号＿＿＿＿＿＿＿＿＿＿＿＿＿＿＿＿＿＿＿

1. 工作负责人（监护人）＿＿＿＿＿＿＿   班组＿＿＿＿＿＿＿＿＿＿＿＿＿＿＿＿＿＿＿

2. 工作班人员（不包括工作负责人）

＿＿＿＿＿＿＿＿＿＿＿＿＿＿＿＿＿＿＿＿＿＿＿＿＿＿＿＿＿＿＿＿＿＿＿共＿＿＿＿人

3. 工作任务

线路或设备名称	工作地点、范围	工作内容

4. 计划工作时间

自＿＿＿＿年＿＿月＿＿日＿＿时＿＿分

至＿＿＿＿年＿＿月＿＿日＿＿时＿＿分

5. 注意事项（安全措施）

＿＿

＿＿

工作票签发人签名＿＿＿＿＿＿＿＿＿＿＿　＿＿＿＿＿年＿＿月＿＿日＿＿时＿＿分

工作负责人签名＿＿＿＿＿＿＿＿＿＿＿　＿＿＿＿＿年＿＿月＿＿日＿＿时＿＿分

6. 确认工作负责人布置的工作任务和安全措施

工作班组人员签名：

＿＿

7. 工作开始时间＿＿＿＿年＿＿月＿＿日＿＿时＿＿分　工作负责人签名＿＿＿＿＿＿＿＿＿

工作完工时间＿＿＿＿年＿＿月＿＿日＿＿时＿＿分　工作负责人签名＿＿＿＿＿＿＿＿＿

8. 工作票延期

　　有效期延长到_____年___月___日___时___分

9. 备注

附录 E
（资料性附录）
电力电缆第二种工作票格式

电力电缆第二种工作票

单位_____   编号_____

1. 工作负责人（监护人）_____   班组_____

2. 工作班人员（不包括工作负责人）

_____共_____人

3. 工作任务

电力电缆双重名称	工作地点或地段	工作内容

4. 计划工作时间

自_____年___月___日___时___分

至_____年___月___日___时___分

5. 工作条件和安全措施

_____

_____

_____

工作票签发人签名_____   签发日期_____年___月___日___时___分

6. 确认本工作票 1~5 项

工作负责人签名_____

7. 补充安全措施（工作许可人填写）

_____

_____

8. 工作许可

（1）在线路上的电缆工作：

工作开始时间_____年___月___日___时___分

工作负责人签名_____

（2）在变电站或发电厂内的电缆工作：

安全措施项所列措施中_____（变、配电站／发电厂）部分，已执行完毕

许可自_____年___月___日___时___分起开始工作

工作许可人签名_____　　工作负责人签名_____

9. 确认工作负责人布置的工作任务和安全措施

工作班人员签名：

_____

_____

_____

10. 工作票延期

有效期延长到_____年___月___日___时___分

工作负责人签名_____　_____年___月___日___时___分

工作许可人签名_____　_____年___月___日___时___分

11. 工作票终结

（1）在线路上的电缆工作：

工作结束时间_____年___月___日___时___分

工作负责人签名_____

（2）在变、配电站或发电厂内的电缆工作：

在_____（变、配电站／发电厂）工作于_____年___月___日___时___分结束，工作人员已全部退出，材料工具已清理完毕。

工作负责人签名_____　　工作许可人签名_____

12. 备注

_____

_____

_____

注：若使用总、分票，总票的编号上前缀"总（n）号含分（m）"，分票的编号上前缀"总（n）号第分（n）"。

附录 F
（资料性附录）
电力线路带电作业工作票格式

电力线路带电作业工作票

单位_____   编号_____

1. 工作负责人（监护人）_____   班组_____

2. 工作班人员（不包括工作负责人）

_____共_____人

3. 工作任务

线路或设备名称	工作地点、范围	工作内容

4. 计划工作时间

　　自_____年___月___日___时___分

　　至_____年___月___日___时___分

5. 停用重合闸线路（应写线路名称）

_____

_____

6. 工作条件（等电位、中间电位或地电位作业，或邻近带电设备名称）

_____

_____

7. 注意事项（安全措施）

_____

_____

　　工作票签发人签名_____   签发日期_____年___月___日___时___分

8. 确认本工作票 1~7 项

　　工作负责人签名_____

9. 工作许可

　　调度许可人（联系人）_____　许可时间_____年___月___日___时___分

　　工作负责人签名_____　_____年___月___日___时___分

10. 指定_____为专责监护人

　　专责监护人签名_____

11. 补充安全措施

_____

_____

_____

12. 确认工作负责人布置的工作任务和安全措施

　　工作班人员签名：

_____

_____

13. 工作终结汇报调控许可人（联系人）_____

　　工作负责人签名_____　_____年___月___日___时___分

14. 备注

_____

_____

_____

附录 G
（资料性附录）
电力线路事故紧急抢修单格式

电力线路事故紧急抢修单

单位＿＿＿＿＿＿＿＿＿＿＿＿＿＿＿＿　　编号＿＿＿＿＿＿＿＿＿＿＿＿＿＿＿＿＿＿＿

1. 抢修工作负责人（监护人）＿＿＿＿＿＿　　班组＿＿＿＿＿＿＿＿＿＿＿＿＿＿＿＿＿＿＿

2. 抢修班人员（不包括抢修工作负责人）

＿＿＿＿＿＿＿＿＿＿＿＿＿＿＿＿＿＿＿＿＿＿＿＿＿＿＿＿＿＿共＿＿＿＿人

3. 抢修任务（抢修地点和抢修内容）

＿＿

＿＿

4. 安全措施

＿＿

＿＿

5. 抢修地点保留带电部分或注意事项

＿＿

＿＿

6. 上述 1～5 项由抢修工作负责人＿＿＿＿＿＿根据抢修任务布置人＿＿＿＿＿＿的布置填写。

7. 经现场勘察需补充下列安全措施

＿＿

＿＿

　　经许可人（调控／运维人员）＿＿＿＿＿＿　同意（＿＿月＿＿日＿＿时＿＿分）后，已执行。

8. 许可抢修时间

　　＿＿＿＿＿＿年＿＿月＿＿日＿＿时＿＿分　　许可人（调控／运维人员）＿＿＿＿＿＿＿＿

9. 抢修结束汇报

　　本抢修工作于_____年___月___日___时___分结束

　　现场设备状况及保留安全措施：_____

_____

_____

　　抢修班人员已全部撤离，材料工具已清理完毕，事故紧急抢修单已终结。

　　抢修工作负责人_____　　许可人（调控 / 运维人员）_____

　　填写时间_____年___月___日___时___分

附录 H
（资料性附录）
电力线路工作任务单格式

电力线路工作任务单

单位＿＿＿＿＿＿＿＿　　　工作票号＿＿＿＿＿＿＿＿　　　编号＿＿＿＿＿＿＿＿

1. 工作负责人＿＿＿＿＿＿＿＿＿＿＿＿＿＿＿＿＿＿＿＿＿＿＿＿＿＿＿＿＿＿＿

2. 小组负责人＿＿＿＿＿＿＿＿＿＿＿　　　小组名称＿＿＿＿＿＿＿＿＿＿＿＿＿＿

　小组人员＿＿＿＿＿＿＿＿＿＿＿＿＿＿＿＿＿＿＿＿＿＿＿＿＿＿共＿＿＿＿人

3. 工作的线路名称或设备双重名称＿＿＿＿＿＿＿＿＿＿＿＿＿＿＿＿＿＿＿＿＿＿

＿＿＿＿＿＿＿＿＿＿＿＿＿＿＿＿＿＿＿＿＿＿＿＿＿＿＿＿＿＿＿＿＿＿＿＿＿

4. 工作任务

工作地点或地段（注明线路名称、起止杆号）	工作内容

5. 计划工作时间

　　自＿＿＿＿年＿＿月＿＿日＿＿时＿＿分

　　至＿＿＿＿年＿＿月＿＿日＿＿时＿＿分

6. 注意事项（安全措施，必要时可附页绘图说明）

＿＿＿＿＿＿＿＿＿＿＿＿＿＿＿＿＿＿＿＿＿＿＿＿＿＿＿＿＿＿＿＿＿＿＿＿＿

　　工作任务单签发人签名＿＿＿＿＿＿＿＿＿　＿＿＿＿＿年＿＿月＿＿日＿＿时＿＿分

　　小组负责人签名＿＿＿＿＿＿＿＿＿　＿＿＿＿＿年＿＿月＿＿日＿＿时＿＿分

7. 确认本工作票 1～6 项，许可工作开始

许可方式	许可人	小组负责人签名	许可工作的时间
			＿＿＿年＿＿月＿＿日＿＿时＿＿分

8. 确认小组负责人布置的任务和本施工项目安全措施

　　小组人员签名：＿＿＿＿＿＿＿＿＿＿＿

9. 小组工作于_____年___月___日___时___分结束，现场临时安全措施已拆除，材料、工具已清理完毕，小组人员已全部撤离。

工作终结报告

终结报告方式	许可人签名	小组负责人签名	终结报告时间
			_____年___月___日___时___分

备注：_____

附录I
（资料性附录）
电力线路倒闸操作票格式

电力线路倒闸操作票

单位＿＿＿＿＿＿＿＿＿＿＿＿＿＿＿＿   编号＿＿＿＿＿＿＿＿＿＿＿＿＿＿＿＿＿＿＿

发令人		受令人		发令时间： ＿＿＿年＿＿月＿＿日＿＿时＿＿分
操作开始时间： ＿＿＿年＿＿月＿＿日＿＿时＿＿分			操作结束时间： ＿＿＿年＿＿月＿＿日＿＿时＿＿分	
操作任务				
顺序	操作项目			√
备注				
操作人：			操作人：	

附录 J
（规范性附录）
标示牌式样

标示牌式样

名称	悬挂处	式样		
		尺寸 mm×mm	颜色	字样
禁止合闸，有人工作！	一经合闸即可送电到施工设备的断路器（开关）和隔离开关（刀闸）操作把手上	200×160 和 80×65	白底，红色圆形斜杠，黑色禁止标志符号	红底白字
禁止合闸，线路有人工作！	线路断路器（开关）和隔离开关（刀闸）把手上	200×160 和 80×65	白底，红色圆形斜杠，黑色禁止标志符号	红底白字
禁止分闸！	接地刀闸与检修设备之间的断路器（开关）操作把手上	200×160 和 80×65	白底，红色圆形斜杠，黑色禁止标志符号	红底白字
在此工作！	工作地点或检修设备上	250×250 和 80×80	衬底为绿色，中有直径200mm和65mm白圆圈	黑字，写于白圆圈中
止步，高压危险！	施工地点邻近带电设备的遮栏上；室外工作地点的围栏上；禁止通行的过道上；高压试验地点；室外构架上；工作地点邻近带电设备的横梁上	300×240 和 200×160	白底，黑色正三角形及标志符号，衬底为黄色	黑字
从此上下！	工作人员可以上下的铁架、爬梯上	250×250	衬底为绿色，中有直径200mm白圆圈	黑字，写于白圆圈中
从此进出！	室外工作地点围栏的出入口处	250×250	衬底为绿色，中有直径200mm白圆圈	黑体黑字，写于白圆圈中

续表

名称	悬挂处	式样		
		尺寸 mm×mm	颜色	字样
禁止攀登， 高压危险！	高压配电装置构架的爬梯上，变压器、电抗器等设备的爬梯上	500×400 和 200×160	白底，红色圆形斜杠，黑色禁止标志符号	红底白字

注：在计算机显示屏上一经合闸即可送电到工作地点的断路器（开关）和隔离开关（刀闸）的操作把手处所设置的"禁止合闸，有人工作！""禁止合闸，线路有人工作！"和"禁止分闸"的标记可参照上表中有关标示牌的式样。

🔍 **释　义**　标示牌用来警告工作人员不得靠近设备的带电部分，表明设备及线路有人工作禁止合闸、断路器（开关）禁止分闸，提醒工作人员应采取的安全措施，指出工作地点等。

《线路安规》第 6.6 条"悬挂标示牌和装设遮栏（围栏）"中要求装设的标示牌有："禁止合闸，有人工作！""禁止合闸，线路有人工作！""禁止分闸！""在此工作！""止步，高压危险！""从此上下！""从此进出！"和"禁止攀登，高压危险！"等八种，对标示牌的悬挂处及朝向都有明确规定。

标示牌使用相应的通用图形和文字辅助的组合，按照 GB 2893—2008《安全色》的规定，分为绿色的安全提示信息，黄色的警告提示信息，红色的禁止提示信息。

标示牌"在此工作！"和"从此进出！"为安全提示信息，颜色均为绿底中间白色圆圈加相应文字。标示牌"止步，高压危险！"为警告提示信息，颜色为白底黄衬底黑边三角形加文字。标示牌"禁止合闸，有人工作！""禁止合闸，线路有人工作！""禁止分闸！"和"禁止攀登，高压危险！"为禁止提示信息，颜色均为白底红色圆形斜杠禁止标志符号加相应文字。

现在经常在计算机上进行断路器（开关）和隔离开关（刀闸）的操作，因此，在计算机操作处应设置"禁止合闸，有人工作！""禁止合闸，线路有人工作！"和"禁止分闸！"的标记。

控制盘、保护盘上采用 80mm×80mm 的标示牌。

附录 K
（资料性附录）
带电作业高架绝缘斗臂车电气试验标准表

带电作业高架绝缘斗臂车电气试验标准表

电压等级 kV	试验部件	试验项目、标准					备注
		交接试验		预防性试验			
		工频耐压	泄漏电流	工频耐压	泄漏电流	沿面放电	
各级电压	单层作业	50kV 1min	—	45kV 1min	—	—	斗浸水中，高出水面200mm
	作业斗内斗	50kV 1min	—	45kV 1min	—	—	
	作业斗外斗	20kV 1min	—	—	0.4m 20kV ≤ 0.2mA	0.4m 45kV1min	泄漏电流试验为沿面试验
各级	液压油	油杯：2.5mm 电极，6 次试验平均击穿电压≥ 20kV，任一单独击穿电压≥ 10kV					更换、添加的液压油应试验合格
10	上臂（主臂）	0.4m 50kV 1min	—	0.4m 45kV 1min	—	—	耐压试验为整车试验，但在绝缘臂上应增设试验电极
	下臂（套筒）	50kV 1min	—	45kV 1min	—	—	
	整车	—	1.0m 20kV ≤ 0.5mA	—	1.0m 20kV ≤ 0.5mA	—	在绝缘臂上增设试验电极
35	上臂（主臂）	0.6m 105kV 1min	—	0.6m 95kV 1min	—	—	耐压试验为整车试验，但在绝缘臂上应增设试验电极

续表

电压等级 kV	试验部件	试验项目、标准					备注
		交接试验		预防性试验			
		工频耐压	泄漏电流	工频耐压	泄漏电流	沿面放电	
35	下臂（套筒）	50kV 1min	—	45kV 1min	—	—	
	整车	—	1.5m 70kV ≤0.5mA	—	1.5m 70kV ≤0.5mA	—	在绝缘臂上增设试验电极
66	上臂（主臂）	0.7m 175kV 1min	—	0.7m 175kV 1min	—	—	耐压试验为整车试验，但在绝缘臂上应增设试验电极
	下臂（套筒）	50kV 1min	—	45kV 1min	—	—	
	整车	—	1.5m 70kV ≤0.5mA	—	1.5m 70kV ≤0.5mA	—	在绝缘臂上增设试验电极。同时，核对泄漏表
110	上臂（主臂）	1.0m 250kV 1min	—	1.0m 220kV 1min	—	—	耐压试验为整车试验，但在绝缘臂上应增设试验电极
	下臂（套筒）	50kV 1min	—	45kV 1min	—	—	
	整车	—	2.0m 126kV ≤0.5mA	—	2.0m 126kV ≤0.5mA	—	在绝缘臂上增设试验电极。同时，核对泄漏表
220	上臂（主臂）	1.8m 450kV 1min	—	1.8m 440kV 1min	—	—	耐压试验为整车试验，但在绝缘臂上应增设试验电极

续表

电压等级 kV	试验部件	试验项目、标准					备注
		交接试验		预防性试验			
		工频耐压	泄漏电流	工频耐压	泄漏电流	沿面放电	
220	下臂（套筒）	50kV 1min	—	45kV 1min	—	—	
	整车	—	3.0m 252kV ≤0.5mA	—	3.0m 252kV ≤0.5mA	—	在绝缘臂上增设试验电极。同时，核对泄漏表

🔍 **释义**　本表在 2005 版《国家电网公司电力安全工作规程》修订时国家和行业均没有相关标准出台，当时选用了绝缘斗臂车生产厂家的企业标准，2009 版修订时也未做修改。GB/T 9465—2008《高空作业车》有相关绝缘斗臂车的试验标准。

附录 L
（规范性附录）
安全工器具试验项目、周期和要求

安全工器具试验项目、周期和要求

序号	器具	项目	周期	要求					说明
1	电容型验电器	启动电压试验	1年	启动电压值不高于额定电压的40%，不低于额定电压的15%					试验时接触电极应与试验电极相接触
		工频耐压试验	1年	额定电压 kV	试验长度 m	工频耐压 kV			
						1min	5min		
				10	0.7	45	—		
				35	0.9	95	—		
				66	1.0	175	—		
				110	1.3	220	—		
				220	2.1	440	—		
				330	3.2	—	380		
				500	4.1	—	580		

续表

序号	器具	项目	周期	要求				说明
2	携带型短路接地线	成组直流电阻试验	不超过5年	在各接线鼻之间测量直流电阻，对于25 mm²、35 mm²、50 mm²、70 mm²、95 mm²、120mm²的各种截面，平均每米的电阻应分别小于0.79 mΩ、0.56 mΩ、0.40 mΩ、0.28 mΩ、0.21 mΩ、0.16mΩ				同一批次抽测，不少于2条，接线鼻与软导线压接的应做该试验
		操作棒的工频耐压试验	5年	额定电压 kV	试验长度 m	工频耐压 kV		试验电压加在护环与紧固头之间
						1min	5min	
				10	—	45	—	
				35	—	95	—	
				66	—	175	—	
				110	—	220	—	
				220	—	440	—	
				330	—	—	380	
				500	—	—	580	
3	个人保安线	成组直流电阻试验	不超过5年	在各接线鼻之间测量直流电阻，对于10 mm²、16 mm²、25mm²各种截面，平均每米的电阻应小于1.98 mΩ、1.24 mΩ、0.79mΩ				同一批次抽测，不少于两条

续表

序号	器具	项目	周期	要求						说明
4	绝缘杆	工频耐压试验	1年	额定电压 kV	试验长度 m	工频耐压 kV				
							1min	5min		
				10	0.7		45	—		
				35	0.9		95	—		
				66	1.0		175	—		
				110	1.3		220	—		
				220	2.1		440	—		
				330	3.2		—	380		
				500	4.1		—	580		
5	核相器	连接导线绝缘强度试验	必要时	额定电压 kV		工频耐压 kV			持续时间 min	浸在电阻率小于 100Ω·m 水中
				10		8			5	
				35		28			5	
		绝缘部分工频耐压试验	1年	额定电压 kV	试验长度 m	工频耐压 kV			持续时间 min	
				10	0.7	45			1	
				35	0.9	95			1	

续表

序号	器具	项目	周期	要求				说明
5	核相器	电阻管泄漏电流试验	半年	额定电压 kV	工频耐压 kV	持续时间 min	泄漏电流 mA	浸在电阻率小于 100Ω·m 水中
				10	10	1	≤ 2	
				35	35	1	≤ 2	
		动作电压试验	1年	最低动作电压应达 0.25 倍额定电压				
6	绝缘罩	工频耐压试验	1年	额定电压 kV	工频耐压 kV	时间 min		
				6~10	30	1		
				35	80	1		
7	绝缘隔板	表面工频耐压试验	1年	额定电压 kV	工频耐压 kV	持续时间 min		电极间距离 300mm
				6~35	60	1		
		工频耐压试验		6~10	30	1		
				35	80	1		
8	绝缘胶垫	工频耐压试验	1年	电压等级	工频耐压 kV	持续时间 min		使用于带电设备区域
				高压	15	1		
				低压	3.5	1		

续表

序号	器具	项目	周期	要求	说明
9	绝缘靴	工频耐压试验	半年	工频耐压 kV：15；持续时间 min：1；泄漏电流 mA：≤7.5	
10	绝缘手套	工频耐压试验	半年	电压等级 高压：工频耐压 kV 8、持续时间 min 1、泄漏电流 mA ≤9；电压等级 低压：工频耐压 kV 2.5、持续时间 min 1、泄漏电流 mA ≤2.5	
11	导电鞋	直流电阻试验	穿用不超过200h	电阻小于100kΩ	符合 GB 4385—1995《防静电鞋导电鞋安全技术要求》
12	绝缘夹钳	工频耐压试验	1年	额定电压 kV 10：试验长度 m 0.7、工频耐压 kV 45、持续时间 min 1；额定电压 kV 35：试验长度 m 0.9、工频耐压 kV 95、持续时间 min 1	
13	绝缘绳	高压	每6个月1次	105kV/0.5m	

注：绝缘安全工器具的试验方法参照《电力安全工器具预防性试验规程（试行）》（国电发〔2002〕777号）的相关内容。

释义　不同的专业和工种在进行操作和检修工作时都要使用绝缘安全工器具。为保证操作人员和检修人员的人身安全，绝缘安全工器具应按规定进行预防性试验，以发现缺陷，确保正常使用。安全绝缘工器具应符合本规程4.2.3的要求。

绝缘安全工器具中电容型验电器、个人保安线、绝缘杆、核相器、绝缘罩、绝缘隔板、绝缘手套和导电鞋的试验项目，周期和要求采用《电力安全工器具预防性试验规程（试行）》（国电发〔2002〕777号）的内容。携带型短路接地线中成组直流电阻试验的试验周期、要求和操作杆工频耐压试验的试验要求采用《电力安全工器具预防性试验规程（试行）》（国电发〔2002〕777号）的内容，操作杆工频耐压试验的试验周期改为5年。虽然是在验明设备确已无电压再装设接地线，且在装设接地线时先接接地端后接导体端，但当出现意外突然来电、断电，设备有剩余电荷或邻近高压带电设备对停电设备产生感应电压，接地线的操作棒仍要做工频耐压试验，只是试验周期由《电力安全工器具预防性试验规程（试行）》（国电发〔2002〕777号）中的1年改为5年。绝缘夹钳试验项目，周期和要求参照了绝缘杆的内容。绝缘靴和绝缘绳试验项目，周期和要求采用DL 408—91《电业安全工作规程》中的数据。

绝缘安全工器具的试验方法要求参照《电力安全工器具预防性试验规程（试行）》（国电发〔2002〕777号）的相关内容。

附录 M
（规范性附录）
登高工器具试验标准表

登高工器具试验标准

序号	名称	项目	周期	种类	要求			说明
					试验静拉力 N	载荷时间 min		
1	安全带	静负荷试验	1年	围杆带	2205	5		牛皮带试验周期为半年
				围杆绳	2205	5		
				护腰带	1470	5		
				安全绳	2205	5		
2	安全帽	冲击性能试验	按规定期限	受冲击力小于4900N				使用期限：从制造之日起，塑料帽不大于2.5年，玻璃钢帽不大于3.5年
		耐穿刺性能试验	按规定期限	钢锥不接触头模表面				
3	脚扣	静负荷试验	1年	施加1176N静压力，持续时间5min				
4	升降板	静负荷试验	半年	施加2205N静压力，持续时间5min				

续表

序号	名称	项目	周期	要求	说明
5	竹（木）梯	静负荷试验	半年	施加 1765N 静压力，持续时间 5min	使用期限：从制造之日起，塑料帽不大于 2.5 年，玻璃钢帽不大于 3.5 年
6	软梯钩梯	静负荷试验	半年	施加 4900N 静压力，持续时间 5min	
7	防坠自锁器	静荷试验	1 年	将 15kN 力加载到导轨上，保持 5min	试验标准来自 GB/T 6096—2009《安全带测试方法》4.7.3.2 和 4.10.3.3
		冲击试验	1 年	将 100kg ± 1kg 荷载用 1m 长绳索连接在防坠自锁器上，从防坠自锁器水平位置释放，测试冲击力峰值在 6kN ± 0.3kN 之间为合格	
8	缓冲器	静荷试验	1 年	a）悬垂状态下末端挂 5kg 重物，测量缓冲器端点长度。 b）两端受力点之间加载 2kN 保持 2min，卸载 5 min 后检查缓冲器是否打开，并在悬垂状态下末端挂 5kg 重物，测量缓冲器端点长度，即初始变形，精确至 1mm 计算两次测量结果差。	试验标准来自 GB/T 6096—2009 4.11.2
9	速差自控器	静荷试验	1 年	将 15kN 力加载到速差自控器上，保持 5min	试验标准来自 GB/T 6096—2009《安全带测试方法》4.7.3.3 和 4.10.3.4
		冲击试验	1 年	将 100kg ± 1kg 荷载用 1m 长绳索连接在速差自控器上，从速差自控器水平位置释放，测试冲击力峰值在 6kN ± 0.3kN 之间为合格	

注：安全帽在使用期满后，抽查合格后该批方可继续使用，以后每年抽验一次。登高工器具的试验方法参照《电力安全工器具预防性试验规程（试行）》（国电发〔2002〕777 号）的相关内容。

🔍 **释 义**   登高工器具也应按规定进行预防性试验，以发现缺陷，防止坠落、摔跌等人身事故发生。

登高工器具中安全带、安全帽、脚扣、升降板和梯子的试验项目、周期和要求采用《电力安全工器具预防性试验规程（试行）》（国电发〔2002〕777号）的内容。安全帽的使用期以制造之日计算，到使用期限（塑料安全帽为2.5年）需延长使用时间的，应按批抽检，抽检合格后该批安全帽方可继续使用。抽检应从使用条件最严酷的场所中抽取，每次抽取两顶安全帽分别做冲击性能试验和耐穿刺性能试验，如有一顶不合格则该批安全帽全报废，以后每年抽检一次。其他梯子（如铝合金梯、绝缘材料梯等）也应按梯子的要求进行试验。

登高工器具的试验方法要求参照《电力安全工器具预防性试验规程（试行）》（国电发〔2002〕777号）的相关内容。

附录 N
（规范性附录）
起重机具检查和试验周期、质量参考标准

起重机具检查和试验周期、质量参考标准

编号	起重工具名称	检查与试验质量标准	检查与预防性试验周期
1	白棕绳、纤维绳	检查：绳子光滑、干燥无磨损现象。 试验：以 2 倍容许工作荷重进行 10min 的静力试验，不应有断裂和显著的局部延伸现象	每月检查一次； 每年试验一次
2	钢丝绳（起重用）	检查：① 绳扣可靠，无松动现象；② 钢丝绳无严重磨损现象；③ 钢丝断裂根数在规程规定限度以内。 试验：以 2 倍容许工作荷重进行 10min 的静力试验，不应有断裂和显著的局部延伸现象	每月检查一次（非常用的钢丝绳在使用前应进行检查）； 每年试验一次
3	合成纤维、吊装带	检查：吊装带外部护套无破损，内芯无断裂。 试验：以 2 倍容许工作荷重进行 12min 的静力试验，不应有断裂现象	每月检查一次； 每年试验一次
4	铁链	检查：① 链节无严重锈蚀，无磨损；② 链节无裂纹。 试验：以 2 倍容许工作荷重进行 10min 的静力试验，链条不应有断裂、显著的局部延伸及个别链节拉长等现象	每月检查一次； 每年试验一次
5	葫芦（绳子滑车）	检查：① 葫芦滑轮完整灵活；② 滑轮吊杆（板）无磨损现象，开口销完整；③ 吊钩无裂纹、变形；④ 棕绳光滑无任何裂纹现象（如有损伤须经详细鉴定）；⑤ 润滑油充分。	每月检查一次；
5	葫芦（绳子滑车）	试验：① 新安装或大修后，以 1.25 倍容许工作荷重进行 10min 的静力试验后，以 1.1 倍容许工作荷重作动力试验，不应有裂纹、显著局部延伸现象；② 一般的定期试验，以 1.1 倍容许工作荷重进行 10min 的静力试验	每年试验一次

编号	起重工具名称	检查与试验质量标准	检查与预防性试验周期
6	绳卡、卸扣等	检查：丝扣良好，表面无裂纹。 试验：以 2 倍容许工作荷重进行 10min 的静力试验	每月检查一次；每年试验一次
7	电动及机动绞磨（拖拉机绞磨）	检查：① 齿轮箱完整，润滑良好；② 吊杆灵活，铆接处螺丝无松动或残缺；③ 钢丝绳无严重磨损现象，断丝根数在规程规定范围以内；④ 吊钩无裂纹变形；⑤ 滑轮滑杆无磨损现象；⑥ 滚筒突缘高度至少应比最外层绳索的表面高出该绳索的一个直径，吊钩放在最低位置时，滚筒上至少剩有 5 圈绳索，绳索固定点良好；⑦ 机械转动部分防护罩完整，开关及电动机外壳接地良好；⑧ 卷扬限制器在吊钩升起距起重构架 300mm 时自动停止；⑨ 荷重控制器动作正常；⑩ 制动器灵活良好。 试验：① 新安装的或经过大修的以 1.25 倍容许工作荷重升起 100mm 进行 10min 的静力试验后，以 1.1 倍容许工作荷重做动力试验，制动效能应良好，且无显著的局部延伸；② 一般的定期试验，以 1.1 倍容许工作荷重进行 10min 的静力试验	六个月检查一次；第③项使用前应进行检查；第⑦~⑩项每月试验检查一次 每年试验一次
8	千斤顶	检查：① 顶重头形状能防止物件的滑动；② 螺旋或齿条千斤顶，防止螺杆或齿条脱离丝扣的装置良好；③ 螺纹磨损率不超过 20%；④ 螺旋千斤顶，自动制动装置良好。 试验：① 新安装的或经过大修的，以 1.25 倍容许工作荷重进行 10min 的静力试验后，以 1.1 倍容许工作荷重做动力试验，结果不应有裂纹、显著局部延伸现象；② 一般的定期试验，以 1.1 倍容许工作荷重进行 10min 的静力试验	每年检查一次； 每年试验一次

编号	起重工具名称	检查与试验质量标准	检查与预防性试验周期
9	吊钩、卡线器、双钩、紧线器	检查：① 无裂纹或显著变形；② 无严重腐蚀、磨损现象；③ 转动部分灵活、无卡涩现象。 试验：以1.25倍容许工作荷重进行10min静力试验，用放大镜或其他方法检查，不应有残余变化、裂纹及裂口	半年检查一次； 每年试验一次
10	抱杆	检查：① 金属抱杆无弯曲变形、焊口无开焊；② 无严重腐蚀；③ 抱杆帽无裂纹、变形。 试验：以1.25倍容许工作荷重进行10min静力试验	每月检查一次、使用前检查； 每年试验一次
11	其他起重工具	试验：以不大于1.25倍容许工作荷重进行10min静力试验（无标准可依据时）	每年试验一次、使用前检查

注1：新的起重设备和工具，允许在设备证件发出日起12个月内不需重新试验。
注2：机械和设备在大修后应试验，而不应受预防性试验期限的限制。

🔍 **释　义**　本表所列的线路作业常用起重工器具检查和试验周期、质量参考标准，基本来自1994年颁布的《电业安全工作规程（热力和机械部分）》，结合《线路安规》中涉及的起重工器具，参考起重规程做了补充完善。

附录 O
（资料性附录）
线路一级动火工作票格式

线路一级动火工作票格式

盖"合格/不合格"章	盖"已终结/作废"章

线路一级动火工作票

单位（车间）＿＿＿＿＿＿＿＿＿＿＿＿＿ 编号＿＿＿＿＿＿＿＿＿＿＿＿＿＿＿

1. 动火工作负责人＿＿＿＿＿＿＿＿＿ 班组＿＿＿＿＿＿＿＿＿＿＿＿＿＿＿＿＿

2. 动火执行人＿＿＿＿＿＿＿＿＿＿＿＿＿＿＿＿＿＿＿＿＿＿＿＿＿＿＿＿＿＿＿

＿＿＿＿＿＿＿＿＿＿＿＿＿＿＿＿＿＿＿＿＿＿＿＿＿＿＿＿＿＿＿＿＿＿＿＿＿＿

3. 动火地点及设备名称

＿＿＿＿＿＿＿＿＿＿＿＿＿＿＿＿＿＿＿＿＿＿＿＿＿＿＿＿＿＿＿＿＿＿＿＿＿＿

4. 动火工作内容（必要时可附页绘图说明）

＿＿＿＿＿＿＿＿＿＿＿＿＿＿＿＿＿＿＿＿＿＿＿＿＿＿＿＿＿＿＿＿＿＿＿＿＿＿

5. 动火方式 *

＿＿＿＿＿＿＿＿＿＿＿＿＿＿＿＿＿＿＿＿＿＿＿＿＿＿＿＿＿＿＿＿＿＿＿＿＿＿

* 动火方式可填写焊接、切割、打磨、电钻、使用喷灯等。

6. 申请动火时间

自＿＿＿＿＿年＿＿月＿＿日＿＿时＿＿分

至＿＿＿＿＿年＿＿月＿＿日＿＿时＿＿分

7. （设备管理方）应采取的安全措施

＿＿＿＿＿＿＿＿＿＿＿＿＿＿＿＿＿＿＿＿＿＿＿＿＿＿＿＿＿＿＿＿＿＿＿＿＿＿

＿＿＿＿＿＿＿＿＿＿＿＿＿＿＿＿＿＿＿＿＿＿＿＿＿＿＿＿＿＿＿＿＿＿＿＿＿＿

8.（动火作业方）应采取的安全措施

_____

　　动火工作票签发人签名_____

　　签发日期_____年___月___日___时___分

　　（动火作业方）消防管理部门负责人签名_____

　　（动火作业方）安监部门负责人签名_____

　　分管生产的领导或技术负责人（总工程师）签名_____

9.确认上述安全措施已全部执行

　　动火工作负责人签名_____　　　　运维许可人签名_____

　　许可时间_____年___月___日___时___分

10.应配备的消防设施和采取的消防措施、安全措施已符合要求。可燃性、易爆气体含量或粉尘浓度测定合格。

　　（动火作业方）消防监护人签名_____

　　（动火作业方）安监部门负责人签名_____

　　（动火作业方）消防管理部门负责人签名_____

　　分管生产的领导或技术负责人（总工程师）签名_____

　　动火工作负责人签名_____　　　　动火执行人签名_____

　　许可动火时间_____年___月___日___时___分

11.动火工作终结

　　动火工作于_____年___月___日___时___分结束，材料、工具已清理完毕，现场确无残留火种，参与现场动火工作的有关人员已全部撤离，动火工作已结束。

　　动火执行人签名_____　　　　（动火作业方）消防监护人签名_____

　　动火工作负责人签名_____　　　　运维许可人签名_____

12.备注

　　（1）对应的检修工作票、工作任务单和事故紧急抢修单编号_____

　　（2）其他事项

_____

_____

附录 P
（资料性附录）
线路二级动火工作票格式

线路二级动火工作票格式

盖"合格 / 不合格"章	盖"已终结 / 作废"章

线路二级动火工作票

单位（车间）＿＿＿＿＿＿＿＿　　编号＿＿＿＿＿＿＿＿＿＿

1.动火工作负责人＿＿＿＿＿＿　　班组＿＿＿＿＿＿＿＿＿＿＿

2.动火执行人＿＿＿＿＿＿＿＿＿＿＿＿＿＿＿＿＿＿＿＿＿＿＿

＿＿＿＿＿＿＿＿＿＿＿＿＿＿＿＿＿＿＿＿＿＿＿＿＿＿＿＿＿

3.动火地点及设备名称

＿＿＿＿＿＿＿＿＿＿＿＿＿＿＿＿＿＿＿＿＿＿＿＿＿＿＿＿＿

4.动火工作内容（必要时可附页绘图说明）

＿＿＿＿＿＿＿＿＿＿＿＿＿＿＿＿＿＿＿＿＿＿＿＿＿＿＿＿＿

5.动火方式 *

＿＿＿＿＿＿＿＿＿＿＿＿＿＿＿＿＿＿＿＿＿＿＿＿＿＿＿＿＿

　*动火方式可填写焊接、切割、打磨、电钻、使用喷灯等。

6.申请动火时间

　自＿＿＿＿年＿＿月＿＿日＿＿时＿＿分

　至＿＿＿＿年＿＿月＿＿日＿＿时＿＿分

7.（设备管理方）应采取的安全措施

＿＿＿＿＿＿＿＿＿＿＿＿＿＿＿＿＿＿＿＿＿＿＿＿＿＿＿＿＿

＿＿＿＿＿＿＿＿＿＿＿＿＿＿＿＿＿＿＿＿＿＿＿＿＿＿＿＿＿

8.（动火作业方）应采取的安全措施

_____

　　动火工作票签发人签名_____

　　签发时间_____年___月___日___时___分

　　消防人员签名_____　　　　　安监人员签名_____

　　分管生产的领导或技术负责人（总工程师）签名_____

9. 确认上述安全措施已全部执行

　　动火工作负责人签名_____　　　　　运维许可人签名_____

　　许可时间_____年___月___日___时___分

10. 应配备的消防设施和采取的消防措施、安全措施已符合要求。可燃性、易爆气体含量或粉尘浓度测定合格。

　　（动火作业方）消防监护人签名_____

　　（动火作业方）安监人员签名_____

　　动火工作负责人签名_____　　　　　动火执行人签名_____

　　许可动火时间_____年___月___日___时___分

11. 动火工作终结

　　动火工作于_____年___月___日___时___分结束，材料、工具已清理完毕，现场确无残留火种，参与现场动火工作的有关人员已全部撤离，动火工作已结束。

　　动火执行人签名_____

　　（动火作业方）消防监护人签名_____

　　动火工作负责人签名_____　　　　　运维许可人签名_____

12. 备注

　　（1）对应的检修工作票、工作任务单和事故紧急抢修单编号_____

　　（2）其他事项

_____

_____

附录 Q
（资料性附录）
动火管理级别的划定

一级动火区

油区和油库围墙内；油管道及与油系统相连的设备，油箱（除此之外的部位列为二级动火区域）；危险品仓库及汽车加油站、液化气站内；变压器、压变、充油电缆等注油设备、蓄电池室（铅酸）；一旦发生火灾可能严重危及人身、设备和电网安全以及对消防安全有重大影响的部位。

二级动火区

油管道支架及支架上的其他管道；动火地点有可能火花飞溅落至易燃易爆物体附近；电缆沟道（竖井）内、隧道内、电缆夹层；调度室、控制室、通信机房、电子设备间、计算机房、档案室；一旦发生火灾可能危及人身、设备和电网安全以及对消防安全有影响的部位。

附录 R
（资料性附录）
紧急救护法

R.1 通则

R.1.1 紧急救护的基本原则是在现场采取积极措施，保护伤员的生命，减轻伤情，减少痛苦，并根据伤情需要，迅速与医疗急救中心（医疗部门）联系救治。急救成功的关键是动作快，操作正确。任何拖延和操作错误都会导致伤员伤情加重或死亡。

R.1.2 要认真观察伤员全身情况，防止伤情恶化。发现伤员意识不清、瞳孔扩大无反应、呼吸、心跳停止时，应立即在现场就地抢救，用心肺复苏法支持呼吸和循环，对脑、心重要脏器供氧。心脏停止跳动后，只有分秒必争地迅速抢救，救活的可能才较大。

R.1.3 现场工作人员都应定期接受培训，学会紧急救护法，会正确解脱电源，会心肺复苏法，会止血、会包扎、会固定，会转移搬运伤员，会处理急救外伤或中毒等。

R.1.4 生产现场和经常有人工作的场所应配备急救箱，存放急救用品，并应指定专人经常检查、补充或更换。

R.2 触电急救

R.2.1 触电急救应分秒必争，一经明确心跳、呼吸停止的，立即就地迅速用心肺复苏法进行抢救，并坚持不断地进行，同时及早与医疗急救中心（医疗部门）联系，争取医务人员接替救治。在医务人员未接替救治前，不得放弃现场抢救，更不能只根据没有呼吸或脉搏的表现，擅自判定伤员死亡，放弃抢救。只有医生有权做出伤员死亡的诊断。与医务人员接替时，应提醒医务人员在触电者转移到医院的过程中不得间断抢救。

R.2.2 迅速脱离电源。

R.2.2.1 触电急救，首先要使触电者迅速脱离电源，越快越好。因为电流作用的时间越长，伤害越重。

R.2.2.2 脱离电源，就是要把触电者接触的那一部分带电设备的所有断路器（开关）、隔离开关（刀闸）或其他断路设备断开；或设法将触电者与带电设备脱离开。在脱离电源过程中，救护人员也要注意保护自身的安全。如触电者处于高处，应采取相应措施，防止该伤员脱离电源后自高处坠落形成复合伤。

R.2.2.3 低压触电可采用下列方法使触电者脱离电源：

a）如果触电地点附近有电源开关或电源插座，可立即拉开开关或拔出插头，断开电源。但应注意到拉线开关或墙壁开关等只控制一根线的开关，有可能因安装问题只能切断零线而没有断开电源的相线。

b）如果触电地点附近没有电源开关或电源插座（头），可用有绝缘柄的电工钳或有干燥木柄的斧头切断电线，断开电源。

c）当电线搭落在触电者身上或压在身下时，可用干燥的衣服、手套、绳索、皮带、木板、木棒等绝缘物作为工具，拉开触电者或挑开电线，使触电者脱离电源。

d）如果触电者的衣服是干燥的，又没有紧缠在身上，可以用一只手抓住他的衣服，拉离电源。但因触电者的身体是带电的，其鞋的绝缘也可能遭到破坏，救护人不得接触触电者的皮肤，也不能抓他的鞋。

e）若触电发生在低压带电的架空线路上或配电台架、进户线上，对可立即切断电源的，则应迅速断开电源，救护者迅速登杆或登至可靠地方，并做好自身防触电、防坠落安全措施，用带有绝缘胶柄的钢丝钳、绝缘物体或干燥不导电物体等工具将触电者脱离电源。

R.2.2.4 高压触电可采用下列方法之一使触电者脱离电源：

a）立即通知有关供电单位或用户停电。

b）戴上绝缘手套，穿上绝缘靴，用相应电压等级的绝缘工具按顺序拉开电源开关或熔断器。

c）抛掷裸金属线使线路短路接地，迫使保护装置动作，断开电源。注意抛掷金属线之前，应先将金属线的一端固定可靠接地，然后另一端系上重物抛掷，注意抛掷的一端不可触及触电者和其他人。另外，抛掷者抛出线后，要迅速离开接地的金属线 8m 以外或双腿并拢站立，防止跨步电压伤人。在抛掷短路线时，应注意防止电弧伤人或断线危及人员安全。

R.2.2.5 脱离电源后救护者应注意的事项：

a）救护人不可直接用手、其他金属及潮湿的物体作为救护工具，而应使用适当的绝缘工具。救护人最好用一只手操作，以防自己触电。

b）防止触电者脱离电源后可能的摔伤，特别是当触电者在高处的情况下，应考虑防止坠落的措施。即使触电者在平地，也要注意触电者倒下的方向，注意防摔。救护者也应注意救护中自身的防坠落、摔伤措施。

c）救护者在救护过程中特别是在杆上或高处抢救伤者时，要注意自身和被救者与附近带电体之间的安全距离，防止再次触及带电设备。电气设备、线路即使电源已断开，对未做安全措施挂上接地线的设备也应视作有电设备。救护人员登高时应随身携带必要的绝缘工具和牢固的绳索等。

d）如事故发生在夜间，应设置临时照明灯，以便于抢救，避免意外事故，但不能因此延误切除电源和进行急救的时间。

R.2.2.6 现场就地急救。

触电者脱离电源以后，现场救护人员应迅速对触电者的伤情进行判断，对症抢救。同时设法联系医疗急救中心（医疗部门）的医生到现场接替救治。要根据触电伤员的不同情况，采用不同的急救方法。

a）触电者神志清醒、有意识，心脏跳动，但呼吸急促、面色苍白，或曾一度电休克、但未失去知觉。此时不能用心肺复苏法抢救，应将触电者抬到空气新鲜、通风良好的地方躺下，安静休息 1h ~ 2h，让他慢慢恢复正常。天凉时要注意保温，并随时观察呼吸、脉搏变化。条件允许，送医院进一步检查。

b）触电者神志不清，判断意识无，有心跳，但呼吸停止或极微弱时，应立即用仰头抬颏法，使气道开放，并进行口对口人工呼吸。此时切记不能对触电者施行心脏按压。如此时不及时用人工呼吸法抢救，触电者将会因缺氧过久而引起心跳停止。

c）触电者神志丧失，判定意识无，心跳停止，但有极微弱的呼吸时，应立即施行心肺复苏法抢救。不能认为尚有微弱呼吸，只需做胸外按压，因为这种微弱呼吸已起不到人体需要的氧交换作用，如不及时人工呼吸即会发生死亡，若能立即施行口对口人工呼吸法和胸外按压，就有可能抢救成功。

d）触电者心跳、呼吸停止时，应立即进行心肺复苏法抢救，不得延误或中断。

e）触电者和雷击伤者心跳、呼吸停止，并伴有其他外伤时，应先迅速进行心肺复苏急救，然后再处理外伤。

f）发现杆塔上或高处有人触电，要争取时间及早在杆塔上或高处开始抢救。触电者脱离电源后，应迅速将伤员扶卧在救护人的安全带上（或在适当地方躺平），然后根据伤者的意识、呼吸及颈动脉搏动情况来进行前 a）～e）项不同方式的急救。应提醒的是高处抢救触电者，迅速判断其意识和呼吸是否存在是十分重要的。若呼吸已停止，开放气道后立即口对口（鼻）吹气 2 次，再测试颈动脉，如有搏动，则每 5s 继续吹气 1 次；若颈动脉无搏动，可用空心拳头叩击心前区 2 次，促使心脏复跳。为使抢救更为有效，应立即设法将伤员营救至地面，并继续按心肺复苏法坚持抢救。具体操作方法见图 R.1。

1）单人营救法。首先在杆上安装绳索，将绳子的一端固定在杆上，固定时绳子要绕 2 圈～3 圈，绳子的另一端放在伤员的腋下，绑的方法要先用柔软的物品垫在腋下，然后用绳子绕 1 圈，打 3 个扣结，绳头塞进伤员腋旁的圈内并压紧，绳子的长度应为杆的 1.2 倍～1.5 倍，最后将伤员的脚扣和安全带松开，再解开固定在电杆上的绳子，缓缓将伤员放下。

2）双人营救法。该方法基本与单人营救方法相同，只是绳子的另一端由杆下人员握住缓缓下放，此时绳子要长一些，应为杆高的 2.2 倍～2.5 倍，营救人员要协调一致，防止杆上人员突然松手，杆下人员没有准备而发生意外。

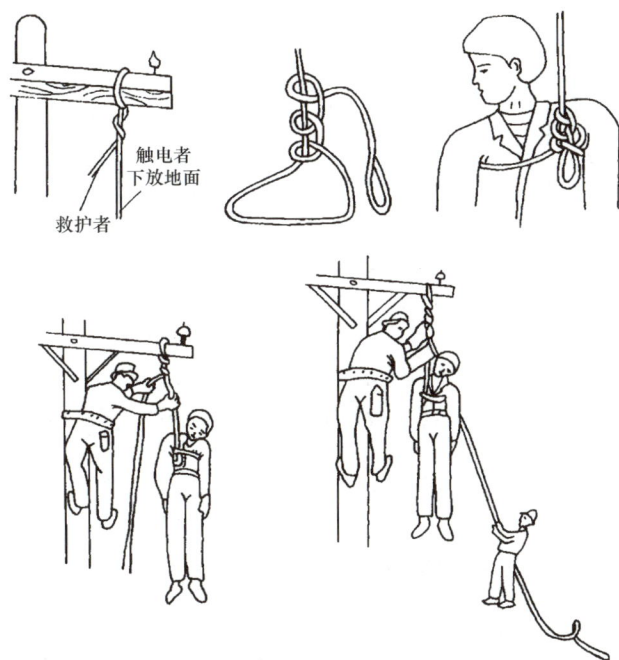

图 R.1　杆塔上或高处触电者放下方法

g）触电者衣服被电弧光引燃时，应迅速扑灭其身上的火源，着火者切忌跑动，方法可利用衣服、被子、湿毛巾等扑火，必要时可就地躺下翻滚，使火扑灭。

R.2.3 伤员脱离电源后的处理。

R.2.3.1 判断意识、呼救和体位放置：

R.2.3.1.1 判断伤员有无意识的方法：

a）轻轻拍打伤员肩部，高声喊叫，"喂！你怎么啦？"，如图 R.2 所示。

b）如认识，可直呼喊其姓名。有意识，立即送医院。

c）眼球固定、瞳孔散大，无反应时，立即用手指甲掐压人中穴、合谷穴约 5s。

注意：以上 3 步动作应在 10s 以内完成，不可太长，伤员如出现眼球活动、四肢活动及疼痛感后，应即停止掐压穴位，拍打肩部不可用力太重，以防加重可能存在的骨折等损伤。

R.2.3.1.2 呼救：

一旦初步确定伤员意识丧失，应立即招呼周围的人前来协助抢救，哪怕周围无人，也应该大叫"来人啊！救命啊！"，如图 R.3 所示。

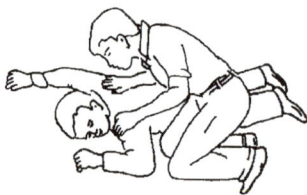

图 R.2　判断伤员有无意识　　　　　　图 R.3　呼救

注意：一定要呼叫其他人来帮忙，因为一个人做心肺复苏术不可能坚持较长时间，而且劳累后动作易走样。叫来的人除协助做心肺复苏外，还应立即打电话给救护站或呼叫受过救护训练的人前来帮忙。

R.2.3.1.3 放置体位。

正确的抢救体位是仰卧位。患者头、颈、躯干平卧无扭曲，双手放于两侧躯干旁。

如伤员摔倒时面部向下，应在呼救同时小心地将其转动，使伤员全身各部成一个整体。尤其要注意保护颈部，可以一手托住颈部，另一手扶着肩部，以脊柱为轴心，使伤员头、颈、躯干平稳地直线转至仰卧，在坚实的平面上，四肢平放，如图 R.4 所示。

图 R.4　放置伤员

注意：抢救者跪于伤员肩颈侧旁，将其手臂举过头，拉直双腿，注意保护颈部。解开伤员上衣，暴露胸部（或仅留内衣），冷天要注意使其保暖。

R.2.3.2　通畅气道、判断呼吸与人工呼吸。

R.2.3.2.1　当发现触电者呼吸微弱或停止时，应立即通畅触电者的气道以促进触电者呼吸或便于抢救。通畅气道主要采用仰头举颏法。即一手置于前额使头部后仰，另一手的食指与中指置于下颌骨近下颏角处，抬起下颏，如图 R.5 和图 R.6 所示。

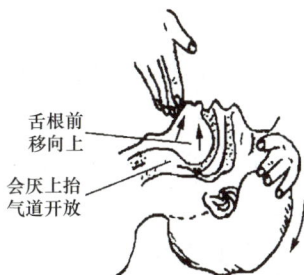

舌根前
移向上
会厌上抬
气道开放

图 R.5　仰头举颏法　　　　　　　　**图 R.6　抬起下颏法**

注意：严禁用枕头等物垫在伤员头下；手指不要压迫伤员颈前部、颏下软组织，以防压迫气道，颈部上抬时不要过度伸展，有假牙托者应取出。儿童颈部易弯曲，过度抬颈反而使气道闭塞，因此不要抬颈牵拉过甚。成人头部后仰程度应为 90°，儿童头部后仰程度应为 60°，婴儿头部后仰程度应为 30°，颈椎有损伤的伤员应采用双下颌上提法。

检查伤员口、鼻腔，如有异物立即用手指清除。

R.2.3.2.2　判断呼吸。

触电伤员如意识丧失，应在开放气道后 10s 内用看、听、试的方法判定伤员有无呼吸，见图 R.7。

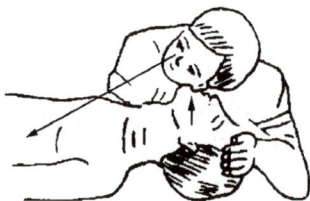

图 R.7　看、听、试伤员呼吸

a）看：看伤员的胸、腹壁有无呼吸起伏动作。

b）听：用耳贴近伤员的口鼻处，听有无呼气声音。

c）试：用颜面部的感觉测试口鼻部有无呼气气流。

若无上述体征可确定无呼吸。一旦确定无呼吸后，立即进行两次人工呼吸。

R.2.3.2.3　口对口（鼻）呼吸。

当判断伤员确实不存在呼吸时，应即进行口对口（鼻）的人工呼吸，其具体方法是：

a）在保持呼吸通畅的位置下进行。用按于前额一手的拇指与食指，捏住伤员鼻孔（或鼻翼）下端，以防气体从口腔内经鼻孔逸出，施救者深吸一口气屏住并用自己的嘴唇包住（套住）伤员微张的嘴。

b）每次向伤员口中吹（呵）气持续 1s~1.5s，同时仔细地观察伤员胸部有无起伏，如无起伏，说明气未吹进，如图 R.8 所示。

c）一次吹气完毕后，应即与伤员口部脱离，轻轻抬起头部，面向伤员胸部，吸入新鲜空气，以便做下一次人工呼吸。同时使伤员的口张开，捏鼻的手也可放松，以便伤员从鼻孔通气，观察伤员胸部向下恢复时，则有气流从伤员口腔排出，如图 R.9 所示。

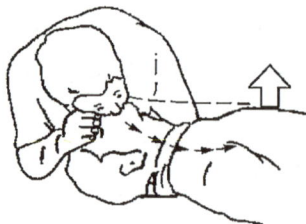

图 R.8　口对口吹气

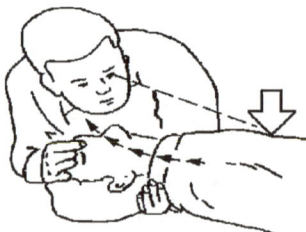

图 R.9　口对口吸气

抢救一开始，应即向伤员先吹气两口，吹气时胸廓隆起者，人工呼吸有效；吹气无起伏者，则气道通畅不够，或鼻孔处漏气、或吹气不足、或气道有梗阻，应及时纠正。

注意：① 每次吹气量不要过大，约 600mL（6mL/kg~7mL/kg），大于 1200mL 会造成胃扩张；② 吹气时不要按压胸部，如图 R.10 所示；③ 儿童伤员需视年龄不同而异，其吹气量约为 500mL，以胸廓能上抬时为宜；④ 抢救一开始的首次吹气两次，每次时间 1s~1.5s；⑤ 有脉搏无呼吸的伤员，则每 5s 吹一口气，每分钟吹气 12 次；⑥ 口对鼻的人工呼吸，适用于有严重的下颌及嘴唇外伤，牙关紧闭，下颌骨骨折等情况的伤员，难以采用口对口吹气法；⑦ 婴、幼儿急救操作时要注意，因婴、幼儿韧带、肌肉松弛，故头不可过度后仰，以免气管受压，影响气道通畅，可用一手托颈，以保持气道平直；另一方面婴、幼儿口鼻开口均较小，位置又很靠近，抢救者可用口贴住婴、幼儿口与鼻的开口处，施行口对口鼻呼吸。

R.2.3.3　判断伤员有无脉搏与胸外心脏按压。

R.2.3.3.1　脉搏判断。

在检查伤员的意识、呼吸、气道之后，应对伤员的脉搏进行检查，以判断伤员的心脏跳动情况（非专业救护人员可不进行脉搏检查，对无呼吸、无反应、无意识的伤员立即实施心肺复苏）。具体方法如下：

a）在开放气道的位置下进行（首次人工呼吸后）。

b）一手置于伤员前额，使头部保持后仰，另一手在靠近抢救者一侧触摸颈动脉。

c）可用食指及中指指尖先触及气管正中部位，男性可先触及喉结，然后向两侧滑移 2cm~3cm，在气管旁软组织处轻轻触摸颈动脉搏动，如图 R.11 所示。

图 R.10　吹时不要压胸部

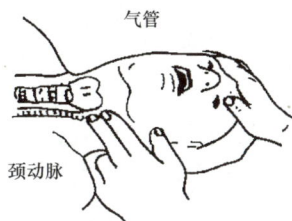

图 R.11　触摸颈动脉搏动

注意：① 触摸颈动脉不能用力过大，以免推移颈动脉，妨碍触及；② 不要同时触摸两侧颈动脉，造成头部供血中断；③ 不要压迫气管，造成呼吸道阻塞；④ 检查时间不要超过 10s；⑤ 未触及搏动：心跳已停止，或触摸位置有错误；触及搏动：有脉搏、心跳，或触摸感觉错误（可能将自己手指的搏动感觉为伤员脉搏）；⑥ 判断应综合审定：如无意识，无呼吸，瞳孔散大，面色紫绀或苍白，再加上触不到脉搏，可以判定心跳已经停止；⑦ 婴、幼儿因颈部肥胖，颈动脉不易触及，可检查肱动脉。肱动脉位于上臂内侧腋窝和肘关节之间的中点，用食指和中指轻压在内侧，即可感觉到脉搏。

R.2.3.3.2 胸外心脏按压。

在对心跳停止者未进行按压前，先手握空心拳，快速垂直击打伤员胸前区胸骨中下段 1 次 ~2 次，每次 1s~2s，力量中等，若无效，则立即胸外心脏按压，不能耽误时间。

a）按压部位。胸骨中 1/3 与下 1/3 交界处，如图 R.12 所示。

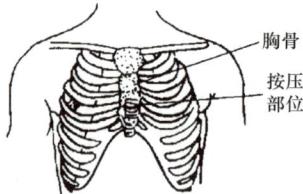

图 R.12 胸外按压位置

b）伤员体位。伤员应仰卧于硬板床或地上。如为弹簧床，则应在伤员背部垫一硬板。硬板长度及宽度应足够大，以保证按压胸骨时，伤员身体不会移动。但不可因寻垫板而延误开始按压的时间。

c）快速测定按压部位的方法。快速测定按压部位可分 5 个步骤，如图 R.13 所示。

1）首先触及伤员上腹部，以食指及中指沿伤员肋弓处向中间移滑，如图 R.13a）所示。

2）在两侧肋弓交点处寻找胸骨下切迹。以切迹作为定位标志。不要以剑突下定位，如图 R.13b）所示。

3）然后将食指及中指两横指放在胸骨下切迹上方，食指上方的胸骨正中部即为按压区，如图 R.13c）所示。

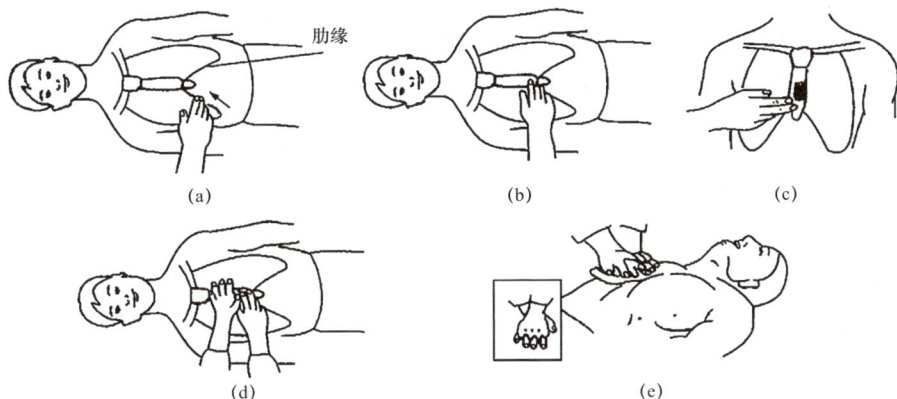

（a）二指沿肋弓向中移滑；（b）切迹定位标志；（c）按压区；（d）掌根部放在按压区；（e）重叠掌根

图 R.13　快速测定按压部位

4）以另一手的掌根部紧贴食指上方，放在按压区，如图 R.13d）所示。

5）再将定位之手取下，重叠将掌根放于另一手背上，两手手指交叉抬起，使手指脱离胸壁，如图 R.13e）所示。

d）按压姿势。正确的按压姿势，如图 R.14 所示。抢救者双臂绷直，双肩在伤员胸骨上方正中，靠自身重量垂直向下按压。

e）按压用力方式如图 R.15 所示。

1）按压应平稳，有节律地进行，不能间断。

2）不能冲击式的猛压。

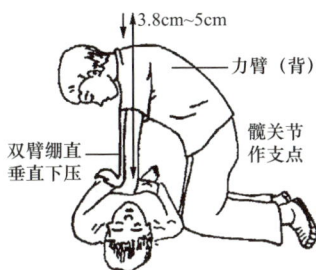

图 R.14　按压正确姿势

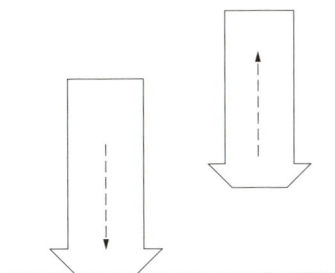

图 R.15　按压用力方式

3）下压及向上放松的时间应相等，如图 R.15 所示。压按至最低点处，应有一明显的停顿。

4）垂直用力向下，不要左右摆动。

5）放松时定位的手掌根部不要离开胸骨定位点，但应尽量放松，务使胸骨不受任何压力。

f）按压频率。按压频率应保持在 100 次 /min。

g）按压与人工呼吸比例。按压与人工呼吸的比例关系通常是，成人为 30:2，婴儿、儿童为 15:2。

h）按压深度。通常，成人伤员为 4cm~5cm，5 岁 ~13 岁伤员为 3cm，婴幼儿伤员为 2cm。

i）胸外心脏按压常见的错误。

1）按压除掌根部贴在胸骨外，手指也压在胸壁上，这容易引起骨折（肋骨或肋软骨）。

2）按压定位不正确，向下易使剑突受压折断而致肝破裂。向两侧易致肋骨或肋软骨骨折，导致气胸、血胸。

3）按压用力不垂直，导致按压无效或肋软骨骨折，特别是摇摆式按压更易出现严重并发症，如图 R.16a）所示。

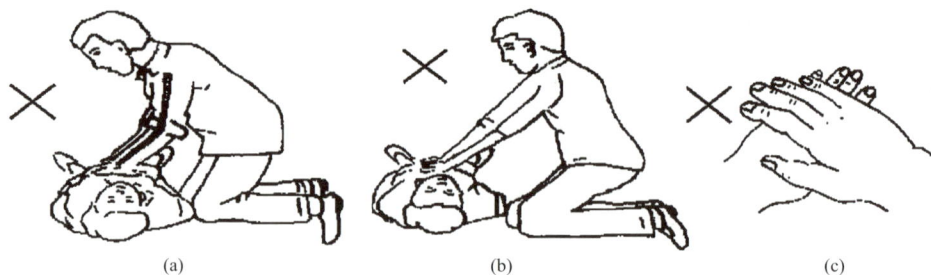

（a）按压用力不垂直；（b）按压深度不够；（c）双手掌交叉放置
图 R.16　胸外心脏按压常见错误

4）抢救者按压时肘部弯曲，因而用力不够，按压深度达不到 3.8cm~5cm，如图 R.16b）所示。

5）按压冲击式，猛压，其效果差，且易导致骨折。

6）放松时抬手离开胸骨定位点，造成下次按压部位错误，引起骨折。

7）放松时未能使胸部充分松弛，胸部仍承受压力，使血液难以回到心脏。

8）按压速度不自主地加快或减慢，影响按压效果。

9）双手掌不是重叠放置，而是交叉放置，如图 R.16c）所示胸外心脏按压常见错误。

R.2.4 心肺复苏法综述。

R.2.4.1 操作过程有以下步骤：

a）首先判断昏倒的人有无意识。

b）如无反应，立即呼救，叫"来人啊！救命啊！"等。

c）迅速将伤员放置于仰卧位，并放在地上或硬板上。

d）开放气道（①仰头举颏或颌；②清除口、鼻腔异物）。

e）判断伤员有无呼吸（通过看、听和感觉来进行）。

f）如无呼吸，立即口对口吹气两口。

g）保持头后仰，另一手检查颈动脉有无搏动。

h）如有脉搏，表明心脏尚未停跳，可仅做人工呼吸，每分钟 12 次 ~16 次。

i）如无脉搏，立即在正确定位下在胸外按压位置进行心前区叩击 1 次 ~2 次。

j）叩击后再次判断有无脉搏，如有脉搏即表明心跳已经恢复，可仅做人工呼吸即可。

k）如无脉搏，立即在正确的位置进行胸外按压。

l）每做 30 次按压，需做 2 次人工呼吸，然后再在胸部重新定位，再做胸外按压，如此反复进行，直到协助抢救者或专业医务人员赶来。按压频率为 100 次 /min。

m）开始 2min 后检查一次脉搏、呼吸、瞳孔，以后每 4min~5min 检查一次，检查不超过 5s，最好由协助抢救者检查。

n）如有担架搬运伤员，应该持续做心肺复苏，中断时间不超过 5s。

R.2.4.2 心肺复苏操作的时间要求：

0s~5s：判断意识。

5s~10s：呼救并放好伤员体位。

10s~15s：开放气道，并观察呼吸是否存在。

15~20s：口对口呼吸 2 次。

20s~30s：判断脉搏。

30s~50s：进行胸外心脏按压 30 次，并再人工呼吸 2 次，以后连续反复进行。

以上程序尽可能在 50s 以内完成，最长不宜超过 1min。

R.2.4.3 双人复苏操作要求：

a）两人应协调配合，吹气应在胸外按压的松弛时间内完成。

b）按压频率为 100 次 /min。

c）按压与呼吸比例为 30∶2，即 30 次心脏按压后，进行 2 次人工呼吸。

d）为达到配合默契，可由按压者数口诀"1、2、3、4、…、29、吹"，当吹气者听到"29"时，做好准备，听到"吹"后，即向伤员嘴里吹气，按压者继而重数口诀"1、2、3、4、…、29、吹"，如此周而复始循环进行。

e）人工呼吸者除需通畅伤员呼吸道、吹气外，还应经常触摸其颈动脉和观察瞳孔等，如图 R.17 所示。

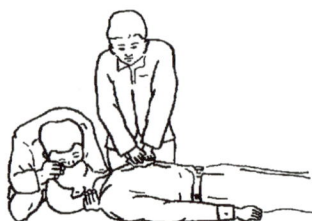

图 R.17 双人复苏法

R.2.4.4 心肺复苏法注意事项：

a）吹气不能在向下按压心脏的同时进行。数口诀的速度应均衡，避免快慢不一。

b）操作者应站在触电者侧面便于操作的位置，单人急救时应站立在触电者的肩部位置；双人急救时，吹气人应站在触电者的头部，按压心脏者应站在触电者胸部、与吹气者相对的一侧。

c）人工呼吸者与心脏按压者可以互换位置，互换操作，但中断时间不超过 5s。

d）第二抢救者到现场后，应首先检查颈动脉搏动，然后再开始做人工呼吸。如心脏按压有效，则应触及到搏动，如不能触及，应观察心脏按压者的技术操作是否正确，必要时应增加按压深度及重新定位。

e）可以由第三抢救者及更多的抢救人员轮换操作，以保持精力充沛、姿势正确。

R.2.5 心肺复苏的有效指标、转移和终止。

R.2.5.1 心肺复苏的有效指标。

心肺复苏术操作是否正确，主要靠平时严格训练，掌握正确的方法。而在急救中判断复苏是否有效，可以根据以下五方面综合考虑：

a）瞳孔。复苏有效时，可见伤员瞳孔由大变小。如瞳孔由小变大、固定、角膜混浊，则说明复苏无效。

b）面色（口唇）。复苏有效，可见伤员面色由紫绀转为红润，如若变为灰白，则说明复苏无效。

c）颈动脉搏动。按压有效时，每一次按压可以摸到一次搏动，如若停止按压，搏动亦消失，应继续进行心脏按压；如若停止按压后，脉搏仍然跳动，则说明伤员心跳已恢复。

d）神志。复苏有效，可见伤员有眼球活动，睫毛反射与对光反射出现，甚至手脚开始抽动，肌张力增加。

e）出现自主呼吸。伤员自主呼吸出现，并不意味可以停止人工呼吸。如果自主呼吸微弱，仍应坚持口对口呼吸。

R.2.5.2 转移和终止。

R.2.5.2.1 转移。在现场抢救时，应力争抢救时间，切勿为了方便或让伤员舒服去移动伤员，从而延误现场抢救的时间。

现场心肺复苏应坚持不断地进行，抢救者不得频繁更换，即使送往医院途中也应继续进行。鼻导管给氧绝不能代替心肺复苏术。如需将伤员由现场移往室内，中断操作时间不得超过 7s；通道狭窄、上下楼层、送上救护车等的操作中断不得超过 30s。

将心跳、呼吸恢复的伤员用救护车送医院时，应在伤员背部放一块长、宽适当的硬板，以备随时进行心肺复苏。将伤员送到医院而专业人员尚未接手前，仍应继续进行心肺复苏。

R.2.5.2.2 终止。何时终止心肺复苏是一个涉及医疗、社会、道德等方面的问题。不论在什么情况下，终止心肺复苏，决定于医生，或医生组成的抢救组的首席医生。否则不得放弃抢救。高压或超高压电击的伤员心跳、呼吸停止，更不得随意放弃抢救。

R.2.5.3 电击伤伤员的心脏监护。

被电击伤并经过心肺复苏抢救成功的电击伤员，都应让其充分休息，并在医务人员指导下进行不少于 48h 的心脏监护。因为伤员在被电击过程中，由于电压、电流、频率的直接影响和组织损伤而产生的高钾血症，以及由于缺氧等因素，引起的心肌损害和心律失常，经过心肺复苏抢救，在心跳恢复后，有的伤员还可能会出现"继发性心跳骤止"，故应进行心脏监护，以对心律失常和高钾血症的伤员及时予以治疗。

对前面详细介绍的各项操作，现场心肺复苏法应进行的抢救步骤可归纳如图 R.18 所示。

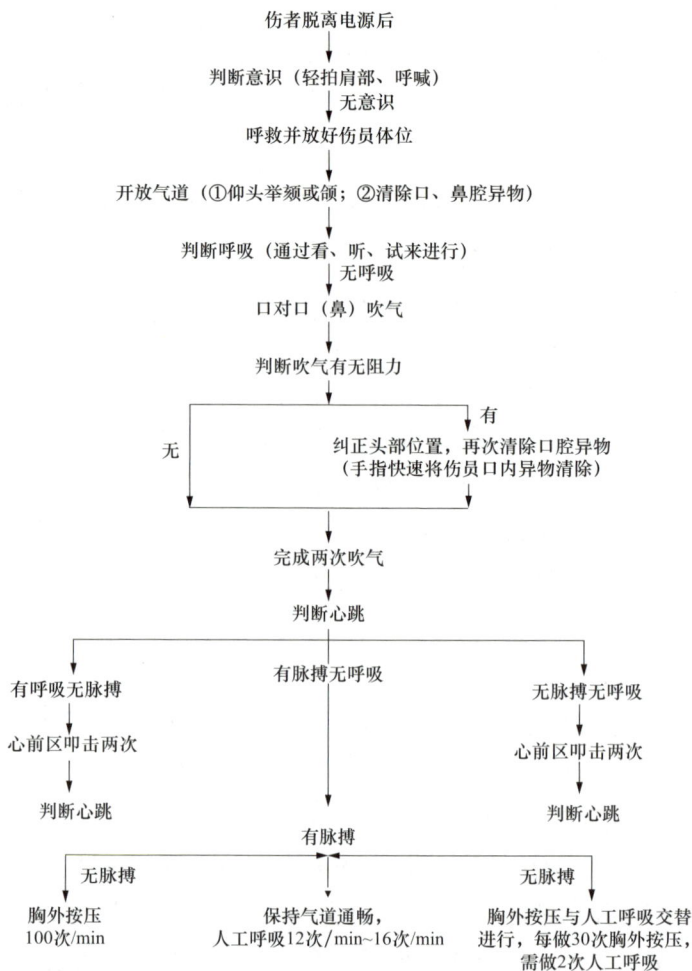

伤者脱离电源后

判断意识（轻拍肩部、呼喊）
无意识

呼救并放好伤员体位

开放气道（①仰头举颏或颌；②清除口、鼻腔异物）

判断呼吸（通过看、听、试来进行）
无呼吸

口对口（鼻）吹气

判断吹气有无阻力

无　　　　　　　　　有
　　　纠正头部位置，再次清除口腔异物
　　　（手指快速将伤员口内异物清除）

完成两次吹气

判断心跳

有呼吸无脉搏　　　有脉搏无呼吸　　　无脉搏无呼吸

心前区叩击两次　　　　　　　　　　心前区叩击两次

判断心跳　　　　　　　　　　　　判断心跳

有脉搏

无脉搏　　　　　　　　　　　　　无脉搏

胸外按压　　　保持气道通畅，　　胸外按压与人工呼吸交替
100次/min　　人工呼吸12次/min~16次/min　　进行，每做30次胸外按压，
　　　　　　　　　　　　　　　　需做2次人工呼吸

（在持续进行心肺复苏情况下，由专人护送医院进一步抢救）

图 R.18　现场心肺复苏的抢救程序

R.2.6　抢救过程注意事项。

R.2.6.1　抢救过程中的再判定：

a）按压吹气 2min 后（相当于单人抢救时做了 5 个 30：2 压吹循环），应用看、听、试方法在 5s ~ 10s 时间内完成对伤员呼吸和心跳是否恢复的再判定。

b）若判定颈动脉已有搏动但无呼吸，则暂停胸外按压，而再进行 2 次口对口人工呼吸，接着每5s吹气一次（即每分钟12次）。如脉搏和呼吸均未恢复，则继续坚持心肺复苏法抢救。

c）抢救过程中，要每隔数分钟再判定一次，每次判定时间均不得超过5s~10s。在医务人员未接替抢救前，现场抢救人员不得放弃现场抢救。

R.2.6.2 现场触电抢救，对采用肾上腺素等药物应持慎重态度。如没有必要的诊断设备条件和足够的把握，不得乱用。在医院内抢救触电者时，由医务人员经医疗仪器设备诊断，根据诊断结果决定是否采用。

R.3 创伤急救

R.3.1 创伤急救的基本要求。

R.3.1.1 创伤急救原则上是先抢救、后固定、再搬运，并注意采取措施，防止伤情加重或污染。需要送医院救治的，应立即做好保护伤员措施后送医院救治。急救成功的条件是：动作快，操作正确，任何延迟和误操作均可加重伤情，并可导致死亡。

R.3.1.2 抢救前先使伤员安静躺平，判断全身情况和受伤程度，如有无出血、骨折和休克等。

R.3.1.3 外部出血立即采取止血措施，防止失血过多而休克。外观无伤，但呈休克状态，神志不清或昏迷者，要考虑胸腹部内脏或脑部受伤的可能性。

R.3.1.4 为防止伤口感染，应用清洁布片覆盖。救护人员不得用手直接接触伤口，更不得在伤口内填塞任何东西或随便用药。

R.3.1.5 搬运时应使伤员平躺在担架上，腰部束在担架上，防止跌下。平地搬运时伤员头部在后，上楼、下楼、下坡时头部在上，搬运中应严密观察伤员，防止伤情突变。伤员搬运时的方法如图 R.19 所示。

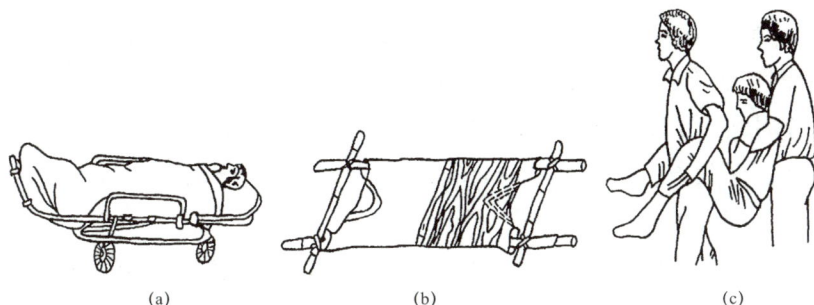

(a)　　　　　　　(b)　　　　　　　(c)

（a）正常担架；（b）临时担架及木板；（c）错误搬运

图 R.19　搬运伤员

R.3.1.6　若怀疑伤员有脊椎损伤（高处坠落者），在放置体位及搬运时应保持脊柱不扭曲、不弯曲，应将伤员平卧在硬质平板上，并设法用沙土袋（或其他代替物）放置头部及躯干两侧以适当固定之，以免引起截瘫。

R.3.2　止血。

R.3.2.1　伤口渗血：用较伤口稍大的消毒纱布数层覆盖伤口，然后进行包扎。若包扎后仍有较多渗血，可再加绷带适当加压止血。

R.3.2.2　伤口出血呈喷射状或鲜红血液涌出时，立即用清洁手指压迫出血点上方（近心端），使血流中断，并将出血肢体抬高或举高，以减少出血量。

R.3.2.3　用止血带或弹性较好的布带等止血时（见图 R.20），应先用柔软布片或伤员的衣袖等数层垫在止血带下面，再扎紧止血带以刚使肢端动脉搏动消失为度。上肢每 60min、下肢每 80min 放松一次，每次放松 1min~2min。开始扎紧与每次放松的时间均应书面标明在止血带旁。扎紧时间不宜超过 4h。不要在上臂中 1/3 处和窝下使用止血带，以免损伤神经。若放松时观察已无大出血可暂停使用。

R.3.2.4　严禁用电线、铁丝、细绳等作止血带使用。

×时×分

图 R.20　止血带

R.3.2.5　高处坠落、撞击、挤压可能有胸腹内脏破裂出血。受伤者外观无出血 但常表现面色苍白，脉搏细弱、气促，冷汗淋漓，四肢厥冷，烦躁不安，甚至神志不清等休克状态，应迅速躺平，抬高下肢（见图 R.21），保持温暖，速送医院救治。若送院途中时间较长，可给伤员饮用少量糖盐水。

R.3.3　骨折急救。

R.3.3.1　肢体骨折可用夹板或木棍、竹竿等将断骨上、下方两个关节固定，见图 R.22，也可利用伤员身体进行固定，避免骨折部位移动，以减少疼痛，防止伤势恶化。

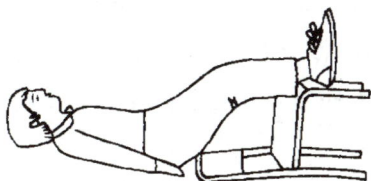

图 R.21　抬高下肢

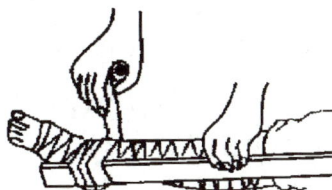

(a)　　　　　　　　　　　　　　(b)

（a）上肢骨折固定；（b）下肢骨折固定

图 R.22　骨折固定方法

开放性骨折，伴有大出血者，先止血、再固定，并用干净布片覆盖伤口，然后速送医院救治。切勿将外露的断骨推回伤口内。

R.3.3.2　疑有颈椎损伤，在使伤员平卧后，用沙土袋（或其他代替物）放置头部两侧（见图 R.23）使颈部固定不动。应进行口对口呼吸时，只能采用抬颏使气道通畅，不能再将头部后仰移动或转动头部，以免引起截瘫或死亡。

R.3.3.3　腰椎骨折应将伤员平卧在平硬木板上，并将腰椎躯干及两侧下肢一同进行固定预防瘫痪（见图 R.24）。搬动时应数人合作，保持平稳，不能扭曲。

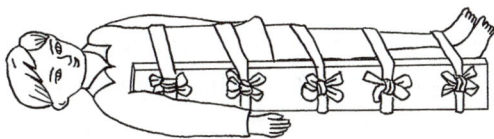

图 R.23　颈椎骨折固定　　　　　图 R.24　腰椎骨折固定

R.3.4　颅脑外伤。

R.3.4.1　应使伤员采取平卧位，保持气道通畅，若有呕吐，应扶好头部和身体，使头部和身体同时侧转，防止呕吐物造成窒息。

R.3.4.2 耳鼻有液体流出时，不要用棉花堵塞，只可轻轻拭去，以利降低颅内压力。也不可用力擤鼻，排除鼻内液体，或将液体再吸入鼻内。

R.3.4.3 颅脑外伤时，病情可能复杂多变，禁止给予饮食，速送医院诊治。

R.3.5 烧伤急救。

R.3.5.1 电灼伤、火焰烧伤或高温气、水烫伤均应保持伤口清洁。伤员的衣服鞋袜用剪刀剪开后除去。伤口全部用清洁布片覆盖，防止污染。四肢烧伤时，先用清洁冷水冲洗，然后用清洁布片或消毒纱布覆盖送医院。

R.3.5.2 强酸或碱灼伤应迅速脱去被溅染衣物，现场立即用大量清水彻底冲洗，要彻底，然后用适当的药物给予中和；冲洗时间不少于 10min；被强酸烧伤应用 5% 碳酸氢钠（小苏打）溶液中和；被强碱烧伤应用 0.5% ~ 5% 醋酸溶液或 5% 氯化铵或 10% 枸橼酸液中和。

R.3.5.3 未经医务人员同意，灼伤部位不宜敷搽任何东西和药物。

R.3.5.4 送医院途中，可给伤员多次少量口服糖盐水。

R.3.6 冻伤急救。

R.3.6.1 冻伤使肌肉僵直，严重者深及骨骼，在救护搬运过程中动作要轻柔，不要强使其肢体弯曲活动，以免加重损伤，应使用担架，将伤员平卧并抬至温暖室内救治。

R.3.6.2 将伤员身上潮湿的衣服剪去后用干燥柔软的衣服覆盖，不得烤火或搓雪。

R.3.6.3 全身冻伤者呼吸和心跳有时十分微弱，不得误认为死亡，应努力抢救。

R.3.7 动物咬伤急救。

R.3.7.1 毒蛇咬伤后，不要惊慌、奔跑、饮酒，以免加速蛇毒在人体内扩散。

R.3.7.1.1 咬伤大多在四肢，应迅速从伤口上端向下方反复挤出毒液，然后在伤口上方（近心端）用布带扎紧，将伤肢固定，避免活动，以减少毒液的吸收。

R.3.7.1.2 有蛇药时可先服用，再送往医院救治。

R.3.7.2 犬咬伤。

R.3.7.2.1 犬咬伤后应立即用浓肥皂水或清水冲洗伤口至少 15min，同时用挤压法自上而下将残留伤口内唾液挤出，然后再用碘酒涂搽伤口。

R.3.7.2.2 少量出血时，不要急于止血，也不要包扎或缝合伤口。

R.3.7.2.3 尽量设法查明该犬是否为"疯狗"，对医院制订治疗计划有较大帮助。

R.3.8 溺水急救。

R.3.8.1 发现有人溺水应设法迅速将其从水中救出，呼吸心跳停止者用心肺复苏法坚持抢救。曾受水中抢救训练者在水中即可抢救。

R.3.8.2 口对口人工呼吸因异物阻塞发生困难，而又无法用手指除去时，可用两手相叠，置于脐部稍上正中线上（远离剑突）迅速向上猛压数次，使异物退出，但也不用力太大。

R.3.8.3 溺水死亡的主要原因是窒息缺氧。由于淡水在人体内能很快经循环吸收，而气管能容纳的水量很少，因此在抢救溺水者时不得"倒水"而延误抢救时间，更不得仅"倒水"而不用心肺复苏法进行抢救。

R.3.9 高温中暑急救。

R.3.9.1 烈日直射头部，环境温度过高，饮水过少或出汗过多等可以引起中暑现象，其症状一般为恶心、呕吐、胸闷、眩晕、嗜睡、虚脱，严重时抽搐、惊厥甚至昏迷。

R.3.9.2 应立即将病员从高温或日晒环境转移到阴凉通风处休息。用冷水擦浴，湿毛巾覆盖身体，电扇吹风，或在头部置冰袋等方法降温，并及时给病员口服盐水。严重者送医院治疗。

R.3.10 有害气体中毒急救。

R.3.10.1 气体中毒开始时有流泪、眼痛、呛咳、咽部干燥等症状，应引起警惕。稍重时会头痛、气促、胸闷、眩晕。严重时会引起惊厥昏迷。

R.3.10.2 怀疑可能存在有害气体时，应立即将人员撤离现场，转移到通风良好处休息。抢救人员进入险区应戴防毒面具。

R.3.10.3 已昏迷病员应保持气道通畅，有条件时给予氧气吸入。呼吸心跳停止者，按心肺复苏法抢救，并联系医院救治。

R.3.10.4 迅速查明有害气体的名称，供医院及早对症治疗。

案 例 库

1. 下塔时误入同塔双回线带电侧横担触电死亡事故案例（AQ-3-001）

◎ **事故经过**

某年 2 月 26 日，某供电公司线路检修人员对某 110kV 东线进行停电检修，该线 1 号至 14 号塔与某 110kV 西线同杆架设，西线正常运行。当日上午 10 时 51 分，工作班完成某 110kV 东线 1 号、15 号塔挂接地线工作后，工作负责人刘某通知各小组开始上塔检修。熊某（死者、上塔人员）、王某（现场地面监护人员）所在的第二小组进行 5 号塔检修工作时，在熊某登塔前监护人王某面向大号侧，对熊某做了"左为西线带电、右为东线检修"的交代。熊某从 5 号塔 D 腿（靠停电线路侧）脚钉登塔，由下层往上层工作。5 号塔检修完成后，熊某通知王某塔上工作完成，王某确认之后没有继续再监护熊某下塔，而是开始检查 5 号塔的基础。11 时 12 分，王某正在检查 5 号塔 A 腿接地引下线时，听到放电声，发现熊某倒在未停电的西线中相横担上，身上已着火。后经医院抢救无效死亡。

◎**原因分析**

（1）5 号塔作业点专责监护人王某，违反《线路安规》第 5 章 5.3.11.4，未对 5 号塔上作业人员熊某下塔过程进行监护，未及时发现和制止熊某下塔时误入带电侧横担的危险动作。

（2）5 号塔塔上作业人员熊某，违反《线路安规》第 8 章 8.3.6，同杆塔架设部分停电检修作业，完成登检工作下塔时擅自进入同塔双回线路带电侧横担，接近有电部位触电。

（3）运维单位，违反《线路安规》第 8 章 8.3.5.1 规定，对同杆架设多回线路中的每基杆塔未设置相应的识别标记（色标、判别标识等）。

◎**正确做法**

某 110kV 东线与某 110kV 西线同杆架设的 1 号 ~5 号塔，应以不同颜色、文字等形式在其杆塔横担及塔身部位设置色标和判别标识。在同杆架设带电线路的某 110kV 东线 1 号～14 号段进行检修工作时，工作负责人刘某应根据待检修线路的识别标记，对应发给作业人员相同颜色或标示的识别标记。

2. 组塔过程中违章作业发生人身伤亡事故案例（AQ-3-002）

◎事故经过

×年×月×日，××送变电公司施工队队长甘某组织 23 名施工人员赴现场组立 500kV ××线 N2058 号塔。准备工作完成后，13 时 10 分左右，开始起吊横担，13 时 40 分铁塔横担起吊到位，绞磨停止牵引，控制风绳调整到位并固定好。随后，甘某指挥张某等五名高空作业人员上塔组装，五名高空作业人员陆续到达指定位置并拴好安全带。13 时 50 分左右，风力突然增大（超过 6 级），吊件（铁塔横担）控制风绳受力增加，左侧控制风绳转向滑车固定铁桩因受力过大突然上拔，风绳失控快速飞出，吊件受风力旋转摆动，快速冲击上曲臂，铁塔上、下曲臂受冲击首先从 K 节点处开始变形，使抱杆向大号侧快速倾斜、继而扭倒。因安全带拴于曲臂伸出的主材上，在抱杆扭倒过程中安全带滑落，致使张某从高空坠落死亡。其余四名高空人员随曲臂下坠，吊于曲臂构件上，1 人经抢救无效死亡，1 人重伤，2 人轻伤。

◎原因分析

（1）施工队队长甘某违反《线路安规》第 10 章 10.17、第 5 章 5.6.1，风力突然增大、超过 6 级时，未能根据天气情况变化及时停止露天高处作业。

（2）高空作业人员违反《线路安规》第 9 章 9.2.3，将安全带系于曲臂伸出的主材上，作业过程中可能造成安全带脱出。

（3）施工作业人员使用圆钢型铁桩固定控制风绳转向滑车，不能满足其受力要求，违反《线路安规》第 14 章 14.2、14.3，未牢固可靠埋设拴挂吊件控制风绳转向滑车的桩锚。

◎正确做法

作业现场应根据现场土质情况，选用钻桩或预埋桩锚固定控制风绳转向滑车。在 5 级及以上的大风天气下，应停止露天高处作业。

3. 登杆未系安全带高坠重伤事故案例（AQ-3-003）

◎ 事故经过

某年 7 月 12 日，某供电公司输电工区带电三班开展某 35kV 线路 1 号 ~ 30 号杆悬挂杆号牌工作。工作开始前工作负责人张某向工作班成员进行安全交底，完成了签字确认。工作班分 3 个小组进行工作，张某和郭某为一组，由张某负责监护，郭某登杆作业，工作任务是 21 号 ~ 30 号杆悬挂杆号牌。工作开始后由 21 号杆向大号侧方向顺序进行，15 时 15 分，郭某一人率先到达 30 号杆后，在未得到工作负责人的命令、无人监护的情况下自行登杆，登杆时未系安全带，且未双手抱杆。张某到达后，未制止郭某的违章行为，当郭某登杆至 3m 高时，左脚脚扣从杆上滑脱，致使郭某从杆上坠落，安全帽摔坏，头部右后侧出血，右肩部外伤。张某当即将伤者送往医院进行救治，医师诊断结果为郭某颈椎（第六节）骨折，构成重伤。

◎ 原因分析

（1）登杆作业人员郭某，违反《线路安规》第 10 章 10.1、10.10，使用脚扣登杆过程中未使用安全带，且未用双手抱扶电杆，失去安全保护。

（2）工作负责人（监护人）张某，违反《线路安规》第 5 章 5.3.11.4，监护不到位，未制止和纠正杆上作业人员的不安全行为。

（3）登杆作业人员郭某，违反《线路安规》第 5 章 5.3.11.5，在没有得到工作负责人命令、且无人监护情况下就开始登杆。

4. 误登带电线路杆塔触电坠落死亡事故案例（AQ-3-004）

◎ 事故经过

某年 1 月 26 日，某供电公司输电工区带电班对已停电的 110kV 东龙 463 线进行登杆（塔）检查作业。当天上午，工作负责人李某带领赵某、孙某等 8 名工作班成员到达作业现场。负责人李某指派赵某和孙某两人组成一个工作小组，其中赵某为小组负责人（监护人）。赵某和孙某两人前往本小组作业现场时，由于对山区丘陵地带现场环境不熟悉，将与110kV东龙463线路相距约250m的平行带电运行的110kV东山474线路误认为是110kV东龙463线路（且110kV东山474线路杆塔上原线路编号"110kV东龙464线"未清除，与新编号"110kV东山474线"共存）。小组负责人（监护人）赵某和作业人员孙某一起到达110kV东山474线路某铁塔处，赵某看到该铁塔上原线路杆塔号牌（"110kV东龙464线28号"）后，未仔细核对即认为该铁塔的线路为本次停电待检查的"110kV东龙463线"；孙某在未提出异议且未仔细辨识作业线路及杆塔编号的情况下，即开始登上110kV东山474线某铁塔准备进行检查作业。孙某在登塔检查过程中，因与带电导线安全距离不足造成触电，此时孙某安全带主保护及后备保护绳未系挂在铁塔上，触电后从高空坠落、死亡。

◎ 原因分析

（1）登塔作业人员孙某，违反《线路安规》第8章8.2.4、第10章10.10，登塔前未仔细辨认核对所登线路杆塔与停电检修线路的双重名称及杆塔号是否一致。违规登塔后未执行验电、接地措施，就直接进行导线检查工作，塔上作业过程中接近有电部位触电；又因防坠落安全保护措施缺失，触电后从铁塔高处坠落、死亡。

（2）小组负责人（监护人）赵某，违反《线路安规》第8章8.2.4、第5章5.3.11.2，将原运行编号"110kV东龙464线"未清除、与新编号共存的未停电的"110kV东山474线"，误认为是停电检修的"110kV东龙463线"；指挥孙某登上"110kV东山474线"28号铁塔前，未仔细核对确认所登线路杆塔与停电检修线路的双重名称及杆塔号是否一致；安全监护不认真，未制止登塔人员登上铁塔后在未执行验电、接地措施，也未系挂好安全带即进行导线检查工作的严重违章行为。

（3）工作负责人李某，违反《线路安规》第5章5.3.11.2，未正确组织工作，指派不熟悉作业现场环境和线路走向的赵某、孙某组成一个工作小组进行线路登杆塔检查作业。

（4）线路运维管理单位（某供电公司），违反《线路安规》第8章8.2.4，未及时清除"110kV东山474线路"的老旧编号，导致线路杆塔标识混乱、新旧编号共存；造成作业人员误判断。

5. 个人保安线接地端脱落感应电触电死亡事故案例（AQ-3-005）

◎事故经过

　　某年5月26日，某公司线路运检一队按计划对某500kV线路419号～735号杆塔进行绝缘子清扫和消缺工作。当日11时20分左右，运检一队工作人员金某根据电话许可，进行462号塔清扫作业。金某独自一人登塔并在A相横担上装设好个人保安线，在取工具包时，身体意外失去平衡，慌乱中右手抓住保安线（保安线有透明护套），保安线的接地端夹具从塔材上脱出，击中其左胸靠近心脏部位，形成感应电触电，造成休克。18时20分左右，周边群众发现塔上作业人员情况异常，通过电话通知运检一队有关人员赶到现场登塔检查后发现金某在系好安全带的情况下，仰躺在A相横担头上，保安线接地端夹具位于胸口部位，已经死亡。

◎原因分析

　　（1）登塔作业人员金某，违反《线路安规》第6章6.5.2，未对个人保安线接地端夹具进行牢固可靠的连接。

　　（2）登塔作业人员金某，违反《线路安规》第8章8.2.4，第5章5.5.2、5.3.11.4，在无人监护情况下独自一人进行绝缘子清扫及消缺作业。

　　（3）登塔作业人员金某，违反《线路安规》第8章8.4.1，在500kV线路杆塔上停电作业，但邻近高压线路运行，有明显感应电触电危险时，未按规定穿戴相应电压等级的全套屏蔽服。

6. 立塔时吊件缆风绳接近邻近运行线路人员灼伤和线路跳闸事故案例（AQ-3-006）

◎事故经过

　　某年3月29日上午，某送变电公司实施某500kV线路138号铁塔组立作业。8时30分，工作负责人王某，施工作业人员周某、张某等进入作业现场。受现场一处池塘的限制，为不影响施工，工作负责人王某擅自指挥作业人员在邻近运行的某500kV 5267线下方设置吊件缆风绳用的地面转向滑轮，并指定周某、张某控制吊件缆风绳。138号铁塔组立作业开始后，在上右横担组件提升至距就位处 5m 左右时，吊件的缆风绳与上方运行的某 500kV 5267 线接近，造成 5267 线左边导线对缆风绳放电，致使正在控制吊件缆风绳的周某和张某面部被电弧大面积灼伤；此外，还造成运行的 5267 线路跳闸。

◎原因分析

（1）工作负责人王某和运维、施工单位，违反《线路安规》第 5 章 5.2.2，本次施工作业前的现场勘察不认真，未能发现某 500kV 线 138 号铁塔组立现场有较大面积池塘、影响转向滑轮正常设置的特殊环境，以及铁塔组件起吊作业邻近某 500kV 5267 运行线路等情况；没有根据上述特殊环境和铁塔组件吊装时吊件的缆风绳与邻近带电部位不能保持最小安全距离等实际情况（能保持 8.5m 及以上距离时，邻近运行线路可不停电；实际距离小于 6.0m，应将邻近运行线路停电并接地），采取申请将邻近运行线路停电后再进行 138 号铁塔组立吊装作业的施工方案。

（2）工作负责人王某，违反《线路安规》第 8 章 8.2.1、8.2.2，在现场擅自指挥施工人员在运行的某 500kV 5267 线路下方地面违规设置转向滑轮，并指定周某、张某两人负责控制铁塔组装吊件的缆风绳。在吊装铁塔上右横担组件时该缆风绳与上方运行 5267 线路带电部位的距离小于 6m（《线路安规》表 4 规定：邻近 500kV 运行线路的作业，与带电部位不能满足 6.0m 安全距离时，运行线路应当停电并接地），在缆风绳接近 5267 线路左边相导线时带电部位对缆风绳放电，导致周某、张某面部灼伤，运行的 5267 线路跳闸。

（3）施工作业人员周某、张某，违反《线路安规》第 8 章 8.2.1、8.2.2，盲目听从工作负责人王某的指挥，违规在运行的某 500kV 5267 线路下方设置转向滑轮，周某、张某违规控制与 500kV 5267 线路带电部位不满足 6.0m 安全距离的缆风绳，在吊装上右横担组件、提升至距就位处 5m 左右时，两人控制的缆风绳接近 5267 线路左边相导线，带电部位对缆风绳放电，引发本次事故。

（4）工作负责人王某，违反《线路安规》第 5 章 5.3.11.2，安全意识薄弱，未能正确安全组织工作，未能对现场作业实施有效的安全监督，在缆风绳接近运行 500kV 5267 线路并与带电部位不能满足安全距离前，未能及时发现并停止作业。

7. 提升钢丝绳弹向同塔运行线路造成线路跳闸事故案例（AQ-3-007）

◎事故经过

某年 3 月 25 日，某送变电公司进行某 220kV 2847 线 1 号 ~ 4 号塔耐张段停电更换导线施工（新导线已于前一天展放结束，锚固在 1 号塔大号侧；同塔双回 220kV 线路另一侧线路未停电）。当日上午 7 时 20 分，施工负责人蔡某和王某、张某等施工人员进入作业现场，蔡某安排王某登塔，张某在地面配合。王某上塔后在 1 号塔内角侧横担处系挂好单滑轮，准备使用传递绳将牵引钢丝绳一端从地面提升到塔上并穿入滑轮。之后，王某在塔上用手拉动（提升）牵引钢丝绳，张某在地面负责配合控制牵引钢丝绳（防止钢丝绳弹向同塔另一回路带电运行线路）。在提升钢丝绳过程中，7 时 25 分，几名村民进入作业现场阻挠施工并拉扯地面配合传递并控制牵引钢丝绳的张某，张某无法继续工作。7 时 29 分，张某在劝离阻挠作业的村民时，暂离作业位置（未告知塔上作业的王某）。此时，塔上作业的王某在地面无人配合控制的情况下，向上拉动牵引钢丝绳，地面无人控制的钢丝绳在提升时快速弹向同塔架设另一侧带电运行的某 220kV 2834 线路，造成该线路故障跳闸。

◎原因分析

（1）作业人员王某、张某，违反《线路安规》第 8 章 8.3.8，同塔双回 220kV 线路另一侧未停电情况下，在停电线路一侧进行向塔上挂点处提升牵引钢丝绳时，未能始终保持钢丝绳与另一侧运行线路间距离满足《线路安规》表 4 规定的 4.0m 的要求；地面配合拉动提升钢丝绳（控制、防止钢丝绳弹跳到运行线路上）的张某，为劝离进入作业现场阻挠作业的村民而离开工作岗位，离开前未告知塔上王某暂停向上拉动牵引钢丝绳，并未在地面将钢丝绳予以固定后再离开；塔上作业人员王某，未核实地面配合人员的防弹跳措施是否全过程执行，在地面无人控制钢丝绳下端的情况下，用力向塔上拉动牵引钢丝绳，钢丝绳弹向同塔架设另一侧带电线路造成跳闸。

（2）工作负责人（监护人）蔡某，违反《线路安规》第 5 章 5.3.11.2，安全监护不到位，未及时制止地面和塔上人员提升牵引钢丝绳过程中的违章行为。

8. 违规组立抱杆造成倾倒人身伤亡事故案例（AQ-3-008）

◎事故经过

某年5月3日，某公司施工队按计划赴现场组立某 ±800kV 线路 2831 号塔，因民事纠纷受阻，队长李某未经施工项目部允许，擅自更改施工计划，转运抱杆进入计划外的 2833 号塔现场，进行抱杆组立。到达现场后，李某采取了整体组立抱杆下段，再利用抱杆顶部的小抱杆（角钢）接长主抱杆的施工方法（按照施工方案要求，组立抱杆应执行先整体组立抱杆上段，然后利用组装好的下段塔材提升抱杆的施工方法），开始指挥施工人员进行抱杆地面组装，同时在水田中设置钻桩，未使用已预先埋设完成的地锚固定抱杆临时拉线，拉起在地面组装完成的 23.6m 抱杆后，张某等 3 名作业人员登杆继续组立剩下的 4 节抱杆。16 时，在吊装第 3 节抱杆时，装设在水田中的 B 腿钻桩被拔出，抱杆向 D 腿方向倾倒，在抱杆上作业的张某等 3 名施工人员随之摔落，并被抱杆砸中，经抢救无效死亡。

◎原因分析

（1）施工作业人员，违反《线路安规》第 14 章 14.2.2.1、14.2.7，抱杆临时拉线未使用已埋设完成的地锚，违反施工方案中严禁在水田里设置钻桩的安全措施要求，违规设置钻桩。

（2）工作负责人李某，违反《线路安规》第 5 章 5.3.11.2，擅自更改施工计划，违章指挥作业人员违反施工方案要求进行作业。

（3）施工作业人员，违反《线路安规》第 4 章 4.5，未拒绝和纠正工作负责人的违章指挥行为。

9. 脚钉缺失下塔坠落死亡事故案例（AQ-3-009）

◎事故经过

某年3月19日，某公司送电工区检修班进行某 220kV 线路春检清扫工作。马某和颜某为一组，由马某负责监护，颜某登塔作业，工作任务是检查设备、清扫绝缘子。颜某登上该线路 38 号塔（塔上有固定的攀登用脚钉）进行作业，工作结束后，从距地面 20m 横担上沿另一侧脚钉下塔，过程中未使用安全带的后备保护绳。14 时 10 分，颜某在距地面 12m 处，因缺少 1 个脚钉，不慎左脚踏空，从高空坠落，经抢救无效死亡。

◎ 原因分析

（1）登塔作业人员颜某，违反《线路安规》第 9 章 9.2.2，登塔和下塔前未认真检查脚钉，未及时发现脚钉缺失。

（2）运维单位未按《线路安规》第 10 章 10.10 规定，对 220kV 线路杆塔设置作业人员上下杆塔的防坠安全保护装置。

（3）登塔作业人员颜某，违反《线路安规》第 9 章 9.2.3、第 16 章 16.2.2，上下塔时未逐档检查脚钉是否牢固，且未使用安全带和后备保护绳，失去安全保护。

（4）工作监护人马某，违反《线路安规》第 5 章 5.3.11.4，未及时发现脚钉缺失并告知被监护人，未及时纠正作业人员的不安全行为。

10. 线路紧线倒杆导致人身伤亡事故案例（AQ-3-010）

◎ 事故经过

某年 12 月 11 日，某公司进行新建 35kV 输电线路 A 相紧线工作（7 号耐张 π 杆至 8 号耐张 π 杆间 A 相导线已挂在 7 号耐张 π 杆上，另两相导线已架设完毕）。当日 11 时 35 分，组长（工作负责人、监护人）沈某带领敖某、钟某等施工人员到达 8 号耐张 π 杆施工现场，在 8 号杆（耐张 π 杆）横担两端紧线方向打好两根临时拉线，并检查牢固后（未检查 8 号杆沿线路转角反方向原已设置的 5 根永久拉线及锚固情况），安排敖某、钟某两人负责 8 号杆杆上紧线作业。12 时 19 分，在完成 8 号杆 A 相导线紧线并安装耐张线夹后，沈某检查各处拉线、转向滑车等受力无异常，遂下令松开绞磨、检查导线弧垂情况。12 时 20 分，8 号杆受力后开始向 7 号杆方向倾斜、受力的两根内角（永久）拉线松动，随后固定两根临时拉线的钻桩受力后被拉出地面、固定紧线钢丝绳转向滑车的小松树受力后被连根拔起，8 号杆随即迅速向 7 号杆方向倾倒。8 号杆杆上作业人员钟某倒杆时来不及解开安全带，随杆坠落，后经医院抢救无效死亡；另一杆上人员敖某因已解除安全带准备下杆，在电杆倾倒着地的瞬间脱离电杆跳到地面，仅受轻伤。

事后调查发现 8 号杆（耐张 π 杆）内角拉线的地锚设置在地质松散的斜坡上，紧线钢丝绳转向滑车固定在直径为 12.3cm 的小松树上，电杆拉线与横担水平夹角误差 10°（电杆拉线的实际角度与理论设计角度误差 10°），紧线用临时拉线对地夹角偏大。

◎ 原因分析

（1）工作负责人（监护人）沈某和杆上作业人员敖某、钟某，违反《线路安规》第 9 章 9.2.1，在新立水泥电杆上进行紧线作业前未检查杆基是否完全牢固、拉线是否足够和完好、拉线的地锚或钻桩埋设是否可靠等。

（2）工作负责人（监护人）沈某，违反《线路安规》第 9 章 9.4.5，紧线作业前未认真检查拉线、桩锚及电杆等防倒杆措施是否满足要求；未能发现 8 号杆（耐张 π 杆）永久拉线与横担水平夹角误差 10°、临时拉线对地夹角偏大、内角（永久）拉线埋设地锚处地质松散等安全隐患；在未消除隐患并确认永久拉线、临时拉线及桩锚等符合安全要求情况下，就冒险进行紧线作业。

（3）相关作业人员，违反《线路安规》第 14 章 14.2.14.2，违规将转向滑车固定在不可靠的小松树根部。

（4）线路运维管理单位（某供电公司），对新建线路质量管控不力，未及时发现并纠正施工方将该新建 35kV 线路的 8 号杆（耐张 π 杆）内角拉线的地锚设置在地质松散的斜坡上以及电杆永久拉线与横担水平夹角误差 10° 等隐患。

11. 误登同杆架设带电线路触电死亡事故案例（AQ-3-011）

◎ 事故经过

某公司线路工区维护班计划处理某 110kV 148 线路 36 号杆处的接地故障（该线路与某 110kV 146 线全线同杆架设，其中 148 线位于上方、146 线位于下方）。申报线路停电时，维护班误认为下层线路为 148 线，仅申报了 148 线路停电。5 月 25 日 8 时 30 分，工作负责人赵某与作业人员钱某、孙某等到达故障点 36 号杆。调度将 148 线路停电后，许可现场工作（实际上，此时位于下方的 146 线路并未停电）。赵某现场宣读工作票并进行安全交底后，钱某登杆，到达位于下层的 146 线 B 相横担处，误认为是 148 线路的故障点。钱某在未验电、未装设接地线的情况下，就开始处理绝缘子串闪络缺陷，导致触电、抢救无效死亡。

◎原因分析

（1）工作票签发人、工作负责人，违反《线路安规》第 5 章 5.2.2，未认真组织现场勘查，不熟悉工作范围内的设备情况，错误地将位于下方的 146 线认为是 148 线，导致在申请停电时，未将实际位于下方的 146 线配合停电。

（2）工作负责人赵某，违反《线路安规》第 8 章 8.3.5.3，在未验明线路确已停电并装设好接地线的情况下，即下令开始工作。工作负责人、工作班成员，违反《线路安规》第 6 章 6.3.1、6.4.1，作业前未对检修线路进行验电和装设接地线。

（3）杆上作业人员钱某，违反《线路安规》第 8 章 8.3.5.5，登杆前未认真核对停电线路双重名称和位置，未及时发现 148 线路的位置与当日实际工作任务不对应；也未在登杆至横担处时，再次核对停电线路的双重称号，误登有电线路触电。

12. 使用有缺陷验电器导致触电死亡事故案例（AQ-3-012）

◎事故经过

某年 9 月 21 日，某公司送电检修二班开展 110kV 泽岭 180 线 1 号 ~ 74 号塔检修工作。上午 8 时 30 分，工作负责人陈某带领工作班成员马某、张某准备验电、装设接地线，当到达双回路同塔架设的 110kV 泽岭 180 线、泽太 181 线 1 号塔时，马某查看杆号牌与停电工作线路一致，认为是待装设接地线的杆塔，而陈某则认为该处线路近期改线较多、杆号牌可能未及时更换，停电线路应该是山上另一双回线路。马某虽然提出了异议，但未坚持自己的观点，于是一同到达位于山上的 110kV 泽松 182 线 1 号塔。马某携带自检正常的普通电容验电器，登塔后在当时正在运行的 110kV 泽松 182 线上验电，验电器未报警，即认为该线路无电，于是开始安装接地线。接好接地端后，马某在挂接导线端时触电，经抢救无效死亡。事后调查确认，当时使用的验电器质量存在问题，虽然自检完好，但在 110kV 带电设备上验电时不报警。

◎ 原因分析

（1）工作班成员马某，违反《线路安规》第 6 章 6.3.2，使用普通的电容型验电器验电前，未先在有电设备上进行试验，确认验电器良好（或者未使用全回路自检验电器，且在验电前自检完好；公司规定，在输电和配电线路上工作，必须使用全回路自检验电器）。

（2）工作负责人、工作班成员违反《线路安规》第 8 章 8.2.4，未仔细核对待检修线路的名称、杆号并确认无误。

13. 非工作班成员登塔触电死亡事故案例（AQ-3-013）

◎ 事故经过

某年 6 月 25 日，某公司送电工区带电班对 110kV 木瓦线 56 号塔进行带电安装防绕击避雷针作业（该塔塔型为直线、猫头型，呼高 23m）。当日 10 时 30 分，作业人员到达现场，工作负责人杨某组织开工准备工作，宣读工作票、布置工作任务、落实现场安全措施。11 时 10 分，现场准备工作完成，开始作业，工作负责人杨某负责监护，工作班成员郑某、陈某登塔作业，其他人员地面配合。11 时 15 分，郑某、陈某在塔上安装防绕击避雷针过程中，安装出现问题，杨某指定王某上塔协助处理（王某是本次工作票签发人、非工作班成员），王某随即登塔。在王某攀登杆塔的过程中，现场人员突然听见放电声，随后看见王某从塔上坠落地面，经抢救无效死亡。

◎ 原因分析

（1）工作负责人杨某，违反《线路安规》第 5 章 5.3.11.2，未正确、安全地组织工作，指定非工作班成员上塔工作。

（2）当事人王某，违反《线路安规》第 8 章 8.1.1，在攀登带电线路杆塔时，未与带电导线保持《线路安规》表 3 规定的最小安全距离（110kV 安全距离为 1.5m）。

（3）工作负责人杨某，违反《线路安规》第 5 章 5.5.1，未对带电线路杆塔上作业人员认真监护，及时提醒其与带电导线保持安全距离。

（4）工作班成员，违反《线路安规》第 5 章 5.3.11.5，未做到相互关心，及时制止非工作班成员登塔作业。

14. 两人违规沿软梯下降一人坠落伤亡事故案例（AQ-3-016）

◎事故经过

　　某年5月12日，某供电公司送电工区对某500kV线路进行停电检修作业。当日13时20分，工作负责人周某带领作业人员邢某、乌某等进入该线路103号塔现场，按作业计划准备对103号塔的合成绝缘子加装重锤片。13时40分，准备工作完成后，周某开始指挥高空作业人员邢某、乌某登塔作业。登到塔上横担处再沿软梯下降至导线端绝缘子处，邢某在先、乌某紧随其后，13时50分，因同时沿软梯下降软梯受力过大开始摆动，就在邢某脱离软梯下至导线端的同时，乌某从摆动更大的软梯上脱手（从33m高处）坠落至地面，经医院抢救无效死亡。

◎原因分析

　　（1）高空作业人员邢某、乌某，违反《线路安规》第10章10.20，在使用软梯进行高空作业时，两人违规同时沿软梯下降；违反《线路安规》第9章9.2.3，在铁塔上转位（沿软梯从塔上横担处下降到绝缘子作业点）时，未落实防高坠安全后备保护措施。

　　（2）工作负责人（监护人）周某，违反《线路安规》第5章5.5.1，未对高空作业人员实施有效的安全监护，没有及时纠正两名高空作业人员同时沿软梯下降的危险动作及下降转位过程中未使用安全带后备保护绳的违章行为。

15. 高处作业失去安全保护坠落伤亡事故案例（AQ-3-017）

◎事故经过

　　某年7月29日，某公司输电工区进行某110kV线路更换绝缘子工作。当日10时40分，带电一班成员桑某（专责监护人）、蒙某（高处作业人员）到达100号塔作业现场。完成准备工作后，桑某在塔下负责监护，蒙某登塔作业。11时40分，在更换100号耐张塔C相绝缘子串时，跨坐在绝缘子串上工作的蒙某面向横担方向收紧紧线双钩。收钩操作完成后，蒙某解开系绕在绝缘子串和双钩上的安全带主保护绳，往导线侧后退移位。在后退过程中，蒙某因年龄偏大（50岁），又在正午炎热天气下长时间工作，体力不支，随即失去平衡，因无后备保护，从绝缘子串上坠落地面，坠落高度约12m。12时20分，医护人员到达现场抢救无效，确认蒙某已死亡。

◎原因分析

（1）高处作业人员蒙某，违反《线路安规》第9章9.2.4、第10章10.10，在塔上距地面12m高处进行更换绝缘子串作业时，违规使用没有后备保护绳的安全带；转移作业位置时，解开安全带，失去防坠安全保护。

（2）专责监护人桑某，违反《线路安规》第5章5.3.11.4规定，未认真履行监护职责，未及时发现并纠正高处作业人员解开安全带、未使用安全带后备保护绳等违章行为。

（3）工作负责人，违反《线路安规》第5章5.3.11.2，未正确安全地组织工作，盲目赶工期；未根据天气状况和作业人员身体状况合理安排工作。

（4）工作票签发人，违反《线路安规》第5章5.3.11.1，人员安排不合理，所派高处作业人员年龄偏大，不适宜在炎热天气下长时间工作。

16. 误登平行带电线路触电重伤事故案例（AQ-3-018）

◎事故经过

某年9月12日，某公司送电工区工作班进行35kV水川线1号～31号杆停电清扫、消缺工作。当日11时35分，工作负责人赵某带领工作班成员王某等到达作业现场（王某为三个月前转岗人员，原为驾驶员，经短期培训后上岗工作）。在准备工作完成后，王某在无人监护的情况，误登与水川线邻近平行的带电水顾线6号杆。11时45分，王某上杆后系好安全带，开始清扫B相绝缘子时，B相导线对其放电，导致王某触电，被安全带挂在横担处。11时50分，紧急拉停35kV水顾线，现场人员上杆进行施救。后经医院抢救，发现王某全身灼伤严重并多处骨折，致使双前臂截除、右小腿截除。

◎原因分析

（1）工作班成员王某，违反《线路安规》第 5 章 5.3.11.5、第 8 章 8.2.4，对工作内容、危险点、相应的安全措施不熟悉，未对自己在工作中的行为负责；在邻近平行线路带电运行且无人监护情况下，登杆时未核对停电检修的线路名称、杆号，误登带电线路，进行绝缘子清扫作业时触电。

（2）工作负责人赵某，违反《线路安规》第 4 章 4.4.3、第 5 章 5.3.11.2，人员安排不合理，指派新参加电气作业的王某单独工作；未正确组织工作，未对王某实施监护，未能及时纠正王某的不安全行为。

17. 线路拆旧接近带电线路导致人身伤亡事故案例（AQ-3-019）

◎事故经过

某年 3 月 16 日，某物资回收公司组织施工队进行某供电公司原 220kV 2202 线路 5 号 ~ 11 号塔导线拆旧回收工作（邻近的 220kV 2201 线路正常运行）。17 时左右，当日工作结束，供电公司配合人员电话通知回收公司现场工作负责人金某当天工作结束，要求现场工作监督人和作业人员等撤离现场。18 时左右，在现场工作监督人员已撤离现场的情况下，金某等施工作业人员为防止当天未收尽导线被盗，擅自决定进入现场继续进行撤线及回收工作。在撤收 220kV 2202 线路 A 相导线（邻近运行的 220kV 2201 线路边相导线）时，将牵引导线的单滑轮违规挂在不稳定的 9 号铁塔 A 相悬式绝缘子底部。18 时 25 分，在撤线回收 A 相导线时单滑轮偏转卡死，现场作业人员违规采用多人用力硬拉导线的错误方法，致使导线从滑轮中脱出后弹向邻近带电的 2201 线路边相，运行线路对脱出的导线放电，造成 2201 线路跳闸，并致拉拽导线的 7 名作业人员被电弧烧伤。送医院抢救后，伤者中有 3 人因伤势过重死亡，另有 4 人重伤。

◎原因分析

（1）回收公司现场工作负责人金某，违反《线路安规》第 5 章 5.3.11.2、第 8 章 8.3.9 和 8.2.2、第 6 章 6.4.6，在当日计划工作结束、安全监督人员离开现场后，擅自带领本公司人员回到现场继续进行旧线路塔上撤线作业，且现场安全措施不齐全、不完备；作业时，未采取措施防止导线由于摆（跳）动或其他原因而与带电导线接近至危险距离以内；在邻近220kV线路带电的情况下，未采取有效措施使拆除导线与带电线路导线间保持大于《线路安规》表4规定的4.0m安全距离，也未将作业导线接地；拆除A相导线时将牵引导线的单滑轮违规挂在不稳定的9号铁塔A相悬式绝缘子底部，在撤线过程中该滑轮偏转卡死后，未松线处理、也未在导线上设置防止导线向运行线路方向摆动、弹跳的控制缆风绳，而是违规指挥多人硬拉导线，造成导线从滑轮中脱出并弹向邻近带电的2201线路，导致3死4伤触电及2201线路跳闸事故。

（2）回收公司现场作业人员，违反《线路安规》第5章5.3.11.5、第14章14.2.14.2、第8章8.2.2、第6章6.4.6，盲目听从现场负责人金某的违章指挥，违规进入作业现场、违章作业，未履行互相关心责任，未制止相关作业人员的违章行为；相关人员未将收线牵引导线的单滑轮固定牢固，也未采取封口措施防止导线弹出；松撤导线时致滑轮偏转卡死后，未松线处理也未用缆风绳控制防止导线弹向运行线路，多人硬拉导线，导线从滑轮中脱出弹向邻近2201运行线路，导致本次触电伤亡及线路跳闸事故。

18. 同塔多回线路检修接近带电线路触电事故案例（AQ-3-020）

◎事故经过

某年4月10日，某供电公司线路工区检修班进行某110kV 211线检修及旧导线更换工作（该线路21号～50号塔与某110kV 296线、某110kV 215线同塔架设，其中296线位于下方左侧、215线位于下方右侧，本次检修的211线位于上方右侧；作业前已对下方右侧的215线执行停电，但未对下方左侧296线停电）。当日8时30分，工作负责人赵某带领李某、孙某等施工人员进入30号塔现场。8时45分，现场准备工作完成，李某、孙某开始登塔作业，赵某在塔下进行监护。9时30分，作业现场开始起风，导线产生摆动，已影响作业，李某提出暂停工作，赵某示意李某加快工作进度，待完成后尽快撤离现场，李某未再坚持。9时40分，李某、孙某开始将拆下的旧导线缓慢从塔上松撤至地面。此时，现场一阵超过6级强风吹过，旧导线被吹向下层左侧带电的296线，并与下相导线接近放电，导致李某、孙某触电。李某触电后倒在横担上，身上起火；孙某坠落，被安全带挂在横担上。现场人员随即将二人从塔上救下，紧急送往医院救治，李某因双臂严重烧伤被截肢，孙某抢救无效死亡。

◎ 原因分析

（1）线路运维管理单位（某供电公司），在申报停电计划时违反《线路安规》第8章8.3.9，在同杆塔架设多回线路上层线路停电进行更换导线工作，下层两条运行线路仅停了同一侧的110kV 215线，另一侧110kV 296线路未停电。

（2）工作票签发人，违反《线路安规》第5章5.3.11.1，违规签发停电范围不满足安全要求的线路第一种工作票。

（3）工作负责人赵某，违反《线路安规》第8章8.3.2、8.3.9，在6级大风时未停止同杆多回线路中更换导线工作。在大风情况下撤线时，未采取有效措施防止导线摆动接近带电线路。

（4）塔上作业人员李某、孙某，违反《线路安规》第4章4.5，大风天气下，未拒绝工作负责人的违章指挥和强令冒险作业。

19. 撤线作业时架空地线弹跳致交跨线路跳闸事故案例（BB-3-001）

◎ 事故经过

某年12月13日至15日，某供电公司计划进行110kV开龙1700线停电改造，工作任务是更换全线路1号～55号杆架空地线。施工前设备运行管理单位未组织外来施工单位进行现场勘查。14日13时，工作负责人王某带领施工作业人员到达现场进行工作准备，随后宣读作业计划并进行安全交底（当日下午的工作任务是进行110kV 1700线7号～12号杆耐张段地线改造；其中10号～11号杆间导线从220kV龙双2208线15号～16号杆导线下方穿越）。13时30分，开始更换2208线15号、16号杆导线下方110kV开龙1700线的右侧架空地线，在撤线牵引时，该线10号、11号杆架空地线被树枝卡住。13时50分，由于作业人员用力拉拽被卡的松脱架空地线，致使该段架空地线向上弹跳、接近上方带电运行的220kV龙双2208线15号、16号杆A相导线，带电导线对架空地线放电，造成220kV龙双2208线路跳闸。

◎ 原因分析

（1）设备运维管理单位（某供电公司）以及工作票签发人、工作负责人，违反《线路安规》第 5 章 5.2.1、5.2.2，未组织外来施工单位进行现场勘察；不熟悉作业现场的条件、环境等，未能根据勘察结果确定作业需要停电的范围、保留的带电部位和主要危险点，也没有针对性制定可靠的施工安全措施。

（2）现场作业人员，违反《线路安规》第 8 章 8.2.3，上层运行线路未停电情况下更换下方穿越架空地线撤线牵引时，未能确保下方线路架空地线与上方运行 220kV 线路保持至少 4m 的安全距离；当下方线路的架空地线撤线牵引过程中被树枝卡住时，采用多人拉拽被卡松脱架空地线的错误方法，致架空地线向上弹跳接近上方 220kVA 相导线，带电部位对架空地线放电，造成 220kV 龙双 2208 线路跳闸。

（3）工作负责人王某，违反《线路安规》第 5 章 5.3.11.2、第 8 章 8.2.3、第 9 章 9.4.1，未能正确组织本次作业，在更换穿越上方有运行线路的架空地线（撤线牵引作业）时，没有制定并执行撤线牵引时下方线路的架空地线与上层带电导线保持《线路安规》表 4 安全距离（220kV 为 4m）的控制措施；撤线作业未设专人传递信号，现场安全监护不力，未制止现场作业多处违章行为。

◎ 正确做法

施工前，设备运维管理单位和工作票签发人、工作负责人，应组织外来施工单位进行现场勘察，针对现场实际情况采取可靠的安全措施，将有可能影响施工安全的树木清除，撤线过程中应匀速牵引，同时在撤线区段特别是重要交跨档设专人看守，发现架空地线被卡后及时传递信号停止牵引，并匀速松线处置卡线异常。为防止在处置过程中架空地线反弹跳跃而接近或接触上部交跨的带电导线，应由专人使用绝缘绳对架空地线加以控制。

20. 线路改造未经许可攀登未停电电杆触电烧伤事故案例（BB-3-002）

◎ 事故经过

某年 5 月 23 日，某供电局工程处将运行的某 35kV 线路升压改造为 110kV 线路。工程处办理一张工作票后分三组工作，施工三班为第三组，其工作任务是为 81 号～ 110 号杆加装绝缘子，其中 97 号电杆加装架空地线支架，将导线横担升高。安全措施是在 81 号、110 号杆分别挂设一组接地线。

当日上午 8 时，第三组人员到达 97 号杆后，同一组的某务工人员向小组负责人张某反映线路已停电，张某在未得到总负责人许可、未验电、未在工作地段两端挂接地线的情况下，安排王某登杆作业、李某在地面配合工作。王某登上 97 号杆横担处系好安全带后，在放小绳的过程中小绳触碰到带电导线，导致王某被电弧击伤倒挂在空中。经医院诊断，王某多处烧伤。

◎ 原因分析

（1）登杆作业人员王某，违反《线路安规》第 6 章 6.3.1、6.4.1，盲目听从小组负责人违章指挥，违规登杆后，未对线路进行验电、挂接地线即开始向下松放传递绳，传递绳下端触碰有电导线，造成本人触电。

（2）小组负责人张某，违反《线路安规》第 5 章 5.3.8.2、5.3.11.2，多小组工作未使用工作任务单，未经工作总工作负责人许可，轻信他人（某民工）线路已停电的不实消息，违章指挥本小组人员登杆作业；作为小组负责人（监护人）监护不到位，未制止登杆人员王某在未验电、未挂接地线情况下即开始作业的违章行为。

（3）总负责人（线路第一种工作票负责人），违反《线路安规》第 5 章 5.3.8.2，一张工作票下设三个小组施工作业，未使用工作任务单。

◎ 正确做法

使用一张线路第一种工作票下设多个小组工作时，应使用工作任务单。工作任务单一式两份，由工作票签发人或工作负责人签发，一份由工作负责人留存，一份交小组负责人执行，工作任务单由工作负责人许可。工作结束后，由小组负责人交回工作任务单，向工作负责人办理工作结束手续。

工作负责人通知小组负责人线路已停电后，小组负责人监护本小组人员登上 97 号杆对线路进行验电，确认线路停电后再在工作地段两端装设接地线。接地线装设完毕向工作负责人汇报，工作负责人向小组负责人许可工作任务单，小组负责人向本小组人员进行安全交底，组织开展作业。

21. 漏拆接地线带地线送电事故案例（BB-3-003）

◎ 事故经过

某年 9 月 12 日，某公司开展 220kV 韶朗线新建工程放线施工，该线跨越 110kV 石龙线 14 号塔和 65 号塔，施工前需先进行解口作业（先将被跨越的 110kV 线路导线放至地面，待新建 220kV 线路导线展放通过后再将 110kV 线路恢复原状）。当日上午 8 时，工作负责人陶某办理工作票后到现场进行准备工作。8 时 30 分，陶某接到停电许可开工命令，随即安排人员在某 110kV 石龙线 13 号塔小号侧、16 号塔大号侧、64 号塔小号侧、66 号塔大号侧四处各安装一组工作接地线。9 时 15 分，开始进行 110kV 石龙线 14 号塔和 65 号塔处的解口作业。因两处解口点相距较远，陶某本人在 65 号塔处监督，指定顾某为 14 号塔处工作小组负责人。14 时 50 分，65 号塔处解口作业完成（拆除了 64 号塔小号侧、66 号塔大号侧装设的工作接地线，作业人员全部撤离），同时陶某得到顾某汇报 14 号塔作业结束、接地线已拆除，但未进一步确认装设的工作接地线是否已全部拆除（事实上 13 号塔小号侧接地线未拆除），便向许可人办理工作票结束手续，汇报调度工作已结束、接地线已拆除，线路具备送电条件。16 时，110kV 石龙线恢复送电时，造成带地线合闸送电恶性误操作事故。

◎ 原因分析

（1）110kV 石龙线 14 号塔处作业小组负责人顾某，违反《线路安规》第 5 章 5.7.1，未检查核实 110kV 石龙线 13 号塔小号侧、16 号塔大号侧两组工作接地线是否已全部拆除，便向工作负责人汇报工作已完成，接地线已拆除（实际上 13 号塔小号侧接地线并未拆除）。

（2）工作负责人陶某，违反《线路安规》第 5 章 5.7.1，接到小组负责人顾某 110kV 石龙线 14 号塔处作业工作结束、接地线拆除汇报后，未核实 65 号塔两侧接地线以外的 13 号塔小号侧、16 号塔大号侧两组工作接地线是否确已全部拆除，便向许可人办理工作票终结手续，向调度报告工作结束、具备送电条件，导致本次带地线合闸送电恶性误操作事故。

◎ 正确做法

小组负责人顾某在工作结束后，应实地核查 110kV 石龙线 13 号塔小号侧、16号塔大号侧两组接地线确已拆除，方可向工作负责人汇报"小组工作结束""接地线全部拆除"。工作负责人陶某接到小组负责人"工作终结报告"时，应进一步向小组负责人核实接地线状态、人员是否全部撤离等关键信息，确认无误后方可办理工作票终结手续，报告调度工作已全部结束、工作班在线路上装设的所有接地线均已拆除、线路可恢复送电。

22. 撤除跨越铁路线路作业火车头拉拽导线倒杆伤人事故案例（BB-3-004）

◎事故经过

某年8月16日，某供电公司施工班根据工作安排，拆除已报废的110kV苏东线45号~48号杆间导线（其中45号、46号杆间导线跨越铁路）。当日19时30分，工作负责人张某带领6名工作班成员到达工作现场，根据工作票向工作班成员交代工作任务和安全措施（铁路供电专线已停电，拆除的下落导线不能触及铁道，先拆除45号、46号杆之间导线，后拆除其他杆导线），随后安排吴某上45号杆拆线，其他人员收取导线。吴某登上45号杆拆完第一根导线后，一列火车从东向西驶来，火车头挂住已松下但未与电杆脱离的导线，将45号电杆拉断倒向铁路侧，电杆的横担支撑在铁路路基处，杆上人员吴某右手背和右小腿擦伤，构成轻伤。

◎原因分析

（1）工作负责人张某，违反《线路安规》第5章5.3.11.2，未正确组织工作，工作票中所列安全措施和跨越铁路撤线施工方案中缺少防止松下导线可能落在铁路上、引发倒杆风险措施的内容；违反《线路安规》第9章9.4.2，没有在拆除跨越铁路线路前搭设好可靠的跨越架并经铁路主管部门验收后进行线路拆除施工，也未在路口设专人持信号旗看守，传送信号。

（2）杆上撤线人员吴某和其他收取导线人员，违反《线路安规》第9章9.4.2，松下但尚未与电杆脱离的导线，未与通过的火车保持足够的垂直安全距离，行驶中的火车头挂住导线将45号杆拉断，吴某随杆坠落受伤。

◎正确做法

针对跨越铁路（非电气化电路）撤线作业，要在铁路交跨点施工处搭设牢固的跨越架，跨越架架面与铁路轨道最小水平距离为 2.5m，封顶杆与轨顶最小安全距离为 6.5m，跨越架顶部设置红白相间的挂胶滚筒或挂胶滚筒横梁，两侧架体上悬挂"跨越施工，禁止攀登！"警示标牌。在作业开始前再次检查跨越架牢固情况，撤线过程中设专人统一指挥。

23. 线路作业漏拆接地线带地线送电事故案例（BB-3-005）

◎事故经过

某年 12 月 18 日至 20 日，某输变电公司开展 110kV 天黄线全线绝缘子清扫和避雷器安装工作（其中安装避雷器的工作计划在第三日进行）。18 日上午 8 时，工作负责人李某办理了线路第一种工作票，进行绝缘子清扫作业（计划工作时间为当日上午 8 时至次日下午 18 时）。随后，李某带领工作班成员 20 人进入作业现场，按照工作票要求分别在该线路 1 号塔、86 号塔装设两组接地线后开始工作。10 时 20 分，为了保证现场施工人员安全，李某分别派人在 22 号和 60 号塔增设了两组工作接地线。次日 16 时 50 分，绝缘子清扫工作完成，李某派工作人员拆除了 22 号和 60 号塔的两组工作接地线。但李某在 1 号塔、86 号塔这两组接地线未拆除情况下，便向地调报告停电线路上接地线已全部拆除，人员已全部撤离，工作结束（李某认为该线路第三日还有安装避雷器的工作，为了节省第三日装设接地线的时间，就保留了 1 号塔、86 号塔的两组工作接地线）。

19 时 7 分调度员下令恢复 110kV 天黄线送电，随即造成带接地线合断路器误操作事故。后经调查，设备检修停电申请单中批复 110kV 天黄线的停电时间是 18 日至 20 日三天，当值调度员在第二天即 19 日的工作结束后，考虑到新兴电网的供电可靠性问题，改变停电计划安排，提前恢复了该线路的供电。

◎原因分析

（1）工作负责人李某，违反《线路安规》第 5 章 5.7.3，在完成线路绝缘子清扫工作，但未拆除 1 号、86 号两组工作接地线的情况下，向地调报告线路接地线已全部拆除（实际拆除的仅是作业中加挂的 22 号和 60 号塔的两组工作接地线，未说明工作前 1 号塔、86 号塔装设的两组接地线未拆除），并办理工作终结手续。

（2）值班调度员，违反《线路安规》第 5 章 5.7.4，当值调度员不清楚作业计划实际执行情况（设备检修停电申请单中批复的停电时间为 3 天，工作任务为线路绝缘子清扫、避雷器安装两项内容），恢复送电前，未与停电申请单位的停送电联系人核实本次停电的所有计划工作是否均已完成，未核对调度许可工作等相关记录，听信绝缘子清扫作业负责人李某的报告（未向其确认线路两侧接地线是否已拆除），违规下达恢复线路送电的命令。

◎ 正确做法

本次停电申请 3 天（计划前两天进行绝缘子清扫，第三天进行避雷器安装），第 2 天绝缘子清扫结束后，工作负责人李某应向调度报告其负责的绝缘子清扫工作已完成，并将拆除和保留的工作接地线情况明确告知调度员；值班调度员应当仔细询问、确认线路上所有接地线是否已拆除等关键信息。

第 3 天继续进行避雷器安装，工作结束后，避雷器安装作业工作负责人查明全部人员已由塔上撤离，确认线路上装设的所有的接地线已全部拆除，方可向调度汇报工作终结，线路可以送电。

值班调度员接到工作负责人结束工作、可以送电的报告后，应向停电申请人核实情况，并仔细核对调度的相关记录，确认可以送电后方可下达恢复运行的命令。

24. 误将检修线路当作完工线路带地线合闸事故案例（BB-3-006）

◎ 事故经过

某年 12 月 13 日 11 时，某供电公司线路工区工作负责人尚某向调度当值值班员管某报告：110kV 武杜线及北洺河 T 接点引流线发热处理工作完毕。管某接到报告后未及时记录。

当日 15 时，地调值班调度员管某误将 110kV 武杜线工作竣工当成 220kV 大魏线线路工作竣工，向当值值班长申某报告。申某在没有全面核对的情况下，便向省调汇报 220kV 大魏线竣工（实际上，此时 220kV 大魏线并未报竣工，线路上工作接地线也未拆除）。随后，省调下令 220kV 某变电站 291 开关对 220kV 大魏线送电，变电运行人员现场合闸时，291 断路器主保护动作，三相跳闸，造成带地线合闸事故，所幸未造成人员伤亡。

◎ 原因分析

（1）地调值班调度员管某，违反《线路安规》第 5 章 5.7.4，在接到 110kV 武杜线现场工作负责人竣工报告时未及时进行记录。后来又错误地向地调值班长汇报 220kV 大魏线竣工。

（2）地调当值值班长申某，违反《线路安规》第 5 章 5.7.4，仅根据值班调度员管某 220kV 大魏线施工已竣工的口头汇报，未核对 220kV 大魏线停电工作相关记录，错误地将实际处于检修状态的 220kV 大魏线作为已竣工线路向省调汇报，导致本次调度方式误安排，并造成带地线合闸恶性误操作事故。

◎ 正确做法

线路检修工作负责人竣工报告时，调度员应进行记录。地调值班长向省调汇报前应全面核对工作许可记录和工作终结记录（线路名称、工作班组、工作负责人、工作地点、工作任务等），在确认无误后方可向省调汇报工作结束、线路可以恢复送电。

25. 线路巡视不熟悉环境落水溺亡事故案例（BB-3-008）

◎ 事故经过

某年 6 月 30 日 20 时 43 分，某供电公司 220kV 变电站 110kV 西双线 A、C 相短路跳闸，强送不成功导致线路停电。22 时，地调令送电工区组织人员对西双线巡线，至次日凌晨 4 时，没有查到故障点。

7 月 1 日 8 时 30 分，陈某等 5 名送电工区人员再次对 110kV 西双线巡视。9 时 40 分，巡视至该线路石灰分支线，所乘汽车被山洪和抛锚汽车挡住去路，在停候的 5min 内路面水位上涨约 30cm，陈某将当时情况报告给工区生产调度后，调度要求他们返回。随后，陈某下车指挥汽车掉头。在指挥倒车过程中，因河水已淹没路面，无法看清路边情况，不慎坠入排水沟中，被湍急的洪水冲入河中，陈某随即从水面上消失。经寻找，11时许，发现陈某被冲到离落水处约1700m远的河滩上，已死亡。

◎原因分析

（1）特巡负责人陈某，违反《线路安规》第7章7.1.1，大雨天气进行线路故障特殊巡视时，没有避开靠近河流的低洼道路，在撤离被淹路段时，引发事故；在下车指挥汽车掉头时，未注意到邻近河边有落水危险，不慎落入水中，溺水身亡。

（2）特巡负责人陈某，违反《线路安规》第7章7.1.3，特殊巡视时，未注意选择巡视路线，导致事故发生。

（3）特巡负责人陈某，违反《线路安规》第7章7.1.3，在未采取任何安全措施的情况下，下车指挥汽车掉头，落水后，被洪水冲走。

◎正确做法

洪水期间，如需要对线路进行特殊巡视和故障巡视时，线路运维管理单位应根据批准的专项现场应急处置方案和安全措施，选择洪水影响较小的道路前往巡视地点，同时应配备救生衣、手杖等防护用具。巡视人员应视洪水和环境情况，必要时要穿戴救生衣、手持巡视手杖。

26. 双钩紧线器丝杆脱落高坠受伤事故案例（BB-3-010）

◎事故经过

某年11月19日，某供电公司送电工区停电进行110kV渭城线瓷质绝缘子更换为合成绝缘子作业。作业人员王某，使用单双钩紧线器更换25号塔绝缘子（先将原双串单挂点瓷质绝缘子松下，再换上合成绝缘子）。11时左右，王某登塔到作业位置，将双控背带式安全带系挂在单双钩螺杆上、未使用后备保护绳，使用单双钩紧线器松落了北相的绝缘子串。因待更换的合成绝缘子串比原绝缘子串长，王某开始调松单双钩紧线器的螺杆以加长单双钩的长度，左手紧握单双钩紧线器的螺杆护筒，右手摇动调节单双钩紧线器螺杆长度的把手，在调长螺杆时单双钩紧线器的螺杆突然被松尽、脱落，安全带从单双钩紧线器的螺杆上脱出，导线垂落（未落地、未受损），王某失去防坠落保护，从 14.5m 高处坠落至地面，造成盆骨、右肋骨骨折。

◎原因分析

（1）作业人员王某，违反《线路安规》第 9 章 9.2.4，在铁塔上高处作业时，违规将安全带系在不可靠的单双钩紧线器的调节螺杆上，且未使用后备保护绳；未执行"安全带和后备保护绳应分别挂在杆塔不同部位的牢固构件上"的要求。

（2）作业人员王某，违反《线路安规》第 14 章 14.2.4，作业前未正确选取带有防止调节丝杆脱出限位装置的双钩紧线器，作业时也未注意保持有效丝杆长度，致使丝杆被松完、脱落。

（3）作业人员王某，违反《线路安规》第 11 章 11.1.9，使用单双钩紧线器更换单吊点绝缘子时，未采取防止导线脱落的后备保护措施。

（4）工作负责人，违反《线路安规》第 5 章 5.3.11.3，未正确组织绝缘子更换工作，未发现和制止王某违规使用安全带、使用不符合安全要求的双钩、未执行防止导线脱落后备保护措施等违章行为。

◎正确做法

瓷质绝缘子更换为合成绝缘子作业，因 110kV 合成绝缘子标准长度为 1240mm、比标准长度为 1022mm 的 110kV 瓷质绝缘子要长些，所以在上杆塔作业前，需先根据待更换的瓷质绝缘子长度选取相应规格的钢丝绳（套）和带有限位防脱出保险螺丝的双钩，双钩至少应留有 2/3 有效丝杆裕度，钢丝绳（套）长度加双钩长度不小于 1022mm。选取时须确保双钩在受力后至少留有 1/5 有效丝杆长度的前提下，剩余的有效丝杆长度满足合成绝缘子与瓷质绝缘子长度差（标准差 218mm）。

作业人员在下至导线前，应先将安全带的后备保护绳系挂在横担头牢固构件上，再将导线的后备保护绳两端分别系挂在横担头牢固构件和导线上。更换直线双绝缘子串时，应将安全带系在后更换的绝缘子串上；更换另一绝缘子串时，应将安全带系在已更换的新绝缘子串上。

使用单双钩紧线器更换单吊点绝缘子时，应采用防止导线脱落的后备保护措施（使用钢丝绳或合成吊带，上端固定在杆塔构件上，下端连接导线）。

更换绝缘子时，先将双钩两端分别与横担和导线连接后再收紧，使绝缘子的受力转移到双钩上，并对双钩进行承力检查。确认无误后，再拆除旧绝缘子，然后将新绝缘子与横担连接，利用剩余 2/3 有效丝杆裕度将双钩调节至与合成绝缘子长度一致（受力后应至少保留 1/5 有效丝杆长度），最后将绝缘子与导线连接，使双钩的受力转移到合成绝缘子串上。

27. 电缆沟邻边堆土坍塌造成沟内人员死亡事故案例（BB-3-011）

◎ 事故经过

某年 6 月 9 日，某公司土建施工班进行电缆沟挖掘施工。上午 7 时，工作负责人周某等 8 人到达现场，周某召集班前会进行现场交底并交代施工作业票后，安排裴某临时负责该作业面工作（但未将监护人变更信息告知工作班人员），随后周某去了其他工作面。9 时 10 分，挖掘机完成电缆沟挖掘工作后，在沟边堆土未移去的情况下，裴某安排王某、赵某、张某三人下至电缆沟进行清沟作业。9 时 30 分左右，在清沟作业中王某发现张某后方沟沿地面的堆土向沟底垮塌，当即喊叫张某快撤离，张某不及反应，坍塌的泥土瞬时将张某推倒并掩埋。裴某立即组织王某、赵某等 5 人挖土救人，并拨打 120 急救电话，张某经抢救无效死亡。

◎ 原因分析

（1）临时工作负责人（监护人）裴某，违反《线路安规》第 9 章 9.1.2，第 5 章 5.3.11.2，未将新开挖电缆沟邻沟边的堆土移去，也没有执行任何防止较松散土方可能坍塌伤及电缆沟内作业人员措施的情况下，冒险安排王某等三人下到电缆沟底进行清沟作业；没有正确组织工作，电缆沟清沟作业时安全监护不认真，没能及早发现并处置电缆沟邻边堆土坍塌隐患。

（2）工作负责人周某，违反《线路安规》第 5 章 5.5.3，工作期间暂时离开工作现场，指定不能胜任监护职责的裴某接替，且离开前未将现场作业主要危险及防控措施等情况向工作班人员交代清楚，也未告知工作班成员更换监护人的情况。

◎ 正确做法

电缆沟挖掘完毕进行清沟作业前，应将邻沟堆放土方移去，彻底消除堆土沿沟边坍塌到沟内伤人的危险后，方可安排作业人员下到沟内进行作业。

工作负责人需暂时离开作业现场时，应指定能胜任的人员临时代替，离开前应将工作现场交代清楚，并告知工作班成员。临时负责人（监护人）应针对作业的危险点全面落实安全措施，并认真监护。

28. 带电伐木导致电弧灼伤事故案例（BB-3-012）

◎ 事故经过

某年 7 月 24 日 16 时，某供电公司所属某 220kV 线高频零序三段 B 相跳闸（三段不经重合闸），经调度同意强送成功。

次日，送电工区组织开展全线带电查找故障点。上午 10 时，线路巡查人员齐某（负责人）和王某在巡查横北岭高山跨越山洼的 108～109 号塔之间线路时，发现邻近线路一棵较高树木的树梢有明显放电烧焦痕迹。因山区没有手机信号且离单位路途较远，巡查人员无法及时联系上级和调度报告情况申请停电，齐某决定在线路带电情况下，用手锯伐树方式清除树障。11 时 41 分，在没有任何控制树木锯倒后倒伏方向措施情况下，被锯后的树木倒向运行线路，带电导线对树木放电，导致齐某被电弧灼伤（穿化纤衣服）。

◎ 原因分析

（1）线路巡查工作负责人齐某，违反《线路安规》第 7 章 7.4.3、7.4.4，发现邻近运行线路树木的树梢有放电烧焦痕迹，未申请线路停电，违规用手锯锯树；锯树前未采用绳索将树木拉向导线相反方向等任何控制措施，致使被锯的树木倒向带电导线，齐某被电弧灼伤。

（2）线路巡查工作负责人齐某，违反《线路安规》第 4 章 4.3.4，未按规定穿全棉长袖工作服，违规锯树时树木倒向运行线路、接近带电导线放电，扩大被电弧灼伤的伤害后果。

（3）线路巡查人员王某，违反《线路安规》第 4 章 4.5，未制止齐某违章指挥和冒险作业行为，也未向上级报告。

◎ 正确做法

发现树梢有放电烧焦痕迹后，应报告上级说明故障点情况，向调度申请将线路停运后，进行线路邻近树障清理作业；锯树前要用牢固的绳索，控制树木倒向远离运行线路的方向，避免损坏线路。

在人员、树木、工具、绳索等与导线保持《线路安规》表4安全距离时，可不停电进行树障清理作业；锯树前用牢固的绝缘绳索将树干拴牢，使树木倒向远离运行线路的方向，严防触电伤人、线路跳闸或造成线路受损。

作业人员进行线路树障清理作业，应正确佩戴安全帽、穿棉质工作服和绝缘鞋。

29. 紧线作业转向滑车钢丝绳断裂击中站位不当人员死亡事故案例（BB-3-013）

◎事故经过

某年7月3日，某送变电工程公司线路班进行110kV岭南线某耐张段紧线施工。当日上午，工作负责人王某带领工作班成员进入作业现场。准备工作完成后，在某耐张杆进行紧线施工时，现场牵引绳转向滑车的钢丝绳套（千斤绳）以小代大（安全系数小于6），且直接固定在铁塔下部的角钢上（未按现场作业指导书要求先对角钢进行包垫和绑扎）。牵引绳受张力升空后，转向滑车钢丝绳套受力后被角钢剪力拉断，转向滑车飞出。正站在牵引绳内侧指挥作业的王某，头部被飞出的转向滑车击中，经医院抢救无效死亡。

◎原因分析

（1）工作负责人王某，违反《线路安规》第9章9.4.4，违规站在受力的牵引绳、导线内角侧及垂直下方，被飞出的转向滑车击中头部。

（2）工作负责人王某，违反《线路安规》第14章14.2.9.2，紧线作业时固定牵引绳转向滑车的钢丝绳套（千斤绳）以小代大，其安全系数（破断力）不能满足本次紧线作业牵引荷载，致使转向滑车钢丝绳套被角钢剪力拉断。

（3）工作负责人王某，违反《线路安规》第11章11.1.7，固定转向滑车的钢丝绳套与铁塔角钢之间未加包垫，直接固定在角钢上，导致钢丝绳套受力后在角钢的棱角处断裂。

（4）工作班成员，违反《线路安规》第4章4.5，未能及时发现并制止工作负责人的违章指挥和冒险作业。

◎正确做法

在施工过程中，施工人员包括工作负责人不准站在或跨在已受力的牵引绳和导线的内角侧，固定转向滑车的钢丝绳套应按其力学性能选用，并应配备一定的安全系数（有绕曲的千斤绳安全系数为 6 ~ 8），在塔腿角钢棱角接触处还应用圆木或麻片加以包垫（避免钢丝绳套在角钢棱角处受剪力破损或断裂）。

30. 更换绝缘子作业防坠保护措施不当坠亡事故案例（BB-3-014）

◎事故经过

某年 3 月 21 至 23 日，某供电公司送电工区进行 110kV 千陇Ⅱ线全线更换合成绝缘子作业，计划工期为 3 天。23 日 10 时，检修三班第三小组负责人李某，带领秦某、高某和安某等工作班成员进入作业现场，在完成 94 号、95 号杆塔工作后，开始对 99 号塔绝缘子进行更换作业。13 时，安某登上 99 号塔，李某监护指挥，秦某、高某进行地面配合工作。安某上塔后，将安全带的后备保护绳固定在 C 相导线横担处，挂好单滑轮，接着用单滑轮将组三滑轮和防止导线意外脱落的后备保护吊带吊上杆塔并分别挂在横担上（但防止导线脱落的后备保护吊带下端未与 C 相导线相连接）。随后，安某沿 C 相绝缘子串下至 C 相导线处，把安全带围杆绳（腰绳）套在组三滑轮的绳子上，将组三滑轮的吊钩钩在导线上。地面人员使用组三滑轮将 C 相导线拉起，安某在 C 相导线上弯腰摘取 C 相导线与绝缘子串之间的碗头。此时，组三滑轮的吊绳（白棕绳）受力后被拉断，安全带围杆绳失去固定点，安全带后备保护绳受导线和人体下坠冲击力的作用，其横担一端的挂环被拉断（安全带后备保护失效），安某随导线坠落，背部着地，经抢救无效死亡。

◎原因分析

（1）工作班成员安某，违反《线路安规》第 11 章 11.1.9，更换绝缘子串作业前，仅将防止导线脱落的后备保护吊带上端固定在铁塔横担上，但下端并未与 C 相导线相连接。致使更换绝缘子串作业时防止导线脱落的后备保护措施失效。

（2）工作班成员安某，违反《线路安规》第 10 章 10.9，未将安全带主保护固定在结实牢固的构件上，而是把安全带围杆绳（腰绳）套在不可靠的组三滑轮的吊绳上，组三滑轮受力后吊绳被拉断，安全带主保护失效。

（3）小组负责人李某，违反《线路安规》第5章5.3.11.2，未正确安全组织工作，使用荷载不满足要求的组三滑轮，致使滑轮吊绳被拉断，引发人员高坠事故；安全监护不力，未及时发现并制止塔上工作人员未落实防止导线脱落后备保护措施、将安全带主保护套在组三滑轮绳子上等不安全行为。

◎正确做法

更换绝缘子作业前，应采取防止导线脱落的后备保护措施，作业人员的安全带应固定在牢固的构件上；作业前应认真检查滑轮组吊绳强度是否满足安全要求，小组负责人（监护人）应认真履行监护职责，对塔上工作人员的每一个作业行为实施有效的监护，及时纠正不安全行为。

31. 起吊电杆千斤绳破断砸死外来人员事故案例（BB-3-015）

◎事故经过

某年11月14日，某送变电施工队承建某供电公司线路改建工程。当日上午，施工队进入作业现场开始施工，在用吊车起吊电杆时，有一拾荒者误入作业区内，临时到现场协商其他事宜的施工方单位人员杨某（非本次现场作业人员）立即上前劝阻。这时，吊起的电杆（未设置控制缆风绳）在水平移动过程中，杆根碰撞到旁边的土墩，钢丝吊绳（千斤绳）受力破断，电杆急速下落并将拾荒者和杨某砸倒。经抢救无效，两人死亡。

◎原因分析

（1）施工负责人，违反《线路安规》第9章9.3.1、第16章16.2.11，立杆、起重作业现场周围未设置安全围栏和警告牌，也未派专人看守，未及时阻止无关人员进入起吊区域。

（2）现场施工人员，违反《线路安规》第11章11.1.8和11.2.5、第16章16.2.11，未制止外来人员进入立杆、起吊区域。

（3）施工负责人和起吊操作人员，违反《线路安规》第14章14.2.9.2，起吊电杆时，未按力学性能选用钢丝吊绳（吊索具），并配备一定的安全系数

（钢丝吊绳安全系数为 6 ～ 8），吊起后悬空水平移动的电杆根部突然碰撞土堆，产生的较大冲击荷载造成钢丝吊绳（千斤绳）破断。

（4）起吊指挥员、操作人员，违反《线路安规》第 9 章 9.3.7，使用吊车立杆时，对作业现场影响起吊作业的土堆，事先未采取清理措施，作业中也未落实避让土堆、并用缆风绳控制电杆等防控措施。

◎ 正确做法

起吊电杆作业前，应在作业区域周围设置安全围栏，在相关通道上设置警告牌，必要时派专人看守，防止与工作无关人员进入起重作业区内。发现起吊作业区域进入外来人员时，应立即停止起吊作业并予劝离后方可继续作业。电杆起吊作业，应按力学性能选用钢丝吊绳（千斤绳）并应配备一定的安全系数（钢丝吊绳安全系数为 6 ～ 8）。若起吊作业区有土堆等障碍物，应提前清理或在起吊时设法避让。起吊电杆以及悬空移动时，应在电杆适当位置拴好缆风绳并由专人负责控制，起吊人员应缓慢操作，并与缆风绳控制人员紧密配合，避免电杆吊起后碰撞障碍物。

32. 拆除导线作业电杆折断致人员坠亡事故案例（BB-3-016）

◎ 事故经过

某年 8 月 14 日，某供电局送电工区在勘察现场后，自行拆除多次多处被盗的 110kV 渭三线（废弃老旧线路）残留的旧导线及架空地线。当日，工作负责人毕某带领工作班 14 名成员分三组进行作业，毕某带领其中 4 人为第三小组，工作任务是拆除 28 号杆（18m 高的 ∏ 型水泥杆，该杆无拉线）残留的导、地线。10 时 40 分到达工作地点，发现 28 号 ～ 31 号杆之间原来剩余的两相导线又被盗，27 号、28 号杆西边两根导线虽未失窃（27 号杆为耐张塔，18m 高的 ∏ 型水泥杆，且拉线齐全），但 28 号杆因受力不平衡已经向西南方向稍有扭斜。毕某提出让工作班成员杨某、侯某登杆工作，杨某随即上杆，侯某提出异议，认为上杆工作安全无法保证，要求打拉线后再上；毕某未采纳侯某的意见，又让工作班成员严某上杆，严某也未答应。此时，工作班成员王某（班技术员）也提出要先打临时拉线再上杆，毕某仍不听其劝告，负气自己登杆工作。10 时 50 分左右，毕某松开东边的架空地线后，到西边帮杨某松另一根架空地线时，东边立杆离地 0.4m 处扭折，随后西边立杆也从跟部折断，整个∏型杆向南倾倒，毕某、杨某二人随杆倒下，内伤严重，送医院抢救无效死亡。

◎原因分析

（1）工作负责人毕某，违反《线路安规》第 5 章 5.3.11.2，未正确组织工作，撤线前未能根据作业现场实际情况变化，及时调整或补充施工方案和安全措施，侥幸冒险作业；违反《线路安规》第 9 章 9.4.5，在 28 号杆已扭斜的状态下进行撤线，未按要求设置防倒杆临时拉线，在登杆拆除架空地线前也未检查杆根情况；违反《线路安规》第 5 章 5.5.2，在 28 号杆无拉线且已扭斜、存在倒杆隐患的状态下，未指定专责监护人监护登杆作业人员，还直接登杆进行撤线工作。

（2）另一登杆人员杨某，违反《线路安规》第 4 章 4.5，未拒绝毕某的违章指挥和强令冒险作业要求；违反《线路安规》第 9 章 9.4.5，在未落实防倒杆措施情况下违规登杆和作业。

（3）其他作业人员侯某、严某、王某，违反《线路安规》第 4 章 4.5 和第 5 章 5.3.11.5，虽对毕某的违章指挥和强令冒险作业的行为进行了拒绝或劝告，却未立即报告，也未制止杨某、毕某违规登杆和作业的行为，未尽互相关心安全的职责。

◎正确做法

作业前，发现现场实际情况与勘察结果不相符时，应及时调整或补充施工方案和安全措施；拆除杆塔及导、地线的工作，作业杆塔应采取可靠的临锚防护措施；工作负责人（监护人）应认真听取和采纳工作班成员提出的关心作业安全的意见和措施；在不听取劝告的情况下，工作班成员应立即向上级领导报告工作负责人违章指挥和强令冒险作业的行为。

33. 塔上地电位辅助工作误碰反弓线触电身亡事故案例（BB-3-019）

◎事故经过

某年 7 月 25 日，某供电公司带电班采用等电位方式处理 35kV 南平线 142

号塔右侧中线反弓线外侧（长约 30cm）过热烧伤缺陷。当日上午，工作负责人付某带领工作班成员李某、聂某等到达现场，交代安全措施后，安排李某负责进行等电位消缺作业，聂某在塔上中层横担中部进行等电位作业前绑绝缘梯、在等电位作业结束后拆除绝缘梯等地电位配合工作。9 时 20 分，聂某在塔上将绝缘梯绑好后，听从付某安排，坐在横担中部待命（该塔型上层横担长 1.9m，上线反弓线弧度较大，距聂某所处中层横担垂直距离 1.6m）。随后，付某示意李某上梯进行等电位操作，当大家正在监视李某上梯进入电场时，忽听上边"呼"的一声，大家转头发现聂某站在横担上右手误触到上层引流线，造成弧光放电，经现场人工呼吸并送医院抢救无效死亡。事后调查发现聂某在中层横担中部坐着，距上反弓线可以保持 0.6m 以上的安全距离，站起来头部与上方反弓线平行，其水平距离 0.5～0.6m，一抬手就会碰到带电的上反弓线。

◎ 原因分析

（1）工作班成员聂某，违反《线路安规》第 13 章 13.2.1，进行地电位带电作业时，对安全距离意识不强，站在横担上误触上层反弓线，未与带电的反弓线保持 0.6m 及以上的安全距离，造成触电。

（2）工作负责人付某，违反《线路安规》第 13 章 13.1.5，未针对塔上地电位作业（绑扎绝缘梯）的聂某设置专责监护人，付某及其他地面人员在监护带电作业人员李某进入电场时，聂某在无人监护下起身、抬手触电。

（3）工作负责人付某，违反《线路安规》第 5 章 5.3.11.2、第 13 章 13.2.1，未正确组织工作，未有效监督聂某在横担上时刻与邻近有电部位保持安全距离；中层横担上地电位作业固定绝缘梯的聂某，人身活动空间与上方反弓线之间未设置任何绝缘隔离措施。

◎ 正确做法

在 35kV 线路铁塔中部横担上进行地电位辅助作业的聂某，其人体活动范围与上层反弓线带电体之间距离，应保持不小于《线路安规》表 5 规定的 0.6m；无法保证时，应采取有效的绝缘隔离措施。塔上所有带电作业人员，应得到一对一的专人监护。

35kV 线路的杆塔受空气间隙的限制，不宜开展等电位带电作业。

34. 安全距离不足导致触电坠亡事故案例（BB-3-020）

◎事故经过

　　某年7月31日，某供电公司送电工区安排带电班带电处理330kV甘西3033线路180号塔中相小号侧导线防振锤掉落缺陷。到达现场后，工作负责人李某宣读工作票，交代危险点及相关安全措施，人员分工是李某自己攀登软梯作业，王某登塔悬挂绝缘绳和绝缘软梯，刘某负责监护，赵某、周某地面帮扶软梯。10时28分，在王某在塔上挂好绝缘绳及软梯并检查牢固可靠后，李某从地面开始攀登软梯，当攀登到距软梯铝合金梯头约0.5m处时，悬挂在带电导线上的金属梯头通过人体所穿屏蔽服对塔身放电，导致李某从距地面26m处跌落到铁塔平口处（距地面23m）后又坠落至地面死亡。后经调查，作业人员沿绝缘软梯进入强电场作业，忽视改进塔型的尺寸变化（横担缩短，导线与铁塔间水平距离减小），按照原塔型选择绝缘软梯在导线上的挂点（与铁塔间的水平距离偏小），最小组合间隙不能满足等电位作业的安全要求。

◎原因分析

　　（1）工作负责人李某及工作票签发人，违反《线路安规》第13章13.1.6和第5章5.3.11.1，未能正确判断此次带电作业的必要性，未能认真确认此次带电作业工作的安全性及工作票所列安全措施是否正确完备。

　　（2）工作负责人李某，违反《线路安规》第13章13.3.4，忽视塔型改进后的空间尺寸变化，作业前也未根据作业地区海拔进行组合间隙的验算，绝缘软梯挂点选择不当（带电作业人员进入电场时，未能满足等电位作业最小组合间隙安全要求）。

　　（3）工作负责人李某，违反《线路安规》第5章5.3.11.2，未正确组织工作，直接参加工作、未履行现场监护职责。

　　（4）专责监护人刘某，违反《线路安规》第5章5.3.11.4，专职监护人职责严重缺失，未发现并纠正作业现场绝缘软梯挂点选择不当、人员进入电场的组合间隙不满足等电位作业安全要求的最小组合间隙等严重违章和重大风险。

◎ **正确做法**

（1）带电作业是高风险作业工作，导线防振锤脱落为一般性缺陷，不应当做紧急缺陷处理，该缺陷应在线路计划停电检修时予以处理。

（2）作业前，带电作业工作票签发人或工作负责人应组织有经验的人员进行现场勘查，根据现场勘察结果，判断带电作业的必要性和安全性。

（3）根据现场勘查结果，确定作业方法和所需工具及应采取的措施，并根据作业地点海拔，明确最小的安全间隙、最小的组合间隙、绝缘工作最小有效绝缘长度，经上级批准才能实施。现场工作负责人、专责监护人应指定有带电作业经验的人员担任。

参考文献

《国家电网公司电力安全工作规程　变电部分》（国家电网企管〔2013〕1650 号）

《国家电网公司电力安全工作规程（配电部分）（试行）》（国家电网安质〔2014〕265 号）

《中华人民共和国安全生产法》（中华人民共和国主席令第 13 号）

《中华人民共和国劳动法》（中华人民共和国主席令第 28 号）

《国家电网公司电力安全工器具管理规定》（国家电网企管〔2014〕748 号）

《电力安全工器具预防性试验规程（试行）》（国电发〔2002〕777 号）

《国家电网公司供电企业业务外包管理办法》（国家电网企管〔2015〕626 号）

《国家电网公司业务外包安全监督管理办法》（国家电网企管〔2017〕311 号）

《国网安徽省电力有限公司输电工作票管理规定》（电企管工作〔2018〕448 号）

《国家电网公司安全设施标准　第 2 部分：电力线路》（Q/GDW 434.2—2010）

《民用爆炸物品安全管理条例》（中华人民共和国国务院令第 466 号）

《高处作业分级》（GB/T 3608—2008）

《跨越电力线路架线施工规程》（DL/T 5106—2017）

《国家电网公司电力安全工作规程（电网建设部分）》（国家电网安质〔2016〕212 号）

《建筑施工碗扣式钢管脚手架安全技术规范》（JGJ 166）

《建筑施工门式钢管脚手架安全技术规范》（JGJ 128）

《建筑施工扣件式钢管脚手架安全技术规范》（JGJ 130）

《建筑施工木脚手架安全技术规范》（JGJ 164）

《变电工程落地式钢管脚手架搭设安全技术规范》（Q/GDW 274—2009）

《特种设备安全监察条例》（中华人民共和国国务院令第 549 号）

《关于修改〈特种设备作业人员监督管理办法〉的决定》（中华人民共和国国家质量监督检验检疫总局令第 140 号）

《起重机械定期检验规则》（TSG Q 7015—2016）

《电业安全工作规程　第 1 部分：热力和机械》（GB 26164.1—2010）

《起重机械安全规程　第 1 部分：总则》（GB/T 6067.1—2010）

《国网安徽省电力公司配电工作票管理规定》（皖电企协〔2014〕265 号）

《国家电网公司防止电气误操作安全管理规定》（国家电网安监〔2006〕904 号）

《电工术语　带电作业》（GB/T 2900.55—2016）

《送电线路带电作业技术导则》（DL/T 966—2005）

《500kV 紧凑型交流输电线路带电作业技术导则》（DL/T 400—2010）

《750kV 交流输电线路带电作业技术导则》（DL/T 1060—2007）

《1000kV 交流输电线路带电作业技术导则》（DL/T 392—2015）

《±500kV 直流输电线路带电作业技术导则》（DL/T 881—2019）

《±800kV 直流输电线路带电作业技术导则》（Q/GDW 302—2009）

《关于印发〈±400kV 青藏直流输电工程生产运行安全距离规定（试行）〉的通知》（生输电〔2012〕16 号）

《±660KV 直流输电线路带电作业技术导则》（DL/T 1341—2014）

《带电作业用屏蔽服装》（GB/T 6568—2008）

《带电作业工具设备术语》（GB/T 14286—2008）

《输电线路基础》（中国电力出版社，2009.3）

《带电作业用绝缘斗臂车使用导则》（DL/T 854—2017）

《带电作业用火花间隙检测装置》（DL/T 415—2009）

《带电作业用工具库房》（DL/T 974—2018）

《带电作业工具、装置和设备预防性试验规程》（DL/T 976—2017）

《带电作业用绝缘工具试验导则》（DL/T 878—2004）

《架空输电线路施工机具基本技术要求》（DL/T 875—2016）

《输变电工程用绞磨》（DL/T 733—2014）

《起重机　钢丝绳　保养、维护、检验和报废》（GB/T 5972—2016）

《起重机　试验规范和程序》（GB/T 5905—2011）

《汽车起重机和轮胎起重机维修与保养》（ZB J 80001—1986）

《高空作业车》（GB/T 9465—2018）

《一般起重用 D 形和弓形锻造卸扣》（GB/T 25854—2010/ISO 2415—2004）

《国家电网公司电力安全工器具管理规定》（国家电网企管〔2014〕748 号）

《安全帽》（GB 2811—2007）

《安全带》（GB 6095—2009）

《城市道路管理条例》（国务院第 198 号令）

《固定式钢梯及平台安全要求　第 2 部分：钢斜梯》（GB 4053.2—2009）

《固定式钢梯及平台安全要求　第 3 部分：工业防护栏杆及钢平台》（GB 4053.3—2009）

《电力设备典型消防规程》（DL 5027—2015）

《发电厂和变电站照明设计技术规定》（DL/T 5390—2014）

《建筑照明设计标准》（GB 50034—2013）

《手持式电动工具的管理、使用、检查和维修安全技术规程》（GB/T 3787—2017）

《爆破安全规程》（GB 6722—2014）

《金属切削机床　安全防护通用技术条件》（GB 15760—2004）

《可移式电动工具的安全　第 2 部分：台式砂轮机的专用要求》（GB/T 13960.5—2008）

《手持式电动工具的管理、使用、检查和维修安全技术规程》（GB/T 3787—2017）

《特低电压（ELV）限值》（GB/T 3805—2008）

《建筑机械使用安全技术规程》（JGJ 33—2012）

《电力设备典型消防规程》（DL 5027—2015）

《气瓶安全监察规定》（中华人民共和国国家质量监督检验检疫总局令第 46 号）

《建筑设计防火规范》（GB 50016—2014）

《焊接与切割安全》（GB 9448—1999）